城乡规划原理

经纬注考（北京）教研中心　编

清华大学出版社
北京

内 容 简 介

本书由经纬注考(北京)教研中心编写,分为两个部分。第一部分为历年考试真题及解析,给出了2010—2014 年及 2017 年、2018 年全部考试真题,并对这些题目进行分析和解答,归纳了解题思路和方法,有些题目还给出了相同考点的对比和辨析。第二部分为 2019 年 3 套模拟试题,是编者通过对历年真题进行分析和对政策进行把握后编写的,可供考生复习后进行巩固和检验复习效果。

本书可供参加 2019 年全国注册城乡规划师职业资格考试的考生参考学习。

图书在版编目(CIP)数据

城乡规划原理/经纬注考(北京)教研中心编. —北京:清华大学出版社,2019 (2019.9重印)
ISBN 978-7-302-53321-4

Ⅰ.①城…　Ⅱ.①经…　Ⅲ.①城市规划－中国　Ⅳ.①TU984.2

中国版本图书馆 CIP 数据核字(2019)第 156773 号

责任编辑:秦　娜　赵从棉
封面设计:陈国熙
责任校对:赵丽敏
责任印制:宋　林

出版发行:清华大学出版社
　　　　　网　　　址:http://www.tup.com.cn,http://www.wqbook.com
　　　　　地　　　址:北京清华大学学研大厦 A 座　　　　邮　　　编:100084
　　　　　社 总 机:010-62770175　　　　　　　　　　邮　　　购:010-62786544
　　　　　投稿与读者服务:010-62776969,c-service@tup.tsinghua.edu.cn
　　　　　质量反馈:010-62772015,zhiliang@tup.tsinghua.edu.cn
印 装 者:三河市金元印装有限公司
经　　销:全国新华书店
开　　本:185mm×260mm　　　印　　张:18　　　　　字　　数:415 千字
版　　次:2019 年 7 月第 1 版　　　　　　　　　　　印　　次:2019 年 9 月第 3 次印刷
定　　价:59.80 元

产品编号:083166-01

前言

在外人眼中,规划师是一个高级而又神秘的职业,对于身处行业中的我们来说,则明白这是一个需要去除浮躁、承担责任并充满压力的职业。取得注册城乡规划师资格对于规划设计人员来说是一种执业的认可,在一定程度上是对其规划能力和从业资格的肯定。从 2000 年开始实施全国注册规划师考试制度以来,经无数工作在规划设计岗位同仁们坚持不懈的努力,约 2.1 万人取得了这一张颇具含金量的证书。

这些年城乡规划越来越受到重视,注册规划师职业资格制度也几次调整,2008 年随《中华人民共和国城乡规划法》的变动,注册城市规划师变更为注册城乡规划师,2015 年和 2016 年停考,2017 年依据《关于印发〈注册城乡规划师职业资格制度规定〉和〈注册城乡规划师职业资格考试实施办法〉》(人社部规〔2017〕6 号),注册城乡规划师划入协会管理,2018 年随国家部门改革,注册城乡规划师实施主体由住房和城乡建设部变为自然资源部,因此,今年有关考试的内容和方向,是考生关注的焦点。

规划师的核心工作便是"规划",应该既掌握宏观规划理论又具有实际操作能力,注册城乡规划师考试未必能全面地反映一名规划工作者的能力,因此不能以是否通过考试作为衡量规划设计能力高下的标准。但已通过注册考试的考生,一般不仅具有全面的理论和实践经验,熟悉国家的相关法规和制度,对规划设计也有一定的分析、构思和表达能力,具备成为一名规划师的基本素养。

毫无疑问,城乡规划原理是整个城乡规划课程的核心,也是贯穿整个学习过程的基石,掌握城乡规划原理及理论是做好城乡规划和通过注册考试的必要条件。对于城乡规划原理的复习,编者针对两类人员谈谈自己的一点看法。一类是城乡规划专业出身且从事城乡规划设计的人员,这类人员拥有丰富的实践经验,但考试内容显然与实际工作有一定区别,建议要尽量结合真题进行复习,把握考试的重点知识点,务必记住,在考试时不能完全按照实际项目中的思维去应答,因为日常中一些操作不符合相关的规定和理论,我们建议这类考生多研究真题及解析,形成良好的考试思维。另外一类就是非本专业或者没有实际从业经验的人员,因为城乡规划仅仅看理论是很难掌握的,且"城乡规划实务"考试本质上也是对规划原理和法律法规的考查,对于这类考生,我们建议全面系统复习,有条件还要结合实际项目复习,对于这类考生我们强烈建议参加培训,一般的培训班都会结合实际案例讲解,这样可以事半功倍。

本书便是从考试的角度出发,通过研究历年的考试题目,总结考试思路和重点,对每道题目进行了详细的解析,以期帮助更多的应试者把握历年考试的重点,更实际、高效地复习。

本书在编写过程中编者得到了清华大学出版社各位编辑老师的支持和帮助,感谢他们的付出。但因为编者水平有限,预留给出版社的时间也仓促,书中难免有不妥之处,敬请各位同仁和读者批评指正。

购买图书赠送课程大礼包,获取方式:APP 应用市场搜索"匠题库"或扫描下方二维码下载,注册后获取 1600 元课程。

匠题库

编 者

2019 年 3 月于北京

关于"城乡规划原理"备考的几点建议

编者在对历年"城乡规划原理"试题进行分析后,给准备参加注册城乡规划师考试的考生提出几点建议:

(1) 充分认识"城乡规划原理"在注册城乡规划师考试中的作用和地位。城乡规划原理是城乡规划学科的基础理论和基础知识,对其他科目的考试内容也有影响,其自身科目知识点是其他科目的基础,特别是对于"城乡规划实务"而言,可以说,城乡规划原理是实务的基础,应对城乡规划原理的知识融会贯通。

(2)"城乡规划原理"试题方向有变化,2008 年之后的考试大纲变化不大,试题的题型也没有变化,但考查的内容和方向有非常大的变化:①题目越来越灵活,教材的约束越来越小,强调对整个规划原理的掌握,强调对实际城乡规划工作和相关问题的考查,复习时,不能简单地将范围限定在教材中,要进行适当的拓展。②问题考查的方式有更大的不确定性,主要表现为出题方式以不准确的、不正确的、错误的方式来体现,三种提问的方式体现了不同的考查意图,考试的时候要注意。③特别需要指出的是,要掌握基本规划概念,不能对基本的城乡规划原理的知识认识模糊,否则会对"城乡规划实务"考试产生影响。

(3)"城乡规划原理"的试题内容,仍是对成熟的城乡规划理论的考查,但有对最新理论进行考查的趋势,即开始关注现实问题,特别是关于村庄、交通的问题有加强的趋势。从多项选择题的内容变化来看,主要集中在城市用地布局、设施与设施的关系、各种用地与布局上,在 2017 年和 2018 年的试题中,城市总体规划中的专项规划的内容有明显上升的趋势。

以上分析和建议属于编者个人的一些看法,难免偏颇,仅供参考;全面复习、深入理解、融会贯通、加强理解记忆仍是通过考试的最佳途径。在此祝愿各位考生学习愉快、身体健康、考试顺利!

文中法律全称与简称对照

全　　称	简　　称
《中华人民共和国城乡规划法》	《城乡规划法》
《中华人民共和国土地管理法》	《土地管理法》
《中华人民共和国城市规划法》	《城市规划法》
《中华人民共和国环境保护法》	《环境保护法》
《中华人民共和国文物保护法》	《文物法》

目录

2010 年度全国注册城乡规划师职业资格考试真题与解析

城乡规划原理

真　题

一、**单项选择题**(共 80 题,每题 1 分。每题的备选项中,只有 1 个最符合题意)

1. 下列哪项不是城市与乡村的主要区别?（　　）

    A. 空间要素集聚的差异　　　　　　　B. 生产力结构的差异

    C. 社会职能的差异　　　　　　　　　D. 义务教育制度的差异

2. 关于我国城乡差异的表述,下列哪项是不准确的?（　　）

    A. 城乡收入差距拉大

    B. 优势发展资源向城市单向集中

    C. 城乡公共产品供给体制严重失衡

    D. 随着"城市支持农村、工业反哺农业"方针政策的落实,我国城乡二元结构体制
       将很快得以根本消除

3. 关于城市发展阶段的表述,下列哪项是不准确的?（　　）

    A. 在农业社会中,城市的主要职能是政治、军事、宗教和经济中心

    B. 工业化导致了原有城市空间与职能的巨大重组

    C. 在工业社会中,城市逐渐成为经济发展的主要载体

    D. 在后工业社会,中心城市的服务功能将逐步得以强化

4. 下列哪项不是城镇化的表现?（　　）

    A. 城镇数量的增加与规模的扩大

    B. 城市生活方式向周边乡村区域的扩散

    C. 村镇环境整治

    D. 农民从事第二、三产业

5. 关于城市与区域的关系,下列哪项表述是错误的?（　　）

    A. 城市是区域发展的核心

    B. 区域是城市发展的基础

    C. 城市腹地的大小与城市的功能和规模并无直接的关联

    D. 城市的功能与地位直接制约区域的发展水平

6. 下列哪项不属于欧洲古代经典城市?（　　）

    A. 希腊的米利都城　　　　　　　　　B. 罗马的营寨城

    C. 意大利的佛罗伦萨城　　　　　　　D. 法国的"协和村"

7. 现代城市美化运动源于（　　）。

    A. 法国巴黎城的改建实践　　　　　　B. 英国的《住房、城镇规划等法》

    C. 1893 年芝加哥的世博会　　　　　　D. 英国的公司城建设

8. 现代城市规划形成的思想基础源于（   ）。
    A. 玛塔的带形城市理论
    B. 霍华德的田园城市理论
    C. 欧文、傅里叶等的空想社会主义思想与实践
    D. 戈涅的工业城市方案

9. 现代城市规划中，最早引入城市立体交通体系主张的代表人物是（   ）。
    A. 霍华德   B. 勒·柯布西埃   C. 索里亚·玛塔   D. 西谛

10. 关于我国古代城市的表述，下列哪项是错误的？（   ）
    A. 夏代的一些城市已经有了一定的排水系统
    B. 战国时期的都城形成了大小套城的布局模式
    C. 宋开封城居住用地布局采用的是里坊制
    D. 元大都基本体现了《周礼·考工记》的城市形制

11. 下列中国城市中，哪个城市在近代受帝国主义殖民影响最大？（   ）
    A. 大冶   B. 玉门   C. 大连   D. 唐山

12. 下列哪项工作难以体现城市规划的政策性？（   ）
    A. 划定城市空间管制区
    B. 规定各地块土地使用的性质
    C. 确定居住区各类公共服务设施的配置规模和标准
    D. 确定城市总体布局形态

13. 下列哪项不属于城市规划保障社会整体公共利益的主要作用？（   ）
    A. 控制建筑物之间的日照间距   B. 保护自然环境和生态环境
    C. 控制自然灾害易发生地区   D. 保护历史文化遗产

14. 下列哪项表述是错误的？（   ）
    A. 城市规划制度的成果是城市规划实施的依据
    B. 各级政府的城乡规划主管部门之间的关系构成了城乡规划行政体系的一
       部分
    C. 城乡规划的组织实施由地方各级人民政府承担
    D. 城乡规划审批机关应及时公布批准的城乡规划

15. 关于我国城乡规划法律法规体系的表述，下列哪项是错误的？（   ）
    A. 《城乡规划法》是我国城乡规划法律法规体系的主干法
    B. 《土地管理法》是我国城乡规划法律法规体系的组成部分
    C. 《城市蓝线管理办法》是我国城乡规划法律法规体系的组成部分
    D. 《城市居住区规划设计规范》是我国城乡规划法律法规体系的组成部分

16. 根据《城乡规划法》有关城乡体系规划编制的规定，下列哪项表述是正确的？（   ）
    A. 城镇体系规划主要包括全国城镇体系规划、省域城镇体系规划、市域城镇体
       系规划和县域城镇体系规划
    B. 城市规划包括市域城镇体系规划、总体规划和详细规划。其中，详细规划包
       括控制性详细规划和修建性详细规划

C. 镇规划包括镇域城镇体系规划、总体规划和详细规划。其中,详细规划包括控制性详细规划和修建性详细规划

D. 乡规划包括乡政府所在地集镇规划和本行政区内的村庄发展布局

17. 下列哪项表述反映了城镇体系最本质的特征?(   )

A. 由一定区域内的城镇群体组成

B. 中心城市是城镇体系的核心

C. 城镇体系由一定数量的城镇组成

D. 城镇之间存在密切的社会经济联系

18. 在城镇体系规划中,下列哪项是确定其等级规模结构的主要工作?(   )

A. 将城镇按其行政地位分为若干等级,调整其规模

B. 调整城镇级别,将规模达到设市标准的城镇升格为市

C. 按人口规模确定中心城市的级别

D. 根据城市地位和人口规模划分等级规模

19. 在城市规划的分析方法中,下列哪项不属于定量分析?(   )

A. 空间实体模型分析   B. 模糊分析法

C. 层次分析法   D. 一元线性回归分析

20. 在编制城市防洪工程规划时,为了调查历史上洪灾的情况,最可能运用的调查方法的顺序是(   )。

A. 抽样调查、访谈与座谈、文献查询   B. 现场踏勘、文献查询、抽样调查

C. 文献查询、抽样调查、访谈与座谈   D. 现场踏勘、问卷调查、抽样调查

21. 现场踏勘或观察是城市总体规划调查的主要方法,但此方法较少用于调查(   )。

A. 土地使用状况   B. 地形条件

C. 交通量   D. 企业生产状况

22. 编制城市总体规划时,开展区域环境调查的范围应该是(   )。

A. 该城市所在地省域   B. 与该城市具有密切关系的地域

C. 该城市的市域   D. 该城市的规划区

23. 下列哪项表述是错误的?(   )

A. 地下水位过高会影响地基承载力

B. 地下水位下降是城市地面沉降的主要原因

C. 潜水的补给主要依靠地下水

D. 地下水变化容易诱发滑坡灾害

24. 两个城市的第一、二、三产业结构分别为:甲城市为15∶35∶50,乙城市为15∶45∶40。下列哪项表述是正确的?(   )

A. 甲城市的产业结构要比乙城市更高级

B. 乙城市的产业结构要比甲城市更高级

C. 甲城市与乙城市在产业结构上有同构性

    D. 甲城市与乙城市在产业结构上无法比较

25. 下列哪项是确定城市性质最主要的依据?(　　)

    A. 城市在区域中的地位和作用   B. 城市的优势条件和制约因素

    C. 城市产业性质   D. 城市经济社会发展前景

26. 下列城市人口规模预测方法中,哪项是可以单独应用并作为主要预测结果的方法?(　　)

    A. 综合平衡法   B. 环境容量法

    C. 区域人口分配法   D. 类比法

27. 根据《城市规划编制办法》,下列哪项不属于城市总体规划纲要的编制内容?(　　)

    A. 提出城市规划区范围

    B. 划定禁建区、限建区、适建区和已建区,并制定空间管制措施

    C. 研究中心城区空间增长边界

    D. 提出建立综合防灾体系的原则和建设方针

28. 城镇体系的组织结构演变的进程为(　　)。

    A. 低水平均衡阶段—扩散阶段—极核发展阶段—高水平均衡阶段

    B. 低水平均衡阶段—极核发展阶段—扩散阶段—高水平均衡阶段

    C. 极核发展阶段—低水平均衡阶段—扩散阶段—高水平均衡阶段

    D. 极核发展阶段—扩散阶段—低水平均衡阶段—高水平均衡阶段

29. 城镇体系规划中,区域基础设施不涉及下列哪项?(　　)

    A. 防洪设施   B. 消防设施   C. 交通设施   D. 电力设施

30. 下列关于规划区的表述,哪项是错误的?(　　)

    A. 规划区宜以完整的行政管辖区为界限

    B. 规划区由规划编制单位划定

    C. 规划区要为城市未来的发展提供空间准备

    D. 划定规划区时要充分考虑对生态廊道的保护要求

31. 关于城市空间结构的表述,下列哪项是错误的?(　　)

    A. 多中心城市应加强各中心之间的交通联系

    B. 带形城市中需要完善垂直于交通主轴的道路

    C. 小城市适宜采用环形放射的城市空间布局结构

    D. 特大城市的空间布局适宜采用多中心城市结构形式

32. 关于组团式城市总体布局的表述,下列哪项是不准确的?(　　)

    A. 各组团应根据功能基本完善、居住与工作基本平衡的原则予以组织

    B. 组团规模不宜太小,应配套完善的生活服务设施

    C. 各组团之间必须要有城市干路以上级别的道路相连

    D. 各组团之间应有明确的自然分隔

33. 城市总体布局中,相对于分散式布局,下列哪项不是集中式布局的优点?(　　)

    A. 布局紧凑,节约用地,节省建设投资

B. 布局灵活,城市用地发展和城市容量具有弹性,易于处理近远期发展关系

C. 城市居民平均出行距离较短,城市氛围浓郁,利用社会交往

D. 配置建设各项生活服务设施和基础设施的成本较低

34. 下列关于城市用地分类的表述,准确的是( )。

    A. 城市用地按土地使用的主要性质进行划分和归类

    B. 城市用地分类适用于城市的总体规划、土地利用规划和城市用地统计工作

    C. 城市居住用地分为三个中类

    D. 根据实际情况,可采用用地分类的部分类别,也可增设新的类别

35. 关于人均城市建设用地指标的表述,下列哪项是正确的?( )

    A. 在计算人均建设用地指标时,人口数不应包括农业人口

    B. 居住、工业、道路广场和绿地四大类用地总和占建设用地比例宜为 60%~75%

    C. 中小工矿城市的人均工业用地指标不宜小于 30m²/人

    D. 边远地区和少数民族地区中地多人少的城市,可根据实际情况确定规划人均建设用地指标,但不得大于 120m²/人

36. 下列哪项不属于城市规划的工程地质评价中考虑的主要因素?( )

    A. 土质与地基承载力   B. 冲沟

    C. 地下水硬度   D. 滑坡

37. 关于大城市蔬菜批发市场的布局,下列哪项表述是正确的?( )

    A. 集中布置在城市中心区边缘   B. 统一安排在城市的下风向

    C. 结合产地,布置在远郊区县   D. 设于城区边缘的城市出入口附近

38. 下列哪项不是仓储用地的布局应考虑的主要因素?( )

    A. 适宜的地形坡度   B. 较低的地下水位

    C. 良好的社会服务设施   D. 便捷的交通运输条件

39. 关于工业用地布局的表述,下列哪项是错误的?( )

    A. 受地价的影响,工业区适合安排在城市边缘

    B. 为方便企业生产协作,可设立工业园区

    C. 为减少工业的环境污染,可降低工业区建筑密度

    D. 为减少上下班交通,可以将工业与居住适当结合布置

40. 关于用地布局与道路网形式的配合,下列哪项表述是错误的?( )

    A. 城市用地集中布局的小城市,道路网大多为方格网状

    B. 组团式用地布局的城市,组团内的道路网应当与组团的结构形态一致

    C. 呈带状组团布局的城市,一般由联系组团间的道路与组团路网形成链式路网结构

    D. 采用方格网道路网的中心城市不会在方格网基础上形成放射状道路网形态

41. 下列哪项不是城市综合交通规划的基本原则?( )

    A. 应当以建设集约化城市和节约型社会为目标

    B. 应当促进城市交通机动化的发展

C. 满足城市防灾减灾和应急交通建设需要

D. 应当与重大交通基础设施规划等相衔接

42. 下列哪项不属于交通政策的范畴?(　　　)

  A. 优先发展公共交通   B. 限制私人小汽车盲目膨胀

  C. 开辟公共汽车专用道   D. 建立渠化交通体系

43. 下列哪项不属于居民出行调查的对象?(　　　)

  A. 65岁以上的城市居民和郊区居民

  B. 18～65岁的城市居民和郊区居民

  C. 18～65岁的流动人口和暂住人口

  D. 6岁以下的城市居民和郊区居民

44. 在民用机场的选址中,下列哪项原则是错误的?(　　　)

  A. 在城市分布较密集的区域,应考虑设置各城市共用的机场

  B. 在满足机场自身选址要求的前提下,应尽量缩短城市与机场的距离

  C. 城市和机场之间应设置轨道交通

  D. 机场跑道轴线方向尽量避免穿越城市区

45. 下列哪项是城市快速路首选的道路横断面形式?(　　　)

  A. 一块板横断面   B. 二块板横断面

  C. 三块板横断面   D. 四块板横断面

46. 下列关于道路系统规划基本要求的表述,哪项是不准确的?(　　　)

  A. 城市道路应成为划分城市各组团的分界线

  B. 城市道路的功能应当与毗邻道路的用地性质相协调

  C. 城市道路系统要有适当的道路网密度

  D. 城市道路系统应当有利于实现交通分流

47. 大城市公共交通系统中,乘客平均换乘系数不宜大于(　　　)。

  A. 1   B. 1.5   C. 2.5   D. 3.5

48. 下列哪项属于历史文化名城、名镇、名村保护范围内禁止进行的活动?(　　　)

  A. 改变园林绿地、河源水系等自然状态的活动

  B. 修建生产、储存腐蚀性物品的工厂、仓库等

  C. 进行必要的基础设施和公共服务设施的新建、扩建活动

  D. 在核心保护区范围内举办大型群众性活动

49. 关于历史文化名城保护规划的表述中,下列哪项是不准确的?(　　　)

  A. 应划定历史文化街区、历史建筑、文物古迹和地下文物埋藏区的保护界限

  B. 规划期限应当与城市总体规划的规划期限一致

  C. 应当包括核心保护范围和建设控制地带

  D. 历史文化名城应当整体保护,保持传统格局、历史风貌和空间尺度,不得改变

    与其相互依存的自然景观和环境

50. 在城市总体规划中,下列哪项不是绿地的主要控制指标?(　　　)

  A. 城市绿地率   B. 绿化覆盖率

  C. 人均公园绿地面积   D. 人均公共绿地面积

51. 下列哪项不属于城市水资源规划中的供、用水现状分析的主要内容？（ ）

  A. 现状外调水量   B. 年均降水总量

  C. 城市生活用水总量   D. 工业用水效率

52. 下列哪项不属于城市电源工程的内容？（ ）

  A. 城市电厂   B. 超高压变电站

  C. 区域变电站   D. 城市变配电站

53. 下列哪项不宜作为城市污水资源化的用途？（ ）

  A. 工业冷却用水   B. 生活饮用水   C. 景观用水   D. 生态用水

54. 下列哪项不属于城市燃气工程系统的主要内容？（ ）

  A. 石油液化气储存站   B. 水煤气厂

  C. 输配气管网工程   D. 天然气分输站

55. 下列哪项不属于城市环境卫生设施规划的主要任务？（ ）

  A. 测算城市固体废弃物产量   B. 提出垃圾回收利用的对策

  C. 确定垃圾转运站的位置   D. 进行垃圾处理场总平面布置

56. 综合管沟内，下列哪两类管线一起设置是不恰当的？（ ）

  A. 高压输电线、燃气管线   B. 给水管线、热力管线

  C. 给水管线、燃气管线   D. 热力管线、雨污水排水管线

57. 关于城市用地竖向规划基本工作内容的表述，下列哪项是不准确的？（ ）

  A. 综合解决城市规划用地的控制标高

  B. 组织城市用地的地面排水

  C. 确定城市道路的纵坡度和横坡度

  D. 配合地形考虑城市环境的空间美观要求

58. 关于城市地下空间规划的表述，下列哪项是准确的？（ ）

  A. 随着地铁站、地下商业和公共步道等大规模建设，地下空间正成为重要公共

    活动空间

  B. 地下空间环境的人性化设计是地下空间建设成败的关键

  C. 由于地下空间问题的复杂性和重要性，地下空间规划建设必须坚持政府主导

    的方针

  D. 地下空间建设规划由城市规划行政主管部门批准

59. 下列哪类规划与国民经济和社会发展规划关系最为紧密？（ ）

  A. 城市总体规划中的远景规划   B. 市域城镇体系规划

  C. 城市近期建设规划   D. 控制性详细规划

60. 下列哪项不属于近期建设规划的内容？（ ）

  A. 确定禁建区、限建区、适建区和已建区范围

  B. 确定主要对外交通设施和主要道路交通设施布局

  C. 确定各项基础设施、公共服务和公益设施的建设规模和选址

  D. 确定历史文化名城、历史文化街区、风景名胜区等的保护措施

61. 关于住房建设规划的表述,下列哪项是正确的?(   )

    A. 由城市住房和城乡建设主管部门负责组织编制

    B. 由城市人民政府负责组织编制

    C. 由城市人民代表大会负责审批

    D. 由上一级政府负责审批

62. 街角地块红线至少应满足下列哪项要求?(   )

    A. 人行道的宽度   B. 视距三角形

    C. 城市设计的需要   D. 靠近路口的建筑出入口位置

63. 关于控制性详细规划的表述,下列哪项是不准确的?(   )

    A. 属于法定规划

    B. 各项指标是强制性内容

    C. 对房地产开发具有重要的指导作用

    D. 图纸一般采取 1：1000～1：2000 的比例尺

64. 下列哪项不属于控制性详细规划各地块规划图必须标绘的内容?(   )

    A. 规划各地块的界线,标注主要指标

    B. 各项建筑物现状

    C. 交通出入口方位

    D. 规划道路走向、线型、主要控制点坐标和标高

65. 在编制控制性详细规划的过程中,下列哪项与划定地块规模关系最小?(   )

    A. 路网密度   B. 用地性质   C. 容积率   D. 用地权属

66. 在一般情况下,下列哪项控制性详细规划指标以控制下限为主?(   )

    A. 建筑密度   B. 容积率   C. 绿地率   D. 建筑高度

67. 下列哪项是修建性详细规划针对的地区?(   )

    A. 城市规划建成区   B. 近期将要进行出让的土地

    C. 当前或近期拟开发建设地段   D. 需要进行建设控制的地区

68. 在修建性详细规划的用地计算中,植草砖铺设的停车位面积(   )。

    A. 应计入道路用地   B. 应计入绿地

    C. 按比例折算后计入绿地   D. 应同时计入绿地和道路用地

69. 下列哪项是城市修建性详细规划的审批机构?(   )

    A. 城市人民代表大会常务委员会

    B. 城市人民政府或其城市规划行政主管部门

    C. 上一级城市规划行政主管部门

    D. 上一级城市人民政府

70. 下列哪项属于县城总体规划的工作范畴?(   )

    A. 划定必须制定规划的乡和村庄的区域   B. 编制城镇群规划

    C. 确定村庄层次与分级   D. 编制镇域规划

71. 下列哪项不属于乡驻地规划必需的内容？（　　）

    A. 提出城镇化目标   B. 建立综合防灾减灾系统

    C. 进行管线综合   D. 确定规划区内各类用地布局

72. 关于村庄规划的表述，下列哪项是错误的？（　　）

    A. 应以行政村为单位

    B. 应向村民公示

    C. 方案由县级城乡规划行政主管部门组织专家和相关部门进行技术审查

    D. 成果由村委会报县级人民政府审批

73. 历史文化名镇名村核心保护范围内的历史建筑，下列哪项可以改变？（　　）

    A. 高度   B. 外观形象   C. 色彩   D. 所有权

74. 下列哪项表述是正确的？（　　）

    A. 当周边存在城市公共服务设施时，小区内可适当减少相应设施

    B. 当住宅密度降低时，小区内的配套设施应尽量集中设置

    C. 当相邻小区公共服务设施配置完善时，小区内可以适当减少配套设施项目

    D. 当用地限制较大时，小区内可以适当减少配套设施项目

75. 下列哪项表述是正确的？（　　）

    A. 居住区规模越大，住宅用地比重越低

    B. 居住区规模变化时，住宅用地比重恒定不变

    C. 居住区规模越大，住宅用地比重越高

    D. 住宅用地比重与居住区规模没有相关性

76. 下列哪项表述是正确的？（　　）

    A. 居住区规划用地范围是指居住区用地红线范围

    B. 居住区容积率是指居住区建筑面积毛密度

    C. 住宅用地是指住宅建筑垂直投影面积

    D. 地面停车率是地面停车位数与总停车位数的比值

77. 在风景名胜区规划中，以下哪项不是游客容量的计算方法？（　　）

    A. 卡口法   B. 线路法   C. 增长率法   D. 面积法

78. 下列哪项不是"新城市主义"理论的主要原则？（　　）

    A. 邻里与人口构成上的多样性

    B. 对步行交通和机动车交通同等重视

    C. 三维视觉在城市景观序列塑造中的作用

    D. 适合本地的建筑与景观设计

79. 下列关于城市规划实施的表述，哪项是错误的？（　　）

    A. 编制控制性详细规划是实施城市总体规划的重要手段

    B. 公共部门建设的城市基础设施，可以起到引导私人部门开发建设的作用

    C. 私人企业进行旧城改造难以保证城市规划的实施

    D. 政府对建设项目的规划管理，目的在于使各项建设活动不偏离城市规划确立的目标

80. 下列各项中,表述不准确的是(   )。

    A. 城乡规划主管部门依据控制性详细规划提出的规划条件,是国有土地使用权出让合同的组成部分

    B. 以出让方式取得国有土地使用权的建设项目,在签订国有土地使用权出让合同后,建设单位应向城乡规划主管部门申请办理建设用地规划许可证

    C. 城乡规划主管部门在建设用地规划许可证中,不得擅自改变作为国有土地使用权出让合同组成部分的规划条件

    D. 建设项目完工后,城乡规划主管部门对建设项目是否符合规划条件进行核实是项目建设单位组织竣工验收的前提条件

二、多项选择题(共20题,每题1分。每题的备选项中有2～4个符合题意。少选、错选都不得分)

81. 目前我国的城镇化呈现与西方不同的区域特征,下列哪些现象符合我国目前发展的实际?(   )

    A. 我国大多数城市已进入工业化的后期阶段

    B. 我国城镇化的总趋势是人口向中小城市集中

    C. 东部沿海地区人口的集聚呈现都市连绵带的态势

    D. 中部地区人口向城市的集中多于向镇的集中

    E. 西部地区人口向大城市的集中明显强于向中小城市的集中

82. 下列哪些项是现代城市规划的重要理念?(   )

    A. 重视过程   B. 城市美化   C. 区域协调   D. 公众参与

    E. 空间认知

83. 下列哪些项是《马丘比丘宪章》中的思想观点?(   )

    A. 城市是一个动态的系统

    B. 私人汽车从属于公共运输系统的发展

    C. 进一步明确城市功能分区的重要性

    D. 城市规划的公众参与十分必要

    E. 提出了田园城市的设想以及一系列城市美化的方案

84. 下列关于城市总体规划制度的表述,哪些项是不准确的?(   )

    A. 总体规划的组织编制机关应组织前期研究

    B. 总体规划纲要按规定审查后,方可组织编制城市总体规划方案

    C. 规划编制单位应采取论证会、听证会或者其他方式征求专家和公众的意见

    D. 规划方案上报审批前,由组织编制机关公告30日以上

    E. 规划方案上报审批前,应报请本级人民代表大会审议

85. 按照《城市规划编制办法》,关于城市总体规划内容的表述,下列哪些项是不准确的?(   )

    A. 确定城市主、次干路和城市支路的红线位置

B. 编制相应的市域城镇体系规划

C. 确定市域重点城镇的用地规模和建设用地控制范围

D. 确定城市各分区内的土地使用性质、人口分布与建设容量控制

E. 确定城市空间布局及市中心、区中心的位置和规模

86. 为了编制市域城镇体系规划,在进行区域调查时需收集下列哪些项资料?（　　　）

A. 市域内的矿产资源条件　　　　　B. 市域内的重大基础设施情况

C. 市域内各城市、村镇的基本情况　　D. 市域内的风向、风速等风象资料

E. 市域内的人口流动情况

87. 关于城市空间布局的表述,下列哪些项是错误的?（　　　）

A. 应避开城市主干路,减少对交通的干扰

B. 分散布局的专业化公共中心有利于更均衡的公共服务

C. 沿公交干线应降低开发强度,避免人流的影响

D. 居住用地相对集中布置,有利于提供公共服务

E. 公园应布置在城市边缘,以提高城市土地收益

88. 关于确定城市公共设施指标的表述,下列哪些项是错误的?（　　　）

A. 体育设施用地指标应根据城市人口规模确定

B. 医疗卫生用地指标应根据有关部门的规定确定

C. 金融设施用地指标应根据城市产业特点确定

D. 商业设施用地指标应根据城市形态确定

E. 文化娱乐用地指标应根据城市风貌确定

89. 下列哪些项不是直接影响城市空间形态拓展的主要因素?（　　　）

A. 能源、水源和对外交通　　　　　B. 城市的非物质文化遗产

C. 大型工业企业配置　　　　　　　D. 城市的人口规模和城市性质

E. 社区体育设施

90. 关于停车设施布置的表述,下列哪些项是正确的?（　　　）

A. 城市商业中心的机动车公共停车场一般应布置在商业中心的外围

B. 城市商业中心的机动车公共停车场一般应布置在商业中心的核心

C. 城市主干路上可布置路边临时停车带

D. 城市次干路上可布置路边永久停车带

E. 城市出入口停车设施一般布置在城市外围主要出入干路附近

91. 下列哪些项是历史文化名城保护规划的主要内容?（　　　）

A. 确定历史文化名城周边的保护范围和建设控制地带的界线

B. 建立历史文化名城、历史文化街区与文物保护单位三个层次的保护体系

C. 合理调整历史城区的职能,控制人口容量

D. 历史地段和历史建筑群的维修改善与整治,文物古迹的确认

E. 尽可能地重建和复原已不存在的文物古迹

92. 下列哪些项属于历史文化街区保护规划的内容?（　　　）

A. 划定保护区及建设控制地带的范围、界线

B. 明确建筑物的保护、维修、整治方式

   C. 基础设施的改造和建设

   D. 确定重点文物的保护范围和建设控制地带的具体界线

   E. 建立历史文化街区、文物保护单位、外围建设控制地带三个层次的保护体系

93. 下列哪些项不属于城市水资源规划的内容?（   ）

   A. 合理预测城乡生产、生活需水量   B. 划分河道流域范围

   C. 分析城市水资源承载能力   D. 制定雨水及再生水利用目标

   E. 布置配水干管

94. 下列哪些项应该纳入城市黄线管理范畴?（   ）

   A. 取水构筑物   B. 水厂   C. 一级泵站   D. 取水点

   E. 水源涵养地

95. 下列哪些项属于城市抗震防灾规划的内容?（   ）

   A. 确定抗震设防标准   B. 用地选择

   C. 地震烈度勘查   D. 避震疏散场地设置

   E. 建筑抗震结构设计

96. 下列城市总体规划成果中,哪些项具备法律效力?（   ）

   A. 规划文本   B. 规划说明书

   C. 专题研究报告   D. 基础资料汇编

   E. 规划图纸

97. 下列关于集镇的表述,正确的是(   )。

   A. 镇和乡的政府驻地都是集镇

   B. 集镇也是一级行政建制

   C. 集镇是乡政府驻地

   D. 在农村地区,有集市的地方就是集镇

   E. 集镇多是由大村庄发展而成

98. 关于居住区规划的说法,下列哪些项是错误的?（   ）

   A. 统一建设,才能形成小区

   B. 可以采用街坊式布局,而不必形成小区

   C. 若采用街坊布局,则不存在小区路

   D. 对于较大的居住区,宜减少城市道路的分割

   E. 过小的居住地块内可不安排公共绿地

99. 关于风景名胜区规划的表述,下列哪些项是不准确的?（   ）

   A. 风景名胜区应划分核心景区、缓冲区和协调区

   B. 新设立的风景名胜区与自然保护区不得重合或者交叉

   C. 在风景名胜区内禁止设立各类开发区

   D. 风景名胜区管理机构应当根据风景名胜区规划,合理利用风景名胜资源,改善交通、服务设施和游览条件

   E. 风景名胜区总体规划应确定主要基础设施、旅游设施的选择、布局与规模

100. 关于城市设计和控制性详细规划的表述,下列哪些项是不准确的?（   ）

A. 控制性详细规划中关于建筑体量的指导原则属于城市设计的工作范畴

B. 在编制控制性详细规划时,可以运用城市设计的方法,提高控制性详细规划编制的质量

C. 若城市设计项目中已具有控制指标和分图图则,则不需要单独编制控制性详细规划

D. 在控制性详细规划编制完成后,可以依据法定程序对其中有关的城市设计内容进行调整

E. 城市设计成果的指标,可作为控制性详细规划的主要控制指标

真 题 解 析

一、单项选择题(共 80 题,每题 1 分。每题的备选项中,只有 1 个最符合题意)

1. D

【解析】 城市与乡村的基本区别主要有六点:集聚规模的差异、生产效率的差异、生产力结构的差异、职能的差异、物质形态的差异、文化观念的差异。因此 D 选项符合题意。

2. D

【解析】 城乡二元结构体制消除是个漫长的过程。我国城乡差异的基本现状有四个现象:城乡结构"二元化",城乡收入差距拉大,优势发展资源向城市单向集中,城乡公共产品供给体制严重失衡。随着政策方针的落实,城乡二元结构体制将逐渐消除,根本消除说法不准确。因此 D 选项符合题意。

3. A

【解析】 城市发展的三个阶段特征为:

(1) 农业社会,城市的主要职能是政治、军事或宗教中心,没有起到经济中心的作用;

(2) 工业城市,工业化导致了原有城市空间与职能的巨大重组,城市逐渐成为人类社会的主要空间形态和经济发展的主要载体;

(3) 后工业社会,城市的性质由生产功能转向服务功能,环境危机日益严重,向"生态时代"迈进。

由以上分析可知,农业社会城市没有经济中心的作用,因此 A 选项符合题意。

4. C

【解析】 城镇化包括有形的城镇化和无形的城镇化。

有形的城镇化包括 3 个方面:①人口的集中;②空间形态的改变;③经济社会结构的变化。

无形的城镇化包括 3 个方面:①城市生活方式的扩散;②农村意识、行为方式、生活方式转化为城市意识、行为方式、生活方式的过程;③农村居民逐渐脱离固有的乡土式生活态度、方式,采取城市生活态度、方式的过程。

C 选项村镇环境整治与城镇化指标和表现无任何关系。

5. C

【解析】 城市是区域发展的核心,区域是城市发展的基础。城市通过对外围腹地的吸引作用和辐射作用,成为区域的中心,外围区域则通过提供农产品、劳动力、商品市场、土地资源等成为城市发展的依托。因此,城市的功能和规模与城市腹地的大小是有直接关系的。因此 C 选项符合题意。

6. D

【解析】 法国的"协和村"是欧文于 1817 年提出的概念,属于近现代城市规划的产物,不是古代城市。因此 D 选项符合题意。

7. C

【解析】 现代城市规划形成的技术基础是城市美化。城市美化由英国公园运动兴起,由西谛深化,在奥姆斯特德的纽约中央公园设计中体现,以 1893 年在芝加哥举行的博览会为起点的对市政建筑物进行全面改进为标志。因此 C 选项符合题意。

8. C

【解析】 现代城市规划形成的思想基础为空想社会主义。空想社会主义源于莫尔的乌托邦概念,代表人物为欧文、傅里叶,实践有 1817 年欧文的"协和村"方案、1829 年傅里叶的"法郎吉"社区概念、1859—1870 年戈定在法国的 Guise 工厂建设。因此 C 选项符合题意。

9. B

【解析】 勒·柯布西埃的现代城市设想为:城市应当集中发展,由此而带来的城市问题可以通过技术手段解决——采用大量的高层建筑来提高密度和建立一个高效率的城市交通系统,采用三层立体交通系统。因此 B 选项符合题意。

10. C

【解析】 唐时期:隋唐大兴(长安城)、东都洛阳城都采用中轴对称的格局,规整的方格路网,居住布局采用里坊制。宋时期:随着商品经济的发展,中国城市建设中延绵了千年的里坊制度逐渐被废除,到北宋中叶,开封城中已建立较为完善的街巷制。因此 C 选项符合题意。

11. C

【解析】 19 世纪后半期到 20 世纪初,在开埠通商口岸的部分城市中,西方列强依据各国的城市规划体制和模式,对其所控制的地区和城市按照各自的意愿进行了规划设计,其中最为典型的是上海、广州等租界地区以及被外国殖民者所独占的青岛、大连、哈尔滨等城市。因此,在本题中大连受帝国主义殖民影响最大。C 选项符合题意。

12. D

【解析】 城市总体布局形态是实践性的良好体现,对政策性难以体现。因此 D 选项符合题意。

13. A

【解析】 城市规划保障社会整体公共利益主要包括公共设施、公共安全、公共卫生、舒适的生活环境等,具体包括对各类公共设施进行安排,保证各项公共设施与周边地区的建设相协同,对自然资源、生态环境和历史文化遗产以及自然灾害易发地区等通过空间管制予以保护和控制。A 选项控制建筑物之间的日照间距属于城市规划作用中的维护社会公平而不是保障社会公共利益。

14. D

【解析】 依据《城乡规划法》第八条:城乡规划组织编制机关应当及时公布经依法批准的城乡规划,因此 D 选项符合题意。

15. D

【解析】 由计划出版社《城乡规划管理与法规》教材(2011 版)第二章的第二节和第

三节的分类可知,《城市居住区规划设计规范》属于技术标准,不属于城乡规划法律法规体系的组成部分。因此 D 选项符合题意。

16. D

【解析】 《城乡规划法》第二条:本法所称城乡规划,包括城镇体系规划、城市规划、镇规划、乡规划和村庄规划。城市规划、镇规划分为总体规划和详细规划。详细规划分为控制性详细规划和修建性详细规划。由以上分析可知 B、C 选项错误。市域城镇体系规划和镇域城镇体系规划分别属于城市规划和镇规划,因此 A 选项错误。D 选项符合题意。

17. D

【解析】 城镇体系的概念包含 4 个方面的内容:以一个相对完整区域内的城镇群体为研究对象,城镇体系的核心是中心城市,由一定数量的城镇所组成,城镇最本质的特点是相互联系。因此 D 选项符合题意。

18. D

【解析】 城镇体系规划是根据地域分工的原则,以区域生产力合理布局和城镇职能分工为依据,确定不同人口规模等级和职能分工的城镇的分布和发展规划。城镇等级规模的划分一般是根据城市地位和人口规模进行的。因此 D 选项符合题意。

19. A

【解析】 城市规划常用的分析方法有 3 种:定性分析、定量分析和空间模型分析。①定性分析包括因果分析法、比较法;②定量分析包括频数和频率分析、集中量数分析、离散程度分析、一元线性回归分析、多元回归分析、线性规划模型、系统评价法、模糊评价法、层次分析法;③空间模型分析包括实体模型和概念模型。A 选项属于空间模型分析,因此符合题意。

20. B

【解析】 现状调查的主要方法有以下几种。

(1) 现场踏勘。采用此方法:一方面可以获取有关现状情况,尤其是物质空间方面的一手资料,弥补文献、统计资料以及各种图形资料的不足;另一方面可以使规划人员在建立起有关城市的感性认识的同时,发现现状的特点和其中所存在的问题。

(2) 抽样或问卷调查。问卷调查是掌握一定范围内大众意愿时最常见的调查形式。

(3) 访谈和座谈会调查。该方法的性质与抽样调查类似,在规划中这类调查主要在下列几种情况下运用:一是针对无文字记载的民俗民风、历史文化等的调查;二是针对尚未形成文字的或对一些愿望与设想的调查。

(4) 文献资料搜集。城市总体规划的相关文献和统计资料通常以公开出版的城市统计年鉴、城市年鉴、各类专业年鉴、不同时期的地方志等形式存在。

防洪工程需要长期的洪水资料,需要熟悉防洪工程地形等环境,需要对特殊年份进行专门分析。故先进行现场踏勘,对现场有了感性认识后,再对历年水文资料进行查询,最后再抽样调查极端防洪年进行分析,因此,B 选项最为合理。B 选项符合题意。

21. D

【解析】 现场踏勘是城市总体规划调查中最基本的手段,主要用于城市土地使用、城市空间结构等方面的调查,也用于交通量调查等,较少用于企业生产状况的调查。因此 D 选项符合题意。

22. B

【解析】 城市总体规划阶段,区域环境指城市与周边发生相互作用的其他城市和广大的农村腹地所共同组成的地域范围,B 选项最全面。因此 B 选项符合题意。

23. C

【解析】 地下水按其成因与埋藏条件可以分为三类:上层滞水、潜水和承压水,其中能作为城市水源的主要是潜水和承压水。潜水基本上是由地表渗水形成的,主要靠大气降水补给。故 C 选项错误,因此 C 选项符合题意。

24. A

【解析】 随着城市的发展,城市产业会随生产力的发展由第一产业逐渐向第二、三产业升级,产业结构也会更高级。题目中甲城市的第二、三产业总和占整个城市产业的比重与乙城市相同,但甲城市第三产业占第二、三产业总和的比重比乙城市高,所以,相比较而言,甲城市的产业结构比乙城市更高级,因此 A 选项符合题意。

25. A

【解析】 题目中四个选项都对城市性质的定位有重要影响,但该题问的是最主要的依据,城市在区域中的地位和作用是确定城市性质的主要依据,故 A 选项符合题意。

26. A

【解析】 城市人口规模预测的主要方法有五类:综合平衡法、时间序列法、相关分析法(间接推算法)、区位法、职工带眷系数法。另外还有 3 种方法不宜单独作为预测城市人口规模的方法,但可以作为校核方法使用:环境容量法(门槛约束法)、比例分配法、类比法。所以 A 选项符合题意。

27. B

【解析】 根据《城市规划编制办法》,划定禁建区、限建区、适建区和已建区,并制定空间管制措施属于城市总体规划的内容,不属于城市总体规划纲要的内容,因此 B 选项符合题意。

28. B

【解析】 城镇体系的组织结构演变会相应经历低水平均衡阶段—极核发展阶段—扩散阶段—高水平均衡阶段。因此 B 选项符合题意。

29. B

【解析】 区域性重大基础设施的布局是城镇体系规划的强制性内容,必须在城镇体系规划中明确。区域性重大基础设施主要包括高速公路、干线公路、铁路、港口、机场、区域性电厂和高压输电网、天然气门站、天然气主干管、区域性防洪、滞洪骨干工程、水利枢纽工程、区域引水工程等。消防设施属于城市总体规划的内容,不涉及区域范围,因此 B 选项符合题意。

30. B

【解析】 依据《城乡规划法》,规划区的具体范围由有关人民政府在组织编制的城市总体规划、镇总体规划、乡规划、村庄规划中划定。规划编制单位无权划定规划区,因此 B

选项错误,B选项符合题意。

31. C

【解析】 环形放射式空间布局结构是城市发展到大城市、特大城市常用的空间形态,如北京、巴黎,这种形态一般不适于小城市。因此 C 选项符合题意。

32. D

【解析】 教材中明确各组团之间一般有明确的分隔,如高速公路、城市快速路、河流、山体等。显然,高速公路、城市快速路属于人工环境,不属于自然分割,D 选项不准确。

33. B

【解析】 城市总体布局的主要模式有集中式布局和分散式布局。相比于分散式布局,集中式布局有三个优点:布局紧凑、节约用地,节省建设投资;容易低成本配套建设各项生活服务设施和基础设施;居民工作、生活出行距离较短,城市氛围浓郁,交往需求易于满足。这种布局也有三个缺点:功能分区不明显,不利于道路交通组织,后续发展容易出现"摊大饼"现象。因此 B 选项符合题意。

34. A

【解析】 根据《城市用地分类与规划建设用地标准》(GBJ 137—1990)[①]第 2.0.2 条城市用地应按土地使用的主要性质进行划分和归类;适用于城市中设市城市的总体规划工作和城市用地统计工作;可根据工作性质、工作内容及工作深度的不同要求,采用本分类的全部或部分类别,但不得增设任何新的类别;规范中居住用地分为四个中类。由以上分析可知,A 选项符合题意。

35. B

【解析】 根据《城市用地分类与规划建设用地标准》(GBJ 137—1990),在计算建设用地标准时,人口计算范围必须与用地计算范围相一致,人口数宜以非农业人口数为准,但不是排除农业户口,因此 A 选项错误。边远地区和少数民族地区中地多人少的城市,可根据实际情况确定规划人均建设用地指标,但不得大于 150m²/人,所以 D 选项错误。设有大中型工业项目的中小工矿城市,其规划人均工业用地指标可适当提高,但不宜大于 30m²/人,故 C 选项错误。居住、工业、道路广场和绿地四大类用地总和占建设用地比例宜为 60%~75%,因此 B 选项符合题意。

36. C

【解析】 地下水硬度不是工程地质,因此不属于城市规划工程地质评价。因此 C 选项符合题意。

37. D

【解析】 蔬菜仓库应设于城市市区边缘通向四郊的干道处,不宜过分集中,以免运输线太长,损耗太大。因此 D 选项符合题意。

38. C

【解析】 仓储用地布置的六个一般原则:①满足仓储用地的一般技术要求(地势较

---

① 该规范已经作废,并已经出现了代替的新标准。但由于教材和考试大纲中引用和指定的都是旧规范,所以,关于题目的解析仍采用旧规范。书中其余地方类似处理。

高,地形平坦,有一定的坡度,利于排水,地下水位不能太高,不应将仓库布置在潮湿的洼地上);②有利于交通运输;③有利于建设,有利于经营使用;④节约用地,但有一定发展余地;⑤沿河、湖、海布置仓库时,必须留出岸线;⑥注意城市环境保护。C选项的良好的社会服务设施显然不是布局考虑的主要因素,因此C选项符合题意。

39．C

【解析】 降低工业区的建筑密度会造成土地浪费的现象,中华人民共和国国土资源部发文已经明确了工业园区不能低密度建设,工业的环境污染与工业生产本身有关,与建筑密度关系不大。因此C选项符合题意。

40．D

【解析】 中心城市具有辐射作用,城市道路网络会在方格网基础上呈放射状的交通性路网形态发展。D选项符合题意。

41．B

【解析】 根据《城市综合交通体系规划编制办法》(建城〔2010〕13号),城市综合交通体系规划应当与区域规划、土地利用总体规划、重大交通基础设施规划等相衔接;编制城市综合交通体系规划,应当以建设集约化城市和节约型社会为目标,遵循资源节约、环境友好、社会公平、城乡协调发展的原则,贯彻优先发展城市公共交通战略,优化交通模式与土地使用的关系,保护自然与文化资源,考虑城市防灾减灾和应急交通建设需要,处理好长远发展与近期建设的关系,保障各种交通运输方式协调发展。由以上分析可知,B选项符合题意。

42．D

【解析】 D项为交通工程技术措施,不属于交通政策范畴,因此D选项符合题意。

43．D

【解析】 居民出行OD调查的对象包括6岁以上的城市居民、暂住人口和流动人口,因此D选项符合题意。

44．C

【解析】 航空港布局规划原则:①从区域的角度考虑航空港的共用及其服务范围,在城市分布较密集的区域,应在各城市都方便的位置设置若干城市共用的航空港。②航空港与城市的交通联系。争取在满足机场选址的要求前提下,尽量缩短航空港与城区的距离。常采用高速公路的方式,使航空港与城市间的时间距离保持在30min以内。有条件的可采用高速列车、专用铁路、地铁、直升机等方式实现航空港与城市的快捷联系。③航空港的选择应尽可能使跑道轴线方向避免穿过市区。C选项是在有条件的情况下设置,所以错误,因此C选项符合题意。

45．B

【解析】 二块板横断面主要用于纯机动车行驶的车速高、交通量大的交通性干路,包括城市快速路和高速公路,在实际中快速路也常用二块板横断面,因此B选项符合题意。

46．A

【解析】 城市中各级道路的性质、功能与城市用地布局结构的关系表现为城市道路的功能布局。如城市快速路划分城市组团,交通性主干道划分城市分组团;主干道一般围合一个居住区;城市支路划分一个小区。快速路、主干道、次干道、支路均为城市道路,各自有对应的划分范围,A选项中的城市道路应划分城市各组团的分界线是不准确的,支路就无法划分城市组团,因此A选项符合题意。

47. B

【解析】 根据《城市道路交通规划设计规范》(GB 50220—1995),大城市乘客平均换乘系数不应大于1.5,中、小城市不应大于1.3。因此B选项符合题意。

48. B

【解析】《历史文化名城名镇名村保护条例》(国务院令第524号)第二十四条规定,在历史文化名城、名镇、名村保护范围内禁止进行下列活动:

(一)开山、采石、开矿等破坏传统格局和历史风貌的活动;

(二)占用保护规划确定保留的园林绿地、河湖水系、道路等;

(三)修建生产、储存爆炸性、易燃性、放射性、毒害性、腐蚀性物品的工厂、仓库等;

(四)在历史建筑上刻划、涂污。

因此B选项符合题意。

49. A

【解析】 历史文化名城保护规划应划定历史地段、历史建筑、文物古迹和地下文物埋藏区的保护界限。因此A选项不准确,A选项符合题意。

50. D

【解析】 城市绿地系统规划属城市总体规划的一部分,其中主要控制的绿地指标为人均公园绿地面积、城市绿地率和绿化覆盖率。D选项符合题意。

51. B

【解析】 城市水资源规划中,供、用水现状分析包括:从地表水、地下水、外调水量、再生水等几个方面分析供水现状及趋势,从生活用水、工业用水、农业用水及生态环境用水等几个方面分析用水现状、用水效率水平及趋势。

年均降水总量属于开发与利用现状分析,不属于供、用水现状分析的内容,因此B选项符合题意。

52. D

【解析】 城市电源分为城市发电厂和接受市域外电力系统电能的电源变电所(站)两类,A、B、C项均属于上述两类,D选项为城市配电系统,不属于城市电源工程的内容,因此D选项符合题意。

53. B

【解析】 目前,污水再利用主要集中在工业、市政杂用(包括洗车、浇洒道路、浇灌绿地)和景观方面,因此B选项符合题意。

54. D

【解析】 天然气分输站不属于城市燃气工程系统的内容。

55. D

【解析】 进行垃圾处理场总平面布置是专业环保工程设计,不属于城市环境卫生设施规划的内容。

56. B

【解析】 城市工程管线共沟敷设原则：①热力管不应与电力、通信电缆和压力管道共沟；②排水管道应布置在沟底；③腐蚀性介质管道的标高应低于沟内其他管线；④火灾危险性、可燃性、毒性、腐蚀性管道不应共沟敷设，并严禁与消防水管共沟敷设；⑤凡有可能产生互相影响的管线，不应共沟敷设。压力管道有给水、煤气、燃气等，重力管道有污水、雨水等，因此给水管和热力管线不共沟，B 选项符合题意。

提示：题目的设定是在综合管沟中不应一起共沟，意思是可以进入综合管沟但不能一起布置，高压输电线不能进入综合管沟，所以尽管高压输电线和燃气管线不能在一起，但不符合题目的设定，因此认为不能选择 A 项。

57. C

【解析】 城市用地竖向规划的目的是使城市道路的纵坡度既能配合地形又能满足交通方面的要求，与横坡度无关。

58. A

【解析】 地下空间规划应坚持政府组织、专家领衔、部门合作、公众参与、科学决策的原则，因此 C 选项错误。全市性地下空间总体规划应当纳入城市总体规划，各区（县）地下空间建设规划由城市人民政府城市规划行政管理部门负责审查后，报城市人民政府审批，因此 D 选项错误。地下空间环境的人性化设计是轨道交通成败的关键，因此 B 选项错误。A 选项符合题意。

59. C

【解析】 近期建设规划与国民经济和社会发展规划应在编制时限上保持一致，同步编制、互相协调，将计划确定的重大建设项目在城市空间中进行合理的安排和布局。国民经济和社会发展五年规划主要在目标、总量、产业结构及产业政策等方面对城市的发展做出总体性和战略性的指引，侧重于时间序列上的安排；近期建设规划则主要在土地使用、空间布局、基础设施支撑等方面为城市发展提供基础性的框架，侧重于空间布局上的安排。二者分别反映城市 5 年在时间和空间上布局的两个侧面。由以上分析可知，近期建设规划与国民经济和社会发展规划关系最紧密，因此 C 选项符合题意。

60. A

【解析】 确定禁建区、限建区、适建区和已建区范围属于城市总体规划的内容，因此 A 选项符合题意。

61. A

【解析】 根据《关于做好住房建设规划与住房建设年度计划制定工作的指导意见》（建规〔2008〕46 号），住房建设规划要按照"政府组织、专家领衔、部门合作、公众参与、科学决策"的原则，做好前期调研、专题研究、规划编制等工作。住房和城乡建设主管部门负责组织编制，住房建设规划与住房建设年度计划应在征求社会意见的基础上，经城市人民政府批准后向社会公布。因此 A 选项符合题意。

62. B

【解析】 由两车的停车视距和视线组成的交叉口视距空间和限界称为视距三角形，常作为确定交叉口红线位置的条件之一。因此 B 选项符合题意。

63. B

【解析】 控制性详细规划是法定规划。按照《城市规划编制办法》,选取符合规划要求和规划意图的若干规划控制指标组成综合指标体系,综合指标体系是控制性详细规划的核心内容之一,分为规定性指标和引导性指标。规定性指标为强制性内容,指导性指标不作强制,为引导性内容。规划图纸比例尺一般采用1:1000~1:2000。因此B选项错误。

64. B

【解析】 控制性详细规划中的地块规划图无须标绘各项建筑物现状,因此B选项符合题意。

65. C

【解析】 控制性详细规划用地面积大小与土地细分方式直接相关,规划中对于不同区位、不同建设条件、不同用地属性的用地划分应有所区别,并符合地方实际开发建设方式的需要。一般老城区、城市中心区地块面积较小,居住用地细分可根据实际情况以街坊、组团或小区为基本单位,工业地块细分应适应不同的产业发展需要,各类用地细分后的地块不应破坏城市主、次、支道路系统的完整性。路网密度、用地性质、用地权属从本质上控制了地块的大小,而容积率则由用地性质、地块大小来决定。因此C选项符合题意。

66. C

【解析】 在规划中应明确绿地率控制下限,以保障最基本的环境条件,因此C选项符合题意。

67. C

【解析】 修建性详细规划的作用是按照城市总体规划、分区规划以及控制性详细规划的指导、控制和要求,以城市中准备实施开发建设的待建地区为对象,对其中的各项物质要素进行统一的空间布局。因此C选项的当前或者近期拟开发建设地段是修建性详细规划针对的地区,C选项符合题意。

68. C

【解析】 空心砖种植草坪的绿化面积,按其面积的25%计入绿地。

69. B

【解析】 依据《城乡规划法》,城乡规划主管部门和镇人民政府可以编制重要地段的修建性详细规划,报本级人民政府审批,非重要地段由建设单位依据规划条件编制后报所在地县级以上城乡规划主管部门审批。B选项符合题意。

70. A

【解析】 县城总体规划包括县域城镇体系规划和县城关镇区总体规划。县域城镇体系规划包括划定必须制定规划的乡和村庄的区域,确定村庄布局基本原则和分类管理策略。B选项属于区域规划内容,C选项属于乡规划内容,D属于镇总体规划内容。因此A选项符合题意。

71. A

【解析】 乡规划不属于城市化区域,因此提出城镇化目标不属于乡驻地规划的内容。A 选项符合题意。

72. D

【解析】《村庄和集镇规划建设管理条例》第十四条：村庄、集镇总体规划和集镇建设规划,须经乡级人民代表大会审查同意,由乡级人民政府报县级人民政府审批。因此 D 选项符合题意。

73. D

【解析】《历史文化名城名镇名村保护条例》第二十七条：历史文化街区、名镇、名村核心保护范围内的历史建筑,应当保持原有的高度、体量、外观形象及色彩等。因此 D 选项符合题意。

74. A

【解析】 当规划用地周边有设施可以使用时,配建的项目和面积可酌情减少;当周围的设施不足,需兼为附近的居民服务时,配建的项目和面积可相应增加;当处在公交转乘站附近、流动人口多的地方时,可增加百货、食品、服装等项目或扩大面积,以兼为流动顾客服务;在严寒地区由于是封闭式的营业,配建的项目和面积也会稍有增加;在山地,由于地形的限制,可根据现状条件及居住区范围周边现有的设施以及本地的特点,在配建的水平上相应增减。因此 A 选项符合题意。

75. A

【解析】 根据《城市居住区规划设计规范》,居住区用地分为住宅用地、公建用地、道路用地和公共绿地。一般居住区规模越大,按要求配套建设的公建和道路面积愈大,公共绿地需要面积也会增大,住宅用地面积比重相对就会降低。因此,居住区规模越大,住宅用地的比重越低,A 选项正确。

76. B

【解析】 根据《城市居住区规划设计规范》第 2.0.32b 条,地面停车率是指居民汽车的地面停车位数量与居住户数的比率(%),故 D 选项错误。居住区规划用地范围不等于居住区用地的红线范围,应该扣除其他用地,居住区规划用地包括居住区用地和其他用地两种,因此 A 选项错误。住宅用地不但包括住宅建筑的占地,还包括住宅建筑的附属绿地等其他用地,因此 C 选项错误。建筑面积毛密度也称容积率,用每公顷居住区用地上拥有的各类建筑的建筑面积与居住区用地的比值表示,因此 B 选项符合题意。

77. C

【解析】 根据《风景名胜区规划规范》第 3.5.1.2 条:风景名胜区的游客容量一般由一次性游客容量、日游客容量、年游客容量三个层次表示,具体测算方法可采用线路法、卡口法、面积法、综合平衡法等。因此 C 选项符合题意。

78. C

【解析】"新都市主义"指的是 20 世纪 80 年代中后期到 90 年代初期在美国出现的一系列关于城市设计的思潮,1993 年发表的《新都市主义宪章》提出了其主要原则:①邻里在用途与人口构成上的多样性;②社区应该对步行和机动车交通同样重视;③城市必须由形态明确和普遍易达的公共场所和社区设施所形成;④城市场所应当由反映地方历史、气候、生态和建筑传统的建筑设计和景观设计所构成。C 选项是技术,不属于理论方面的宏观原则,因此符合题意。

79. C

【解析】 为实施城市规划,政府可以采用与私人开发企业合作进行特定地区和类型的开发建设活动,如旧城改造和更新、开发区建设等。因此 C 选项符合题意。

80. B

【解析】《城乡规划法》第三十八条:以出让方式取得国有土地使用权的建设项目,在签订国有土地使用权出让合同后,建设单位应当持建设项目的批准、核准、备案文件和国有土地使用权出让合同,向城市、县人民政府城乡规划主管部门领取建设用地规划许可证。

提示:注意 B 选项中的"申请"不能与《城乡规划法》中的"领取"替换,因为其本质是《城乡规划法》对权利和义务的分配。因此 B 选项符合题意。

二、多项选择题(共 20 题,每题 1 分。每题的备选项中有 2~4 个符合题意。少选、错选都不得分)

81. BCE

【解析】 目前,我国大多数城市仍处于工业化进程中,少数城市进入了工业化后期阶段,总体趋势上大城市人口实际增长率虽然还将大幅上升,但更重要的是扮演经济发展主要基地的角色。中、小城市和小城镇将成为吸收农村人口实现城镇化的主战场。A项错误,B 项正确。东部沿海地区城镇化总体快于中西部内陆地区,沿海地区出现大城市群,东部沿海城市出现连绵发展态势,C 项正确。为了保护生态环境、提升经济社会发展的质量和提高城镇化的效益,发展区域中心城市、大城市将成为中西部地区城镇化的重点,D 项错误,E 项正确。

82. ACDE

【解析】《雅典宪章》提出了空间认知理念,以达到合理的功能分区。《马丘比丘宪章》提出了城市是一个系统的过程;不能用一张终极蓝图描绘,应该是一个动态的过程;还提出公众参与的理念,强调城市规划需要与区域环境等因素相协调。因此 A、C、D、E选项符合题意。城市美化运动是现代城市规划的技术基础,因此 B 选项不符合题意。

83. ABD

【解析】《马丘比丘宪章》首先强调人与人之间的相互关系对于城市和城市规划的重要性,批判了《雅典宪章》所崇尚的纯粹功能分区;认为城市是一个动态的系统;不仅承认公众参与对城市规划的极端重要性,而且进一步推进其发展;承认《雅典宪章》中交通是城市四大功能之一的基础上,认为在道路分类、增加车行道和设计各种交叉口方案等方面根本不存在最理想的解决方法,所以提出将来城区交通的政策应当是使私人汽车从属于公共运输系统的发展。由以上分析可知,A、B、D 选项符合题意。

84. CE

【解析】 C 选项的规划编制单位不正确,应该为组织编制单位。城市总体规划方案上报前,应当经本级人民代表大会常务委员会审议,因此 E 选项错误。由以上分析可知,

C、E 选项符合题意。

85. AD

【解析】 依据《城市规划编制办法》第二十、三十、三十一、三十二条,确定城市支路不属于总体规划阶段的内容,A 选项错误。确定城市各分区内的土地使用性质、人口分布与建设容量控制属于城市分区规划的内容,D 选项错误。B、C、E 均为城市总体规划内容,因此 A、D 选项符合题意。

86. ABE

【解析】 依据《城市规划编制办法》规定,市域城镇体系规划不需要考虑风速、风向,也不涉及村庄基本情况调查,所以,风速、风向村庄基本情况等不属于编制市域城镇体系规划阶段收集的资料,而属于编制中心城区规划阶段收集的资料内容。因此 C、D 选项不符合题意,其他选项符合题意。

87. ACE

【解析】 大型公共建筑由于交通活动频繁,应靠近主干道布置,但必须避免对干道交通造成影响,即靠近主干道但避免直接向主干道开口,因此 A 选项错误。由于城市功能的多样性,还有一些专业设施相聚配套而形成的专业性公共中心,如体育中心、科技中心、展览中心、会议中心等,对其进行分散布局利于形成更均衡的城市公共服务,因此 B 选项正确。沿公交干线加强开发强度,更好地为人流服务,是目前盛行的 TOD 模式,因此 C 选项错误。居住用地应相对集中布置,形成城市氛围,有利于公共服务设施和公共服务的提供,D 选项正确。公园绿地应采用各级匹配分布,均衡分布在城市的各个相应组团,获得更好的服务半径,因此 E 选项错误。由以上分析可知,A、C、E 选项符合题意。

88. CDE

【解析】 《城市公共设施规划规范》第 6.0.1 条:体育设施用地规模按城市等级,以人均指标用地与人口规模计算,A 项正确。有一些公共设施,如银行、邮局、医疗、商业、公安部门等,由于它们业务与管理的需要自成系统,并各自规定了一套具体的建筑与用地指标,这些指标是从其经营管理的经济与合理性来考虑的。这类公共设施的规模,可以参考专业部门规定,结合具体情况确定,因此 B 选项正确,C、D 选项错误。文化娱乐设施应根据居民生活习惯和城市形态来确定,与城市风貌基本无关系,E 项错误。因此 C、D、E 选项符合题意。

89. BE

【解析】 影响城市空间形态形成的因素是多方面的,其直接因素既包括城市本身所在地区位、地形、地质、水文、气象、景观、生态、农林矿业资源等地理环境自然条件,也包括城市的人口规模、用地范围、城市性质、在国家和地区中的地位和作用,能源、水源和对外交通,大型工业企业配置、公共建筑和居住区组织形式等社会经济和城市建设条件;其间接因素则是城市各历史时期的发展特征、国家政策和行政体制、规划设计理论和建筑法规、文化传统理念等人为条件。B 选项属于文化方面的内容,E 选项属于社区设施方面的内容,二者均不是影响城市空间拓展的主要因素。因此 B、E 选项符合题意。

90. AE

【解析】 城市停车设施一般分为 6 类:①城市出入口停车设施,即外来机动车公共停车场,应设在城市外围的城市主要出入干路附近,配备旅馆、饭店等服务设施,还可配备一定的娱乐设施;②交通枢纽性停车设施;③生活居住区停车设施,主要为自行车停放设施;④城市各级商业、文化娱乐中心附近的公共停车设施,一般布置在商业、文化娱乐的外围,步行距离以不超过 100～150m 为宜,大型公共设施的停车首选地下停车库或专用停车楼,同时考虑设置一定的地面停车场;⑤城市外围大型公共活动场所停车设施,如体育场馆、大型超级商场,停车场设置在设施的出入口附近,也可结合公共汽车首末站进行布置;⑥道路停车设施,为临时停车设施,主干路不允许路边临时停车,次干路可考虑设置少量路边临时停车带,支路在适当位置允许路边停车的横断面设计。因此 A、E 选项符合题意。

91. BCD

【解析】 历史文化名城不划定名城的保护范围和建设控制地带界限,因此 A 选项错误;对已经不可能重建和复原的文物古迹,不得复建,因此 E 选项错误。B、C、D 选项符合题意。

92. ABC

【解析】 历史文化街区保护规划包括 7 方面内容:①保护区及外围建设控制地带的范围、界线;②保护的原则和目标;③建筑物的保护、维修、整治方式;④环境风貌的保护整治方式;⑤基础设施的改造和建设;⑥用地功能和建筑物使用的调整;⑦分期实施计划、近期实施项目的设计和概算。由以上分析可知,A、B、C 选项符合题意。

93. BE

【解析】 城市水资源规划的主要内容:①水资源开发与利用现状分析:区域、城市的多年平均降水量、年均降水总量、地表水资源量、地下水资源量和水资源总量。②供用水现状分析:从地表水、地下水、外调水量、再生水等几方面分析供水现状及趋势,从生活用水、工业用水、农业用水及生态环境用水等几方面分析用水现状及趋势,分析城市用水效率水平及发展趋势。③供需水量预测及平衡分析:预测规划期内可供水资源,提出水资源承载能力;预测城市需水量,进行水资源供需平衡分析。④水资源保障战略:提出城市水资源规划目标,制定水资源保护、节约用水、雨洪及再生水利用、开辟新水源、水资源合理配置及水资源应急管理等战略保障措施。由以上分析可知,B、E 选项符合题意。

94. ABCD

【解析】 《城市黄线管理办法》(建设部令第 144 号)的相关规定如下。

第二条:本办法所称城市黄线,是指对城市发展全局有影响的、城市规划中确定的、必须控制的城市基础设施用地的控制界线。本办法所称城市基础设施包括:

(1)城市公共汽车首末站、出租汽车停车场、大型公共停车场;城市轨道交通线、站、场、车辆段、保养维修基地;城市水运码头;机场;城市交通综合换乘枢纽;城市交通广场等城市公共交通设施。

(2)取水工程设施(取水点、取水构筑物及一级泵站)和水处理工程设施等城市供水设施。

(3)排水设施;污水处理设施;垃圾转运站、垃圾码头、垃圾堆肥厂、垃圾焚烧厂、卫生填埋场(厂)、环境卫生车辆停车场和修造厂、环境质量监测站等城市环境卫生设施。

（4）城市气源和燃气储配站等城市供燃气设施。

（5）城市热源、区域性热力站、热力线走廊等城市供热设施。

（6）城市发电厂、区域变电所（站）、市区变电所（站）、高压线走廊等城市供电设施。

（7）邮政局、邮政通信枢纽、邮政支局；电信局、电信支局；卫星接收站、微波站；广播电台、电视台等城市通信设施。

（8）消防指挥调度中心、消防站等城市消防设施。

（9）防洪堤墙、排洪沟与截洪沟、防洪闸等城市防洪设施。

（10）避震疏散场地、气象预警中心等城市抗震防灾设施。

（11）其他对城市发展全局有影响的城市基础设施。

由以上内容可知，E选项不符合题意，其他选项符合题意。

95. AD

【解析】《城市抗震防灾规划管理规定》（建设部令第117号）第九条规定，城市抗震防灾规划应当包括下列内容：

（1）地震的危害程度估计，城市抗震防灾现状、易损性分析和防灾能力评价，不同强度地震下的震害预测等。

（2）城市抗震防灾规划目标、抗震设防标准。

（3）建设用地评价与要求：

① 城市抗震环境综合评价，包括发震断裂、地震场地破坏效应的评价等；

② 抗震设防区划，包括场地适宜性分区和危险地段、不利地段的确定，提出用地布局要求；

③ 各类用地上工程设施建设的抗震性能要求。

（4）抗震防灾措施：

① 市、区级避震通道及避震疏散场地（如绿地、广场等）和避难中心的设置与人员疏散的措施；

② 城市基础设施的规划建设要求：城市交通、通讯、给排水、燃气、电力、热力等生命线系统，以及消防、供油网络、医疗等重要设施的规划布局要求；

③ 防止地震次生灾害要求：对地震可能引起水灾、火灾、爆炸、放射性辐射、有毒物质扩散或者蔓延等次生灾害的防灾对策；

④ 重要建（构）筑物、超高建（构）筑物，以及人员密集的教育、文化、体育等设施的布局、间距和外部通道要求。

由以上分析可知，A、D选项符合题意。

96. AE

【解析】 城市总体规划成果包括文本、图纸及附件，附件包括规划说明、专题研究报告、基础资料汇编。规划文本和图纸具有同等的法律效力。而规划说明书、专题研究报告、基础资料汇编属于附件。因此A、E选项符合题意。

97. AE

【解析】《村庄和集镇规划建设管理条例》中所称的集镇，是指乡、民族乡人民政府所在地和经县级人民政府确认由集市发展而成作为农村一定区域经济、文化和生活服务中心的非建制镇,因此 D 选项错误。集镇可能是乡政府驻地,也可能是经县人民政府确定的其他地方,因此 C 选项错误。集镇不是一级行政单元,因此 B 选项错误。A、E 选项符合题意。

98. AC

【解析】 只要满足配套设施与人口规模相对应、按照服务半径相对集中布置住宅、不被城市干路分割等基本要求,都可认为是符合现代居住区规划原则的,因此 A 项说统一建设才能形成小区错误。居住区规划布局形式可采用居住区-小区-组团、居住区-组团、小区-组团及独立式组团和街坊式等多种类型,因此街坊式布局也会形成居住区而不形成小区,B 选项正确。居住区空间形态常见的有内向型、开放型、自由型。街坊式布局尽管地块封闭管理,但属于开放型空间形态,受小区路分割,C 选项错误。由以上分析可知,A、C 选项符合题意。

99. AE

【解析】 根据《风景名胜区条例》,第七条:新设立的风景名胜区与自然保护区不得重合或者交叉,B 选项准确。第三十三条:风景名胜区管理机构应当根据风景名胜区规划,合理利用风景名胜资源,改善交通、服务设施和游览条件,D 选项准确。第十五条:风景名胜区详细规划应当根据核心景区和其他景区的不同要求编制,确定基础设施、旅游设施、文化设施等建设项目的选址、布局与规模,并明确建设用地范围和规划设计条件,E 选项不准确。

第二十七条:禁止违反风景名胜区规划,在风景名胜区内设立各类开发区和在核心景区内建设宾馆、招待所、培训中心、疗养院以及与风景名胜资源保护无关的其他建筑物;已经建设的,应当按照风景名胜区规划,逐步迁出,故 C 选项准确。

风景名胜区没有缓冲区的提法,A 选项错误。A 选项其实为自然保护区的划分。因此 A、E 选项符合题意。

100. CE

【解析】 控制性详细规划应把城市设计的研究作为确定各项指标的前提,并在控制性详细规划的技术成果中纳入城市设计的指导性内容,予以弥补和提高,因此 C 选项错误。城市设计的内容可以作为控制性详细规划的指导性内容,作为主要控制指标不准确,因此 E 选项错误。C、E 选项符合题意。

2011 年度全国注册城乡规划师职业资格考试真题与解析

城乡规划原理

真　题

一、单项选择题(共 80 题,每题 1 分。每题的备选项中,只有 1 个最符合题意)

1. 城市形成的原因不包括( )。

　　A. 军事防御　　　　B. 商品买卖　　　C. 集体耕作　　　D. 产业分工

2. 城镇化发展的主要动力是( )。

　　A. 地理气候条件　　　　　　　　　B. 法律、法规

　　C. 工业与服务业的发展　　　　　　D. 交通网络的完善

3. 关于城乡统筹的表述,不准确的是( )。

　　A. 城乡统筹应统筹城乡的基础设施

　　B. 城乡统筹应统筹城乡的医疗与社会保障体系

　　C. 城乡统筹的核心任务是保障城乡居民平等的权利

　　D. 城乡统筹的核心任务是保障城乡居民的同工同酬

4. 古代欧洲城市轴线放射型街道布局主要体现了( )。

　　A. 古希腊的民主政体思想　　　　　B. 古罗马的强势与享乐观念

　　C. 君权统治的意志　　　　　　　　D. 中世纪的宗教理念

5. 十九世纪巴黎改建是由( )。

　　A. 一批有责任心的建筑师发起的　　B. 工会组织的

　　C. 规划协会组织的　　　　　　　　D. 政府组织的

6. 不属于索里亚·玛塔提出的城市形态内容的是( )。

　　A. 城市平面布置要保证结构对称　　B. 圆形城市形态

　　C. 城市点到点的方便联系　　　　　D. 街坊呈矩形或梯形

7. 西谛城市规划与设计理念的核心是( )。

　　A. 强调城市土地使用功能的最大化　B. 主张人的感受与艺术性空间布局

　　C. 要求发展快速公共交通　　　　　D. 优先建设城市行政中心

8. 首先提出规划过程理念的是( )。

　　A.《雅典宪章》　　　　　　　　　　B.《马丘比丘宪章》

　　C. 柯布西埃的现代城市理念　　　　D. 沙里宁的有机疏散理论

9. 不属于邻里单位理论所提倡的原则的是( )。

　　A. 创造安全的社区环境

　　B. 一所小学的服务人口规模

　　C. 街坊式的布局

　　D. 商业服务设施应与其他商业设施对接

10. 我国古代都城大部分采用规整的空间布局形态,其原因主要是为了(　　)。

    A. 尊重自然　　　　　　　　　　　B. 便捷交通

    C. 方便建设　　　　　　　　　　　D. 合乎礼制

11. 近代由于交通方式与交通设施的发展而导致原有地位相对衰落的城市是(　　)。

    A. 郑州　　　　　　B. 石家庄　　　　　　C. 芜湖　　　　　　D. 扬州

12. 有关城市规划特点的表述,不正确的是(　　)。

    A. 城市规划需要考虑城市社会、经济、环境、技术发展等各项因素的综合作用

    B. 城市规划是政府调控城市空间资源、维护社会公平、保障公共安全和公众利益的重要手段

    C. 城市规划是从城市的实际问题和需求出发的地方性事务

    D. 城市规划是在城市发展过程中发挥作用的社会实践

13. 有关《城乡规划法》的表述,不准确的是(　　)。

    A. 《城乡规划法》是国家法律体系的组成部分

    B. 国务院部门和省级人民政府制定行政规章时必须符合《城乡规划法》

    C. 所有的城乡规划建设管理行为都不得违背《城乡规划法》

    D. 制定《城乡规划法》的目的就是确立各类法定城乡规划的权威性

14. 下列表述中,错误的是(　　)。

    A. 城乡规划主管部门是各级人民政府的组成部门

    B. 城乡规划主管部门负责各自行政辖区内的城乡规划管理工作

    C. 上级城乡规划主管部门对下级城乡规划主管部门进行业务指导和监督

    D. 下级城乡规划主管部门应当定期向上级城乡规划主管部门报告城乡规划实施情况,并接受监督

15. 有关县人民政府所在地镇规划体系的表述,错误的是(　　)。

    A. 镇总体规划由县人民政府组织编制

    B. 镇控制性详细规划由县人民政府城乡规划主管部门组织编制

    C. 镇的修建性详细规划由镇人民政府组织编制

    D. 县人民政府城乡规划主管部门组织编制重要地块的修建性详细规划

16. 全球化时代的城镇地域分工最显著的特点是(　　)。

    A. 金字塔型　　　　　　　　　　　B. 功能明确

    C. 垂直结构　　　　　　　　　　　D. 没有规律

17. 有关省域城镇体系规划的表述,正确的是(　　)。

    A. 应制定全省(自治区)经济社会发展目标

    B. 应制定全省(自治区)城镇化和城镇发展战略

    C. 由省(自治区)住房和城乡建设厅组织编制

    D. 由省(自治区)人民政府审批

18. 不属于省域城镇体系规划内容的是(　　)。

    A. 城镇规模控制　　　　　　　　　B. 区域重大基础设施布局

    C. 划定省域内必须控制开发的区域　　D. 历史文化名城保护规划

19. 不属于城镇体系规划内容的是（　　）。
    A. 统筹安排区域社会服务设施
    B. 提出实施规划的政策措施
    C. 确定城镇体系规划区的范围
    D. 确定保护区域生态环境、自然环境和人文景观及历史遗产的原则和措施

20. 下列关于城镇体系的表述,错误的是（　　）。
    A. 城镇体系是以一个相对完整区域内的城镇群体为研究对象,不同的区域有不同的城镇体系
    B. 没有一个具有一定经济社会影响力的中心城市,就不可能形成有现代意义的城镇体系
    C. 城镇体系是由一定数量的城镇所组成的,城镇之间一般存在着性质、规模和功能方面的差别
    D. 在一定区域空间内,相互缺乏联系的城镇可以构成城镇体系

21. 下列表述中,正确的是（　　）。
    A. 城镇体系规划体现各级政府事权
    B. 城镇体系规划涉及全国、省域、地(市)域、县(市)域、镇域等层次
    C. 城镇体系规划需要单独编制并报批
    D. 城镇体系规划的对象只涉及城镇

22. 城市总体规划进行区域环境调查的范围应为（　　）。
    A. 该城市所在的省域　　　　　　　B. 该城市的经济区域
    C. 该城市的市域　　　　　　　　　D. 该城市的规划区

23. 编制城市总体规划必须进行深入细致的调查工作。下列表述中正确的是（　　）。
    A. 自然环境调查的主要方法是地形图判读
    B. 经济环境调查的核心是了解城市建设资金状况
    C. 历史环境调查主要是了解历史文物的分布情况
    D. 住房及居住环境调查需要了解城市现状居住水平

24. 下列不属于规划现状调查的主要方法的是（　　）。
    A. 建立数学模型　　　　　　　　　B. 查阅地方志
    C. 企业访谈　　　　　　　　　　　D. 出行调查

25. 在城市规划调查中,社会环境的调查不包括（　　）。
    A. 人口的年龄结构、自然变动、迁移变动和社会变动
    B. 构成城市社会各类群体以及它们之间的相互关系
    C. 城市与周边发生相互作用的其他城市和广大的农村腹地所共同组成的地域范围内的城乡状况
    D. 城乡医疗卫生系统的基本情况

26. 关于城乡规划实施评估的表述,错误的是（　　）。
    A. 应评价规划方案的优劣　　　　　B. 应跟踪评价规划目标实现情况
    C. 应定期进行评估　　　　　　　　D. 应确定是否需要修改规划

27. 造成人口机械增长的因素是( )。

    A. 人口构成   B. 人口死亡   C. 人口出生   D. 人口迁移

28. 根据《城市规划编制办法》,不属于城市总体规划纲要编制内容的是( )。

    A. 提出市域空间管制原则

    B. 确定市域各城镇建设标准

    C. 安排建设用地、农业用地、生态用地和其他用地

    D. 提出建立综合防灾体系的原则和建设方针

29. 下列可以不划入规划区的是( )。

    A. 城市生态控制区   B. 基本农田保护区

    C. 区域重大基础设施廊道   D. 水源保护区

30. 关于城市总体布局的表述,不准确的是( )。

    A. 小城市规模小,应尽可能采用集中式的总体布局

    B. 大城市规模大,应尽可能采用组团式的总体布局

    C. 集中式的总体布局可以节约用地,减少城市蔓延发展的压力

    D. 组团式总体布局的城市应在组团内做到居住与工作的基本平衡

31. 关于城市用地布局的表述,不准确的是( )。

    A. 仓储用地宜布置在地势较高、地形有一定坡度的地区

    B. 港口的件杂货作业区一般应设在离城市较远、具有深水的岸线段

    C. 具有生产技术协作关系的企业应尽可能布置在同一工业区内

    D. 不宜把有大量人流的公共服务设施布置在交通量大的交叉口附近

32. 关于城市布局的表述,不准确的是( )。

    A. 在静风频率高的地区不宜布置排放有害废气的工业

    B. 铁路编组站应安排在城市郊区,并避免被大型货场、工厂区包围

    C. 城市道路布局时,道路走向应尽量平行于夏季主导风向

    D. 各类专业市场应统一集聚配置,以发挥联动效应

33. 城市用地建设条件评价中不包括( )。

    A. 地质灾害   B. 城市用地布局结构

    C. 交通系统的协调性   D. 人口结构及人口分布的密度

34. 下列表述中,不准确的是( )。

    A. 在城市中心附近安排居住功能,可以防止夜晚的"空城"化

    B. 设置步行商业街区,有利于减少小汽车的使用

    C. 城市中心的强化有可能引发城市副中心的形成

    D. 在城市中心安排文化设施,可以增强城市中心的吸引力

35. 关于城市用地工程适宜性评定的表述,错误的是( )。

    A. 对平原河网地区的城市必须重点评价水质条件

    B. 对山区和丘陵地区的城市必须重点评价地形、地貌

    C. 对地震区的城市,必须重点评价地质构造

    D. 对矿区附近的城市,必须重点评价地下矿藏的分布

36. 普通仓储用地布局应考虑的因素不包括(　　)。
    A. 坡度有利于排水　　　　　　　　B. 地下水位低
    C. 远离主要城市居住区　　　　　　D. 便捷的交通运输条件

37. 影响工业用地规模预测的主要因素不包括(　　)。
    A. 城市主导产业的变化　　　　　　B. 各主要工业门类的产值
    C. 劳动生产率的提高　　　　　　　D. 现状工业用地的布局

38. 关于商业用地布局的表述,不准确的是(　　)。
    A. 商业用地应选择高地价区域布局
    B. 为居民日常生活服务的商业用地应结合一定规模的居住用地进行布局
    C. 商业用地应布置在通达性好的地点
    D. 商业用地应远离有污染的工业用地

39. 下列表述中,错误的是(　　)。
    A. 道路功能应与毗邻用地性质相协调
    B. 道路系统应完整通畅
    C. 各级道路要有相同密度和不同的面积率
    D. 城市道路系统应与对外交通系统有方便的联系

40. 关于城市综合交通规划中交通调查的表述,不准确的是(　　)。
    A. 居民出行调查通常采用抽样调查
    B. 车辆出行调查通常采用抽样调查
    C. 吸引点调查通常采用抽样调查
    D. 交通小区是研究分析居民、车辆出行及分布的空间最小单元

41. 关于城市综合交通规划的表述,不准确的是(　　)。
    A. 交通发展需求预测应以现状用地布局为依据
    B. 综合交通规划应体现城市综合交通体系发展的总体目标和相关要求
    C. 交通网络布局、重大交通基础设施布局应进行多方案比较
    D. 编制过程中,应采取多种方式征求相关部门和公众意见

42. 在城市综合交通规划中,不属于交通发展战略研究任务的是(　　)。
    A. 优化选择交通发展模式
    B. 确定交通发展与市域城镇布局、城市土地使用的关系
    C. 提出城市用地功能组织和规划布局原则和要求
    D. 提出交通发展政策和策略

43. 关于城市道路横断面选择与组合的表述,不准确的是(　　)。
    A. 交通性主干路宜布置为分向通行的二块板横断面
    B. 机、非分行的三块板横断面常用于城市生活性主干路
    C. 次干路宜布置为一块板横断面
    D. 支路宜布置为一块板横断面

44. 关于公路客运站的布局原则,错误的是(　　)。
    A. 公路客运站一般布置在城市中心区边缘附近

B. 公路客运站的布置一般应远离铁路客运站

C. 公路客运站的布置一般应与城市公共交通换乘枢纽相结合

D. 公路客运站应尽量与对外公路干线有便捷的联系

45. 下列缓解城市中心区停车矛盾的措施中,错误的是(　　)。

A. 设置独立的地下停车库

B. 结合公共交通枢纽设置停车设施

C. 在城市中心布置自行车停车设施

D. 在商业中心附近的步行街或广场上设置机动车停车场

46. 关于交通枢纽在城市中的布局原则的表述,错误的是(　　)。

A. 对外交通枢纽的布置主要取决于城市对外交通设施在城市的布局

B. 城市公共交通换乘枢纽一般应结合大型人流集散点布置

C. 客运交通枢纽不能过多地冲击和影响城市交通性主干路的通畅

D. 货运交通枢纽应结合城市公共交通换乘枢纽布置

47. 下列不属于申报历史文化名城必要条件的是(　　)。

A. 历史上曾经作为政治、经济、文化、交通中心或军事要地

B. 保留着传统格局和历史风貌

C. 历史建筑集中成片

D. 在申报的历史文化名城范围内有两个以上的历史文化街区

48. 关于历史文化名城保护规划内容的表述,不准确的是(　　)。

A. 应包括城市格局及传统风貌的保持与延续

B. 应保护与历史文化密切相关的自然地貌、水系、风景名胜、古树名木

C. 应划定历史地段(历史文化街区)、历史建筑(群)、文物古迹和地下文物埋藏区的保护界线

D. 应合理调整历史城区的职能,控制人口容量,限制市政设施的建设

49. 下列不属于划定历史文化街区原则的是(　　)。

A. 有比较完整的历史风貌

B. 构成历史风貌的历史建筑和历史环境要素基本上是历史存留的原物

C. 历史文化街区占地面积不小于 $1hm^2$

D. 街区内文物古迹和历史建筑的总建筑面积不少于保护区内建筑总量的 60%

50. 关于城市绿地系统规划与实施的表述,不准确的是(　　)。

A. 城市绿地系统规划的编制主体是城市规划行政主管部门,但需会同园林主管部门共同编制,并纳入城市总体规划

B. 城市绿化行政主管部门主管本行政区域内城市规划区的城市绿化工作

C. 城市规划区内的风景林地属于城市绿地系统的重要组成内容,但不属于城市建设用地

D. 城市公共绿地和居住区绿地的建设,应当以植物造景为主

51. 根据《城市水系规划规范》(GB 50513—2009)关于水域控制线划定的相关规定，下列表述中错误的是（　　）。

    A. 有堤防的水体，宜以堤顶不临水一侧边线为基准划定

    B. 无堤防的水体，宜按防洪、排涝设计标准所对应的洪(高)水位划定

    C. 对水位变化较大而形成较宽涨落带的水体，可按多年平均洪(高)水位划定

    D. 规划的新建水体，其水域控制线应按规划的水域范围线划定

52. 关于城市能源规划主要内容的表述，不准确的是（　　）。

    A. 预测城市能源需求

    B. 平衡能源供需，优化能源结构

    C. 落实能源供应保障措施及空间布局规划

    D. 落实节能技术政策，统筹城乡碳源、碳汇平衡

53. 下列不属于城市人防工程专项规划主要内容的是（　　）。

    A. 城市总体防护规划

    B. 人防工程建设规划

    C. 防止次生灾害规划

    D. 人防工程建设与城市地下空间开发利用相结合规划

54. 按环境要素划分，城市环境保护规划不包括（　　）。

    A. 大气环境保护规划   B. 水环境保护规划

    C. 噪声污染控制规划   D. 土壤污染控制规划

55. 城市环境容量的制约条件不包括（　　）。

    A. 城市自然条件   B. 城市社会条件

    C. 经济技术条件   D. 历史文化条件

56. 关于详细规划阶段竖向规划不同方法的表述，不准确的是（　　）。

    A. 一般的设计方法有高程箭头法、纵横断面法、设计等高线法、方格网法

    B. 高程箭头法的规划设计工作量小，图纸制作较快，易于修改和变动，但此法仅适于地形变化比较简单的情况

    C. 设计等高线法适用于地形较复杂的地区，优点是对规划设计地区的原有地形有一个立体的形象概念，容易着手考虑地形的改造

    D. 纵横断面法应先根据需要的精度在规划平面图上绘出方格网

57. 关于城市用地选择的表述，不准确的是（　　）。

    A. 城市中心区用地应选择地质及防洪排涝条件较好且相对平坦和完整的用地，自然坡度应小于15%

    B. 居住用地应选择向阳、通风条件好的用地，自然坡度宜小于30%

    C. 工业、仓储用地宜选择便于交通组织和生产工艺流程组织的用地，自然坡度应小于10%

    D. 填方较大的区域宜作为城市开敞空间用地

58. 城市总体规划阶段的地下空间规划的主要内容不包括（　　）。

    A. 城市地下空间资源的评估

  B. 开发利用的指导思想与发展战略

  C. 城市地下空间开发利用的分层规划,开发利用的需求

  D. 对地下空间的综合开发建设模式、运营管理提出建议

59. 住房建设规划的内容不包括( )。

  A. 重点落实保障性住房用地   B. 确定各类住房供应比例

  C. 提出住房价格控制目标   D. 提出流动人口住房解决方案

60. 控制性详细规划主要借鉴了( )。

  A. 中国古代传统的里坊制度   B. 美国的土地区划制度

  C. 《雅典宪章》所提出的功能分区原则 D. 邻里单位理论

61. 关于控制性详细规划的表述,准确的是( )。

  A. 控制性详细规划中确定的各项强制性指标不得更改

  B. 控制性详细规划中确定的用地性质不得兼容其他功能

  C. 控制性详细规划的编制可以根据需要划分为若干规划控制单元

  D. 控制性详细规划中可以划定禁建区、限建区和适建区

62. 在控制性详细规划中,为保证环境质量,应按下限值控制的指标是( )。

  A. 绿地率   B. 容积率

  C. 建筑密度   D. 地面停车位数量

63. 下列不能作为建筑高度控制直接依据的是( )。

  A. 无线电通信的走廊通道要求

  B. 文物保护单位以及历史街区等的风貌保护要求

  C. 城市设计中的天际轮廓线控制、视线走廊等方面的控制要求

  D. 建筑防火及工程管线布置空间的控制要求

64. 修建性详细规划中一般不需要标注数据的是( )。

  A. 建筑物的最小间距   B. 建筑物后退红线距离

  C. 首层室内地坪的高程   D. 地下车库入口坡道的坡度

65. 修建性详细规划中总平面图的比例尺一般为( )。

  A. 1:50   B. 1:500   C. 1:5000   D. 1:50000

66. 城市修建性详细规划编制的直接依据是( )。

  A. 城市总体规划   B. 项目所在地区的控制性详细规划

  C. 本项目的概念性规划设计成果 D. 本项目的建筑设计方案

67. 下列表述中,不准确的是( )。

  A. 随着城镇化的进程,部分村庄将消失

  B. 重大区域性基础设施建设将使一些村庄迁并

  C. 可以根据城乡规划预测确定村庄的撤并

  D. 商业性开发是村庄改变的动因之一

68. 下列表述中,准确的是( )。

  A. 城镇以外地区都是乡村   B. 城镇建成区内没有村庄

  C. 乡驻地兼有城镇和村庄特征 D. 村域内都是村集体土地

69. 村庄规划区范围是在( )中划定。
    A. 城市总体规划　　　B. 镇总体规划　　　C. 乡规划　　　D. 村庄规划

70. 村庄规划内容不包括( )。
    A. 村庄的城镇化战略
    B. 住宅的用地布局、建设要求
    C. 农村生产、生活服务设施的用地布局、建设要求
    D. 耕地等自然资源和历史文化遗产保护、防灾减灾等的具体安排

71. 村庄是( )。
    A. 农村居民生活和生产的聚居点　　　B. 农村居民商品交换聚集地
    C. 城乡农副产品集散地　　　　　　　D. 村政府驻地

72. 名镇名村保护规划的成果中,不包括( )。
    A. 村镇历史文化价值概述、保护原则和保护工作重点
    B. 整体层次上保护历史文化名村、名镇的措施
    C. 各级文物保护单位的保护范围、建设控制地带以及各类历史文化街区的范围
       界线,保护和整治的措施要求
    D. 分析现状保护状况,论证规划意图

73. 下列说法中,正确的是( )。
    A. 邻里单位是市场经济的居住模式
    B. 居住小区是计划经济的居住模式
    C. 若干居住街坊可以构成居住小区
    D. 邻里单位是在居住小区理论的影响下产生的

74. 下列表述中,错误的是( )。
    A. 居住区的住宅用地比重比小区的高
    B. 居住区的公建用地比重比小区的高
    C. 居住区的公共绿地比重比小区的高
    D. 居住区的道路用地比重比小区的高

75. 下列表述中,正确的是( )。
    A. 居住区绿地率计算中应包括配套公建的绿地
    B. 居住区绿地率计算中不包括居住区级道路绿化
    C. 居住区绿地率是公共绿地面积与用地面积的比值
    D. 居住区绿地率是宅旁绿地面积与住宅用地面积的比值

76. 在风景名胜区规划中,不属于游人容量统计常用口径的是( )。
    A. 一次性游人容量　　　　　　　B. 日游人容量
    C. 月游人容量　　　　　　　　　D. 年游人容量

77. 下列关于城市设计的观点,正确的是( )。
    A. 城市总体规划编制中应当使用城市设计的方法
    B. 由政府组织委托的城市设计项目具有法律效力
    C. 我国的城市设计和城市规划是两个相对独立的管理系统

D. 城市设计与城市规划是两门独立发展起来的学科

78. 埃利尔·沙里宁最先把( )纳入城市设计考虑的范畴。

    A. 景观学   B. 建筑学   C. 社会学   D. 文化现象学

79. 下列不属于城市总体规划实施行为的是( )。

    A. 编制控制性详细规划

    B. 对旧城区改造项目提供奖励

    C. 规定保障性住房的申请条件

    D. 对规划开发区内的建设项目进行规划管理

80. 关于政府部门建设的公益性项目规划管理的表述,不准确的是( )。

    A. 在建设项目报送有关部门批准前,应向城乡规划主管部门申请核发建设项目选址意见书

    B. 在签订国有土地使用权出让合同后,向城乡规划主管部门申领建设用地规划许可证

    C. 申请办理建设工程规划许可证,应向城乡管理主管部门提出使用土地的有关证明文件

    D. 项目施工结束后,未经城乡规划主管部门核实符合规划条件,不得组织竣工验收

二、多项选择题(共20题,每题1分。每题的备选项中有2～4个符合题意。少选、错选都不得分)

81. 单中心城市向多中心城市演化的主要动因包括( )。

    A. 城市规模的扩大与城市人口的增加

    B. 城市发展方向与布局结构的改变

    C. 城市行政中心的迁移

    D. 城市现代服务业的发展与分工的细化

    E. 城市轨道系统的形成

82. 霍华德"田园城市"理论中不包括( )。

    A. 城市土地归国家所有

    B. 城市外围保留永久性绿地

    C. 城市中心规划为中心公园

    D. 城市土地开发的增值效应归政府所有

    E. 城市林荫大道两侧建设居住区

83. 城市规划的作用包括( )。

    A. 减少或克服土地使用的外部不经济性   B. 抑制商品房价的过快增长

    C. 配置公共设施和基础设施等公共物品   D. 提高人居环境质量

    E. 提高城市中心商业的经济效益

84. 关于城市控制性详细规划制定程序的表述,正确的有(　　)。
    A. 由城市城乡规划主管部门组织编制
    B. 城市城乡规划主管部门将规划草案公告不得少于 20 日
    C. 由城市城乡规划主管部门将规划成果报城市人民政府审批
    D. 城市城乡规划主管部门应及时公布批准的城市控制性详细规划
    E. 城市城乡规划主管部门应将批准的控制性详细规划报城市人民代表大会常务委员会和上一级人民政府备案

85. 城市总体规划的主要作用包括(　　)。
    A. 带动市域经济发展　　　　　　　　　B. 指导城市有序发展
    C. 调控城市空间资源　　　　　　　　　D. 促进城市房地产业发展
    E. 保障公共安全和公众利益

86. 关于城市总体规划中的城市建设用地规模的表述,正确的有(　　)。
    A. 规划人均城市建设用地标准为 100m^2/人
    B. 用地规模与城市性质、自然条件等有关
    C. 规划人均城市建设用地应低于现状水平
    D. 依据规划建设用地规模可以推算规划人口规模
    E. 依据规划人口规模可以推算规划建设用地规模

87. 城市总体规划中的城市规模主要包括(　　)。
    A. 用地规模　　　　B. 人口规模　　　　C. 资源规模　　　　D. 经济规模
    E. 环境容量

88. 与人口规模关系不大的用地类型包括(　　)。
    A. 对外交通用地　　　B. 教育科研用地　　　C. 仓储用地　　　D. 军事用地
    E. 绿地

89. 关于城市公共中心的表述,正确的有(　　)。
    A. 在选址与用地规模上,要顺应城市发展方向和布局形态
    B. 特大城市的副中心主要起着地区服务的作用
    C. 公共中心应有良好的公共交通可达性
    D. 专业性公共中心功能应避免混合,以提高运营效能
    E. 公共中心的选址应有利于展示城市特征与风貌

90. 城市综合交通规划中,公共交通系统规划的主要内容包括(　　)。
    A. 确定城市轨道交通的线位设计
    B. 确定城市公共交通的系统结构
    C. 确定城市公共汽车网络,提出公共汽车线位控制原则及控制要求
    D. 确定公共汽(电)车停车场、保养场规划布局和用地控制规模标准
    E. 确定公共交通专用道设置原则和技术要求,规划公共交通专用道网络布局方案

91. 在历史文化名镇保护范围内,经批准允许的活动有(　　)。
    A. 修建储存腐蚀性物品的仓库
    B. 改变园林绿地、河湖水系等自然状态

C. 在核心保护区范围内进行影视摄制

D. 对历史建筑进行外部修缮装饰

E. 在历史建筑上刻划、涂污

92. 根据《城市绿地分类标准》(CJJ/T 85—2002),城市绿地系统规划的主要绿地控制指标有(　　)。

A. 人均公园绿地面积(m²/人)　　　　B. 人均生产绿地面积(m²/人)

C. 城市绿地率(%)　　　　　　　　D. 城市公共绿地比例(%)

E. 城市绿化覆盖率(%)

93. 关于城市燃气管网布置的原则,正确的有(　　)。

A. 燃气管不能在地下穿过房间

B. 燃气管应尽可能形成环状管网

C. 燃气管不得布置在道路两侧

D. 燃气管和自来水管不得放在同一地沟内

E. 燃气管穿过河流时不得穿越河底埋设

94. 城市地质灾害易发区划可分为(　　)。

A. 多发性地质灾害易发区　　　　　B. 突变性地质灾害易发区

C. 缓变性地质灾害易发区　　　　　D. 地质灾害易发影响区

E. 地质灾害非易发区

95. 下列城市总体规划的成果内容,应与省域城镇体系规划衔接的有(　　)。

A. 城市社会经济发展目标　　　　　B. 城市性质

C. 城市规模　　　　　　　　　　　D. 中心城区布局

E. 重大基础设施布局

96. 应编制控制性详细规划的有(　　)。

A. 城市　　　　　B. 镇　　　　　C. 乡　　　　　D. 村庄

E. 风景名胜区内的重点建设地段

97. 城市控制性详细规划的强制性内容不包括(　　)。

A. 各地块土地使用的主要用途　　　B. 特定地段规划允许的建筑高度

C. 城市设计的特定要求　　　　　　D. 各地块的地下停车位数量及比例

E. 各地块的公共服务设施配套规定

98. 编制村庄规划时,编制单位可直接获取村庄人口资料的单位通常包括(　　)。

A. 当地政府人事部门　　　　　　　B. 乡镇派出所

C. 村委会　　　　　　　　　　　　D. 规划局或建设局

E. 当地的人口和计生部门

99. 历史文化名城名镇名村保护规划的主要内容包括(　　)。

A. 保护原则、保护内容和保护范围

B. 保护措施、开发强度和建设控制要求

C. 传统格局和历史风貌保护要求

D. 历史文化街区、名镇、名村的核心保护范围和建设控制地带

E. 保护规划近期实施方案

100. 下列对住宅日照分析的表述中,正确的有(　　　　)。

A. 日照计算间隔越大,计算精度越低

B. 减小日照计算范围可以保证公平性

C. 大寒日有效日照时间带是 9:00—15:00

D. 住宅落地窗的日照计算起点为地面高度

E. 被遮挡建筑的日照时间与遮挡建筑的宽度及高度有关

真 题 解 析

一、单项选择题(共80题,每题1分。每题的备选项中,只有1个最符合题意)

1. C

【解析】 城市最早是政治统治、军事防御和商品交换的产物,"城"是由军事防御产生的,"市"是由商品交换(市场)产生的。城市归根结底是由社会剩余物资的交换和争夺而产生的,也是社会分工和产业分工的产物。因此,军事防御、产业分工、商品买卖均与城市形成有关。而有些村落集体耕作几千年也不一定形成城市,因此C选项符合题意。

2. C

【解析】 城镇化发展的主要动力是工业与服务业的发展。地理气候、法律法规、交通网络等是城市形成过程中的主要动力,因此A、B、D选项不符合题意,C选项符合题意。

3. D

【解析】 城乡统筹的核心任务是保障城乡居民享受社会平等的权利(享有基础设施、医疗保障等),但不是所谓的同工同酬,因此D选项符合题意。

4. C

【解析】 古代欧洲轴线放射型街道布局是绝对君权时期城市的典型特点,反映的是君权统治的意志,因此C项符合题意。

5. D

【解析】 十九世纪巴黎改建是政府组织的,D选项符合题意。

6. B

【解析】 索里亚·玛塔认为铁路是能够做到安全、高效和经济的最好交通工具,城市的形状理所当然就应该是线形的。这也是线形城市理论的出发点。另外,索里亚·玛塔还提出城市平面应当呈规矩的几何形状,在具体布置时要保证结构对称,街坊呈矩形或梯形,建筑用地应当至多只占1/5,要留有发展的余地,要公正地分配土地等原则。因此B选项符合题意。

7. B

【解析】 西谛提出以确定的艺术方式和艺术性空间布局创造人的感受性。因此B选项符合题意。

8. B

【解析】 《马丘比丘宪章》认为城市是一个动态系统,要求城市规划师和政策制定者必须把城市看作在连续发展与变化的过程中的一个结构体系。因此B选项符合题意。

9. C

【解析】 邻里单位理论提倡六个原则:①规模。一个居住单位的开发应当提供满足一所小学的服务人口所需要的住房,它的实际面积则由它的人口密度所决定。②边界。邻里单位应当以城市的主要交通干道为边界,这些道路应当足够宽,以满足交通通行的需要,避免汽车从居住单位内穿越。③开放空间。应当提供小公园和娱乐空间的系统,它用来满足特定邻里的需要。④机构用地。学校和其他机构的服务范围应当对应于邻里单位的界限,它们应该适当地围绕某个中心进行成组布置。⑤地方商业。与服务人口相适应的一个或多个商业区应当布置在邻里单位的周边,最好是处于道路的交叉处或与相邻邻里的商业设施共同组成商业区。⑥内部道路系统。邻里单位应当提供特别的街道系统,每一条道路都要与它可能承载的交通量相适应,整个街道网要设计得便于单位内的运行,同时又能阻止过境交通的使用。

因此 C 选项符合题意。

10. D

【解析】 中国古代城市布局体现了君民不相参、皇权至高无上的思想,核心思想是封建等级制度。因此 D 选项符合题意。

11. D

【解析】 扬州历史悠久,文化璀璨,商业昌盛,人杰地灵,地处江苏省中部,长江与京杭大运河交汇处,有"淮左名都,竹西佳处"之称,又享有中国运河第一城的美誉,也是中国首批历史文化名城。但由于近代交通方式由水路交通向公路、铁路转变,扬州逐渐衰退。因此 D 选项符合题意。

12. C

【解析】 城市规划包括全国城镇体系规划、省域城镇体系规划、跨区域城镇体系规划等,而跨区域的规划编制属于共同事务,不是地方性事务。因此 C 选项符合题意。

13. D

【解析】 《城乡规划法》第一条:为了加强城乡规划管理,协调城乡空间布局,改善人居环境,促进城乡经济社会全面协调可持续发展,制定本法。因此 D 选项符合题意。

14. D

【解析】 根据《城乡规划法》的要求,地方各级人民政府应当向本级人民代表大会常务委员会或者乡、镇人民代表大会报告城乡规划的实施情况,并接受监督。下级城乡规划主管部门并不需要定期向上级城乡规划主管部门汇报。因此 D 选项符合题意。

15. C

【解析】 重要地段的修建性详细规划可以由县城乡规划主管部门或者镇人民政府组织编制,但一般地段的修建性详细规划由建设单位组织编制。因此 C 选项符合题意。

16. C

【解析】 全球化时代的城镇地域分工特点是以市场为导向,以跨国公司为核心的经济活动在全过程中各个环节(管理策划、研究开发、生产制造、流通销售等)的垂直功能分工。因此 C 选项符合题意。

17. B

【解析】 《省域城镇体系规划编制审批办法》规定,省域城镇体系规划的主要内容是制定全省(自治区)城镇化和城镇发展战略,确定区域城镇发展用地规模的控制目标。《城乡规划法》规定省域城镇体系由省、自治区人民政府组织编制,报国务院审批。由以上分析可知,B选项符合题意。

18. D

【解析】 《城乡规划法》第十三条:省、自治区人民政府组织编制省域城镇体系规划,报国务院审批。

省域城镇体系规划的内容应当包括:城镇空间布局和规模控制,重大基础设施的布局,为保护生态环境、资源等需要严格控制的区域。因此D选项符合题意。

19. C

【解析】 城镇体系规划属于战略规划,一般研究范围即为行政辖区,一般无城镇体系规划区范围一说,因此C选项符合题意。

20. D

【解析】 城镇体系最本质的特点是相互联系,因此D选项符合题意。

21. A

【解析】 《中华人民共和国城乡规划法》解说明确:一级政府、一级规划、一级事权,下位规划不得违反上位规划的原则。全国城镇体系规划、省域城镇体系规划需要单独报批;市域城镇体系规划、镇域城镇体系规划属于城市、镇总体规划的一部分,随总体规划上报审批,乡域城镇体系规划还应当包括本行政区域内的村庄发展布局。因此B、C、D选项不正确,A选项符合题意。

22. B

【解析】 总体规划阶段的区域环境调查,其范围是指城市与周边发生相互作用的其他城市和广大的农村腹地所共同组成的地域范围,此处指的相互作用关系主要是经济联系。因此B选项符合题意。

23. D

【解析】 自然环境中的气候因素、生态因素等无法通过地形图判断,因此A选项错误;经济环境调查的核心是了解城市总体经济状况、各产业部门经济状况、城市建设资金筹措等,因此B选项错误;历史环境调查中,历史文物的分布情况只是其物质方面的一部分,不是主要的调查环境,因此C选项错误。D选项符合题意。

24. A

【解析】 现状调查的方法有现场踏勘(出行调查)、抽样或问卷调查(查阅地方志)、访谈和座谈调查(企业访谈)、文献资料收集(查阅地方志)。A选项符合题意。

A选项属于城市规划常用的方法,而不是现状调查的方法。

25. C

【解析】 社会环境调查包括两方面:人口方面,社会组织和社会结构方面。C选项属于城市区域环境调查,符合题意。

26. A

【解析】 评估是对城乡规划实施情况的评估,而非对城市规划方案的评价,所以A选项的规划方案优劣不是实施评估的内容,符合题意。

27. D

【解析】 人口机械增长是指由于人口迁移所形成的变化量。因此 D 选项符合题意。

28. C

【解析】 安排建设用地、农业用地、生态用地和其他用地属于中心城区规划的内容,因此 C 选项符合题意。

29. D

【解析】 A、B、C 选项均为城市总体规划的强制性内容,所以必须划入。很多城市的水源地不在规划区范围内,所以水源保护区可以不划入规划区。因此 D 选项符合题意。

30. C

【解析】 集中式的总体布局可以节约用地,但城市用地大面积集中布置,不利于城市道路交通组织,进一步发展会出现"摊大饼"现象,进而陷入混乱。因此 C 选项符合题意。

31. B

【解析】 港口的选址应与城市总体规划布局相协调,合理进行岸线分配和作业区布置。为体现深水深用、浅水浅用的原则,港口的件杂货作业区一般应设在离城市较近、具有深水或中深水的岸线段。因此 B 选项符合题意。

32. D

【解析】 在静风频率高的地区,空气流通不良会使污染物无法扩散而加重污染,不宜布置排放有害废气的工业。铁路编组站要避免与城市的相互干扰,同时考虑职工的生活,宜布置在城市郊区,并避免被大型货场、工厂区包围。城市道路布局时,道路走向应尽量平行于夏季主导风向。因此 A、B、C 选项正确。某些专业设施统一聚集配置,可以发挥联动效应,如文化馆、戏剧院等公共设施安排在一个地区。而题目为各类专业市场设施统一聚集配置,有些专业设施是不宜集中配置的。因此 D 选项错误。

33. A

【解析】 城市用地建设条件评价强调建设用地的人为因素,而非自然建设条件。因此,A 项的地质灾害不属于城市用地建设条件,符合题意。

34. B

【解析】 公共中心地区规模较大时,应结合区位条件安排部分居住用地,以免在夜晚出现中心"空城"现象。在一些大城市或都会地区,通过建立城市副中心,可以分解市级中心的部分职能,主、副中心相辅相成,共同完善市中心的整体功能。在城市中心安排文化设施,比如电影院、影剧院、图书馆、展览馆等,可以增强公共中心的吸引力。

B 选项为设置步行商业街,如果步行街有良好的公共交通枢纽,可能会减少小汽车的使用,但是,如果步行街公共交通不完善,则在某种程度上将会增加小汽车的使用,故需要在步行街的周边设置截留式停车设施。

35. A

【解析】 对平原河网地区的城市必须重点分析水文和地基承载力的情况。因此 A 选项符合题意。

36. C

【解析】 仓库选址布局应考虑的因素为:①满足仓储用地的一般技术要求,地势较高,地下水位低,地形平坦,有一定坡度,利于排水;②有利于交通运输;③有利于建设、有利于经营使用;④节约用地,有发展余地;⑤沿河、湖、海布置仓库时,必须留出岸线的需要;⑥保护环境。由以上分析可知,C 选项符合题意。

37．D

【解析】 工业用地规模的计算可能要复杂一些,一般从两个角度出发进行预测。一个是按照各主要工业门类的产值预测和该门类工业的单位产值所需用地规模来推算;另一个是按照各主要工业门类的职工数与该门类工业人均用地面积来计算。而劳动生产率的提高显然对产值有影响,因此 A、B、C 选项均对工业用地的规模预测有影响。D 选项符合题意。

> 注意:现状工业用地的布局会对新增加的工业用地规划产生影响,但是对整个工业用地规划规模(也就是预测的总规模)没有影响,因为现状工业用地只是其中的一部分。

38．A

【解析】 商业用地布局要合理配置,按照对居民生活的便利程度,结合道路与交通规划综合考虑。商业用地集聚人员多,因此要远离有污染的工业用地。B、C、D 选项正确。显然,A 选项的商业用地应选择高地价区域不属于布局的原则要素。

39．C

【解析】 各级道路的密度和面积率显然都是不相同的。因此 C 选项符合题意。

40．C

【解析】 吸引点调查采用城市道路交通调查,调查方法为对吸引点进行人流、车流的计数以及到达人员出行情况的问卷调查。C 选项符合题意。

41．A

【解析】 交通发展需求预测应以规划用地布局为依据。因此 A 选项符合题意。

42．C

【解析】 提出城市用地功能组织和规划布局原则和要求属于城市总体规划的内容,因此 C 选项符合题意。

43．A

【解析】 交通性主干道宜采用机动车快车道和机、非混行慢车道组合的四块板。次干路可布置为一块板横断面,支路宜布置为一块板横断面。机、非分行的三块板可以解决机动车有一定速度和非机动车比较多的矛盾,较适合生活性主干道。因此 A 选项符合题意。

44．B

【解析】 公路客运站一般布置在城市中心区边缘附近或靠近铁路客站、水运客站附近,并与城市公共交通枢纽及城市对外公路干线有方便的联系。因此 B 选项符合题意。

45．D

【解析】 为了缓解城市中心地段的交通,实现城市中心地段对机动车的交通管制,规划可以考虑在城市中心地段交通限制区边缘干路附近设置截留性的停车设施,这样,车辆在中心区边缘可以被截留,出行人员改换乘公共交通,减少私家车的使用。

D项应为在商业中心外布置停车设施。

46. D

【解析】 货运交通枢纽的布局应与产业布局、主要交通设施(港口、铁路、公路等)、城市土地使用等密切结合,尽量靠近发生源、吸引源,以实现物流组织的最优化,减少城市道路的交通量。D选项的货运交通枢纽应结合城市公共交通换乘枢纽布置显然不正确。

47. A

【解析】《历史文化名城名镇名村保护条例》第七条规定,具备下列条件的城市、镇、村庄,可以申报历史文化名城、名镇、名村:

(1) 保存文物特别丰富;

(2) 历史建筑集中成片;

(3) 保留着传统格局和历史风貌;

(4) 历史上曾经作为政治、经济、文化、交通中心或者军事要地,或者发生过重要历史事件,或者其传统产业、历史上建设的重大工程对本地区的发展产生过重要影响,或者能够集中反映本地区建筑的文化特色、民族特色。

申报历史文化名城的,在所申报的历史文化名城保护范围内还应当有2个以上的历史文化街区。

注意:此题问的是必要条件,因此A选项符合题意。

48. D

【解析】 历史文化名城保护规划应合理调整历史城区的职能,控制人口容量,疏解城区交通,改善市政设施,以及提出规划的分期实施及管理的建议。D选项符合题意。

49. D

【解析】《历史文化名城保护规划规范》第4.1.4条:历史文化街区应具备以下条件:

(1) 有比较完整的历史风貌;

(2) 构成历史风貌的历史建筑和历史环境要素基本上是历史存留的原物;

(3) 历史文化街区用地面积不小于$1hm^2$;

(4) 历史文化街区内文物古迹和历史建筑的用地面积宜达到保护区内建筑总用地的60%以上。

由上述可知,D选项符合题意。

50. C

【解析】 城市绿地系统规划是城市总体规划的专项规划,城市绿地系统规划的编制主体是城市规划行政主管部门,但需会同园林主管部门共同编制,并纳入城市总体规划。城市规划区内的风景林地属于城市绿地系统的重要组成内容,属于城市建设用地。C选项符合题意。

51. A

【解析】《城市水系规划规范》(GB 50513—2009)第 4.2.2 条：划定水域控制线宜符合下列规定：①有堤防的水体,宜以堤顶临水一侧边线为基准划定；②无堤防的水体,宜按防洪、排涝设计标准所对应的洪(高)水位划定；③对水位变化较大而形成较宽涨落带的水体,可按多年平均洪(高)水位划定；④规划的新建水体,其水域控制线应按规划的水域范围线划定；⑤现状坑塘、低洼地、自然汇水通道等水敏感区域宜纳入水域控制范围。

由以上可知,A 选项错误,符合题意。

52. D

【解析】 城市能源规划的主要内容如下：

(1) 确定能源规划的基本原则和目标；

(2) 预测城市能源需求；

(3) 平衡能源供需(包括能源总量和能源品种),并进一步优化能源结构；

(4) 落实能源供应保障措施及空间布局规划；

(5) 落实节能技术措施和节能工作；

(6) 制定能源保障措施。

落实节能技术政策,统筹城乡碳源、碳汇平衡是环保的内容。因此 D 选项符合题意。

53. C

【解析】 城市人防工程专项规划的主要内容为：①城市总体防护；②人防工程建设规划；③人防工程建设与城市地下空间开发利用相结合规划。因此 C 选项符合题意。

54. D

【解析】 城市环境保护规划包括：①大气环境保护规划；②水环境保护规划；③噪声污染控制规划；④固体废弃物污染控制规划。因此 D 选项符合题意。

55. B

【解析】 城市环境容量的制约条件包括：①城市自然条件；②城市现状条件；③经济技术条件；④历史文化条件。因此 B 选项符合题意。

56. C

【解析】 设计等高线法多用于地形变化不太复杂的丘陵地区的规划,能较完整地将任何一块规划用地或一条道路与原来的自然地貌作比较并反映填挖方情况,易于调整。纵横断面法多用于地形比较复杂的地区,先根据需要的精度在所需规划的居住区平面图上绘出方格网,在方格网的每一交点上注明原地面标高和设计地面标高。沿方格网长轴方向称为纵断面,沿短轴方向称为横断面。其优点是对规划设计地区的原地形有一个立体的形象概念,容易着手考虑地形和改造,C 选项符合题意。

57. C

【解析】 城市用地选择及用地布局应充分考虑竖向规划的要求,并应符合下列规定：

(1) 城市中心区用地应选择地质及防洪排涝条件较好且相对平坦和完整的用地,自然坡度宜小于 15%；

(2) 居住用地宜选择向阳、通风条件好的用地,自然坡度宜小于 30%；

(3) 工业、仓储用地宜选择便于交通组织和生产工艺流程组织的用地,自然坡度宜小于15%;

(4) 填方大的区域宜作为城市开敞空间用地。减少土石方量。

因此 C 选项符合题意。

58. D

【解析】 城市地下空间总体规划阶段的主要内容包括:城市地下空间开发利用的现状分析与评价;城市地下空间资源的评估;城市地下空间开发利用的指导思想与发展战略;城市地下空间开发利用的需求;城市地下空间开发利用的总体布局;城市地下空间开发利用的分层规划;城市地下空间开发利用各专项设施的规划;城市地下空间规划的实施;城市地下空间近期建设。

D 选项为城市地下空间控制性详细规划的主要内容,符合题意。

59. C

【解析】 住房建设规划是我国新提出来的一项专题规划,其内容侧重于各类住房建设量的计划安排,重点落实保障性住房用地,确定各类住房的供应比例及提出对中、下收入人群的住房解决方案。提出住房价格控制目标不属于住房建设规划的内容,因此 C 选项符合题意。

60. B

【解析】 控制性详细规划是借鉴美国区划的经验,结合我国的规划实践逐步形成的具有中国特色的规划类型。因此 B 选项符合题意。

61. C

【解析】 控制性详细规划中的指标分为规定性指标和引导性指标,规划指标的修改需要按照相应程序,因此 A 选项错误;控制性详细规划确定的用地性质应该以一种用地性质为主,用地性质可以兼容其他功能,因此 B 选项错误;禁建区、限建区和适建区的范围是总体规划的内容,因此 D 选项错误。C 选项符合题意。

62. A

【解析】 绿地率应按下限控制,以保证最低环境质量要求。因此 A 选项符合题意。

63. D

【解析】 建筑防火及工程管线的布置空间是建筑间距的依据,不是建筑高度控制的直接依据,因此 D 选项符合题意。

64. D

【解析】 总平面设计包括的内容如下:

(1) 地形和地物测量坐标网、坐标值;场地施工坐标网,坐标值;场地四周测量坐标和施工坐标。

(2) 建筑物、构筑物(人防工程、地下车库、油库、储水池等隐蔽工程以虚线表示)的位置,其中主要建筑物、构筑物的坐标(或相互关系尺寸)、名称(或编号)、层数、室内设计标高。

(3) 拆除废旧建筑物的范围边界,相邻建筑物的名称和层数。

(4) 道路、铁路和排水沟的主要坐标(或相互关系尺寸)。

（5）绿化及景观设施布置。

（6）风玫瑰及指北针。

（7）主要技术经济指标和工程量表。同时要给出尺寸单位、比例、测绘单位日期、高程系统名称、场地施工坐标网与测量坐标网的关系、补充图例及其他必要的说明。

建筑物和场地坐标标准后，建筑物间距、建筑物后退红线的距离就确定了，A、B选项正确。地下车库出入口的坡度不需要标注，D选项错误，符合题意。

> 注意：地下车库出入口坡道的坡度不需要标注。

65. B

【解析】 规划总平面图（1∶500～1∶2000）

66. B

【解析】 修建性详细规划的任务是依据已批准的控制性详细规划及城乡规划主管部门提出的规划条件进行建筑布置，控制性详细规划是修建性详细规划的直接依据。因此B选项符合题意。

67. C

【解析】 可以依据城乡规划，对村庄迁并做出预测，但城乡规划无法对村庄的撤销做出安排。村庄撤销涉及行政问题无法预测确定。因此C选项符合题意。

68. A

【解析】 乡村是指城镇以外的其他区域，因此A选项正确。乡政府驻地一般没有城镇型聚落特征，村域内可以有国有土地，而不一定全是集体土地。因此A选项符合题意。

69. D

【解析】 《城乡规划法》第二条：本法所称规划区，是指城市、镇和村庄的建成区以及因城乡建设和发展需要，必须实行规划控制的区域。规划区的具体范围由有关人民政府在组织编制的城市总体规划、镇总体规划、乡规划和村庄规划中，根据城乡经济社会发展水平和统筹城乡发展的需要划定。因此D选项符合题意。

70. A

【解析】 《城乡规划法》第十八条规定，乡规划、村庄规划的内容应当包括：规划区范围，住宅、道路、供水、排水、供电、垃圾收集、畜禽养殖场所等农村生产、生活服务设施、公益事业等各项建设的用地布局、建设要求，以及对耕地等自然资源和历史文化遗产保护、防灾减灾等的具体安排。乡规划还应当包括本行政区域内的村庄发展布局。村庄是乡村的地域不具有城镇化特征，因此村庄规划不提出城镇化战略。A选项符合题意。

71. A

【解析】 《村庄和集镇规划建设管理条例》所称的村庄，是指农村村民居住和从事各种生产活动的聚居点。农村不一定是居民商品交换的集聚地，也不一定是农副产品集散地，也不一定是村政府驻地。因此A选项符合题意。

72. D

【解析】 "分析现状保护状况,论证规划意图"不属于保护规划的内容。D选项符合题意。

73. C

【解析】 居住区按照街坊、小区等模式统一规划、统一建设。若干街坊可以构成居住小区。C选项符合题意。

74. A

【解析】 根据《城市居住区规划设计规范》,居住区用地分为住宅用地、公建用地、道路用地和公共绿地。一般居住区规模越大,按要求配套建设的公建和道路面积愈大,公共绿地需要面积也会增大,住宅用地面积比重相对就会降低。因此,居住区规模越大,住宅用地的比重越低,A选项正确。

75. A

【解析】《城市居住区规划设计规范》第2.0.32条:居住区内绿地包括公共绿地、宅旁绿地、公共服务设施所属绿地和道路绿地。因此A选项符合题意。

76. C

【解析】 游客容量一般由一次性游客容量、日游客容量、年游客容量三个层次表示。所以C选项符合题意。

77. A

【解析】 工业革命以前,城市规划和城市设计基本上是一回事,并附属于建筑学,但之后城乡规划逐渐独立出来;从法律意义上来说,城市设计只具有建议性和指导性作用,法律并未赋予城市设计任何法律效力;城市设计方法一直作为技术手段运用于城市规划中。由以上分析可知,B、C、D选项错误,A选项符合题意。

78. C

【解析】 沙里宁强调全面的社会调查,以便按照调查的结果来发展城市的物质组织。因此C选项符合题意。

79. C

【解析】 规定保障性住房的申请条件不属于城市总体规划实施行为。因此C选项符合题意。

80. B

【解析】 公益性项目属于划拨用地,而B选项的"出让"显然不妥,因此符合题意。

二、多项选择题(共20题,每题1分。每题的备选项中有2~4个符合题意。少选、错选都不得分)

81. ABE

【解析】 随着单中心城市的发展,城市用地和人口规模的增加,需要城市提供新的用地发展方向,城市发展方向与结构布局会发生改变,而新的方向和布局结构可能会产生新的中心。城市发展到一定阶段,在交通易达的(如轨道交通系统交汇点)节点也会形成城市新的中心。城市规模和人口的增加、城市发展方向和布局结构的改变、现代化的城市道路系统都是促进城市由单中心向多中心发展,去适应现代经济生产方式、社会生活方式和交通方式的动力,因此 A、B、E 选项符合题意。城市行政中心的迁移和服务业的发展与细化,是单中心城市向多中心城市演化的结果,不是动力,C、D 选项不符合题意。

82. AD

【解析】 "田园城市"的特点:城市土地归集体所有,城市开发获得增值仍然归集体所有,城市中央是一个公园,因此 A、D 选项错误;C 选项正确;城市之间是农业用地,包括耕地、牧场、果园、森林等作为永久性保留的绿地,B 选项正确;在林荫道两侧均为居住用地,E 选项正确。综上可知,A、D 选项符合题意。

83. ACD

【解析】 城市规划的作用有:①宏观经济条件的调控手段;②保障社会公共利益;③协调社会利益,维护公平;④改善人居环境。

A 选项属于宏观经济条件的调控,C 选项属于保障社会公共利益,D 选项属于改善人居环境。A、C、D 选项符合题意。

84. ACDE

【解析】 依据《城乡规划法》规定,城市人民政府城乡规划主管部门根据城市总体规划的要求,组织编制城市的控制性详细规划,经本级人民政府批准后,报本级人民代表大会常务委员会和上一级人民政府备案。城乡规划组织编制机关应将规划草案予以公告,并采取论证会、听证会或者其他方式征求专家和公众的意见,公告的时间不得少于 30日。城乡规划组织编制机关应当及时公布经依法批准的城乡规划。从以上分析可知,A、C、D、E 选项符合题意。

85. BCE

【解析】 城市总体规划涉及城市的政治、经济、文化和社会生活等各个领域,在指导城市有序发展、调控城市空间资源、提高建设和管理水平等方面发挥着重要的先导和统筹作用。城市总体规划是城市规划的重要组成部分,也具有城市规划所具有的保障社会公共安全和公共利益、维护社会公平的作用。B、C、E 选项符合题意。

86. BE

【解析】 不同的城市性质决定着城市发展的不同特点,对城市规模、城市空间结构和形态以及各种市政公用设施起着重要的指导作用;人均建设用地在现状建设用地基础上可以增加也可以减少,规划建设用地规模可依据人口规模推算;规划人均建设用地标准依规范取值。所以 A、C、D 选项错误,B、E 选项符合题意。

87. AB

【解析】 城市总体规划中的城市规模以城市人口和城市用地总量表示,城市规模对城市用地及布局形态有重要影响。因此 A、B 选项符合题意。

88. ABD

【解析】 城市中有些用途较为特殊但规模较大的用地,其规模只能按实际需要逐项估算,而与城市人口规模关系不大。例如,对外交通用地(尤其是机场、港口用地),教育科研用地,军事、外事用地等特殊用地。

89. ACDE

【解析】 城市公共中心因城市的职能与规模不同,有相应的设施内容与布置方式。特大城市的副中心可以分解市级中心的部分职能,主、副中心相辅相成,共同完善市中心的整体功能,且城市公共中心应有良好的交通可达性和有利于展示城市特征与风貌,故 B 选项错误,C、E 选项正确;城市公共中心可以相类似功能设施聚集布置,提高运营效能发挥联动效应,因此 D 选项正确;在选址与用地规模上,要顺应城市发展方向和布局形态,并为进一步发展留有余地,因此 A 选项正确。因此 A、C、D、E 选项符合题意。

90. CDE

【解析】《城市综合交通体系规划编制导则》第 3.5.2 条:城市公共交通系统规划的主要内容为:①确定城市轨道交通网络和车辆基地的布局原则及控制要求。②确定大运量快速公共汽车(BRT)网络,提出线位控制原则及控制要求,以及停车场、保养场规划布局和用地规模控制标准。③确定公共汽(电)车停车场、保养场规划布局和用地控制规模标准,提出首末站规划布局原则。④确定公共交通专用道设置原则和技术要求,规划公共交通专用道网络布局方案,提出港湾式公交站点的设置原则和规划建议。⑤提出出租汽车发展策略和出租汽车驻车站规划布局原则。C、D、E 选项符合题意。

91. BCD

【解析】《历史文化名城名镇名村保护条例》第二十五条:在历史文化名城、名镇、名村保护范围内进行下列活动,应当保护其传统格局、历史风貌和历史建筑;制订保护方案,经城市、县人民政府城乡规划主管部门会同同级文物主管部门批准,并依照有关法律、法规的规定办理相关手续:

(1) 改变园林绿地、河湖水系等自然状态的活动;

(2) 在核心保护范围内进行影视摄制、举办大型群众性活动;

(3) 其他影响传统格局、历史风貌或者历史建筑的活动。

第三十三条:历史建筑的所有权人应当按照保护规划的要求,负责历史建筑的维护和修缮。

由以上分析可知,B、C、D 选项符合题意。

92. ACE

【解析】 城市绿地指标是反映城市绿化建设质量和数量的量化方式。在《城市绿地分类标准》(CJJ/T 85—2002)中主要控制以下三个指标:人均公园绿地面积、城市绿地率、城市绿化覆盖率。所以 A、C、E 选项符合题意。

93. AB

【解析】 燃气管线具有爆炸危险,因具有地暖和电路敷设,不得在地下穿过房间,A 选项正确。燃气管应尽可能布置成环状管网,提高供气的保障能力,B 选项正确。燃气管可以利用道路空间敷设,布置在道路的两侧,C 选项错误。根据城市工程管线共沟敷设原则,燃气管严禁与消防水管共沟敷设,与自来水管可一起敷设,D 选项错误。可燃、易燃工程管线不宜利用交通桥梁跨越河流,可穿越河底埋设通过,E 选项错误。

94. BCE

【解析】 根据不同地质灾害的类型、发育强度、分布状况、发生发展趋势、危害目标、发生频率、地形地质条件、气候降水条件及人类活动强度等因素,对城市地质灾害进行易发区划分,可分为突变性地质灾害易发区、缓变性地质灾害易发区和地质灾害非易发区。由以上分析可知,B、C、E选项符合题意。

95. BCE

【解析】 省域城镇体系规划为城市总体规划的上位规划,省域城镇体系规划确定的内容均应衔接,而省域城镇体系规划的内容中没有对城市社会经济、城市布局方面的内容所以无法衔接。而城市性质、城市规模、重大基础设施布局均是城镇体系规划对下位规划的规定,下位规划需要衔接。因此 B、C、E 选项符合题意。

96. ABE

【解析】 根据相关规定,应编制控制性详细规划的有城市、镇、风景名胜区内的重点建设地段等。因此 A、B、E 选项符合题意。

97. CD

【解析】《城市规划编制办法》第四十二条:控制性详细规划确定的各地块的主要用途、建筑密度、建筑高度、容积率、绿地率、基础设施和公共服务设施配套规定应当作为强制性内容。C、D 选项符合题意。

98. BC

【解析】 编制村庄规划时,编制单位可直接获取村庄人口资料的单位有乡镇派出所和村委会。题目有限定,为"直接"获取,因此 B、C 选项符合题意。

99. ABCD

【解析】《历史文化名城名镇名村保护条例》第十四条规定,保护规划应当包括下列内容:

(1) 保护原则、保护内容和保护范围;

(2) 保护措施、开发强度和建设控制要求;

(3) 传统格局和历史风貌保护要求;

(4) 历史文化街区、名镇、名村的核心保护范围和建设控制地带;

(5) 保护规划分期实施方案。

历史文化名镇、名村应当整体保护,保持传统格局、历史风貌和空间尺度,不得改变。因此 A、B、C、D 选项符合题意。

100. AE

【解析】 大寒日有效日照时间带为 8:00—16:00;住宅的日照高度为从室内地坪高度 0.9 算起;减少日照计算范围,会造成被遮挡建筑计算不准确,无法保证公平性;由上述可知 B、C、D 选项错误。"日照计算间隔越大,计算精度越低",则 A 选项正确。遮挡建筑越宽,则遮挡建筑的日照时间越长;遮挡建筑越高,被遮挡建筑的日照时间越长。由上述可知,被遮挡建筑的日照时间与遮挡建筑的宽度及高度有关,E 选项正确。因此 A、E 选项符合题意。

2012 年度全国注册城乡规划师职业资格考试真题与解析

城乡规划原理

真　题

一、单项选择题(共 80 题,每题 1 分。每题的备选项中,只有 1 个最符合题意)

1. 中国的市制实行的是哪种行政区划建制模式?(　　)

    A. 广域型
        B. 集聚型

    C. 市带县型
        D. 城乡混合型

2. 农业社会的主要职能是(　　)。

    A. 经济中心
        B. 政治、军事或宗教中心

    C. 手工业和商业中心
        D. 技术革新中心

3. 下列关于中心城市与所在区域关系的表述,错误的是(　　)。

    A. 区域是城市发展的基础

    B. 中心城市是区域发展的核心

    C. 区域一体化制约中心城市的聚集作用

    D. 大都市区是区域与城市共同构成的空间单元类型

4. 下列关于霍华德田园城市理论的表述,正确的是(　　)。

    A. 田园城市倡导低密度的城市建设

    B. 田园城市中每户都有花园

    C. 田园城市中联系各城市的铁路从城市中心通过

    D. 中心城市与各田园城市组成一个城市群

5. 勒·柯布西埃于 1922 年提出了"明天城市"的设想,下列表述中错误的是(　　)。

    A. 城市中心区的摩天大楼群中,除安排商业、办公和公共服务外,还可居住将近 40 万人

    B. 城市中心区域的交通干路由地下、地面和高架快速路三层组成

    C. 在城市外围的花园住宅区中可居住 200 万人

    D. 城市最外围是由铁路相连接的工业区

6. 影响城市用地发展方向选择的主要因素一般不包括(　　)。

    A. 与城市中心的距离
        B. 城市主导风向

    C. 交通的便捷程度
        D. 与周边用地的竞争与依赖关系

7. 下列关于"公共交通引导开发"(TOD)模式的表述,错误的是(　　)。

    A. 围绕公共交通站点布置公共设施和公共活动中心

    B. 公共交通站点周边应当进行较高密度的开发

    C. 公共交通站点周边应加强步行友好的环境设计

    D. 该模式主要应用于城市新区的建设

8. 下列关于邻里单位理论的表述,错误的是(   )。

    A. 邻里单位的规模要满足一所小学的服务人口规模

    B. 邻里单位的道路设计应避免外部汽车的穿越

    C. 为邻里单位内居民服务的商业设施应布置在邻里的中心

    D. 邻里单位中应有满足居民使用需要的小型公园等开放空间

9. 集中体现伍子胥"相土尝水,象天法地"古代生态筑城理念的城市是(   )。

    A. 周王城   B. 长安城   C. 阖闾城   D. 建业城

10. 新世纪以来,为保障法定规划的有效实施,避免城乡建设用地使用失控,我国开始实施(   )。

    A. 新型工业化与城镇化战略

    B. 城乡统筹规划

    C. 城乡规划监督管理制度

    D. 建设用地使用权招标、拍卖、挂牌出让制度

11. 下列关于经济全球化的城市效应的表述,不准确的是(   )。

    A. "全球城市"对世界经济的主导作用愈加明显

    B. 跨国公司投资直接促进了发展中国家城市的发展

    C. 城市的传统工业面临着全面转型的压力

    D. 即使是非常小的城市,也可以在全球网络中与其他地区的城市发生密切关联

12. 城乡规划不是(   )的重要依据。

    A. 安排城乡建设空间布局   B. 统筹城乡经济发展

    C. 合理利用自然资源   D. 维护社会公正与公平

13. 下列关于城市规划师角色的表述,错误的是(   )。

    A. 政府部门的规划师担当行政管理、专业技术管理和仲裁三个基本职责

    B. 规划编制部门的规划师主要角色是专业技术人员和专家

    C. 研究与咨询机构的规划师也可能成为某些社会利益的代言人

    D. 私人部门的规划师是特定利益的代言人

14. 下列关于城乡规划行政主管部门在实施规划管理中与本级政府的其他部门关系的表述,错误的是(   )。

    A. 决策之前需要与相关部门进行协商   B. 工作相互协调

    C. 统筹部门利益关系   D. 共同作为一个整体执行有关决策

15. 下列关于城乡规划编制体系的表述,正确的是(   )。

    A. 城镇体系规划包括全国、省域和市域三个层次

    B. 国务院负责审批的总体规划包括直辖市和省会城市、自治区首府城市三种类型

    C. 村庄规划由村委会组织编制,报乡政府审批

    D. 城市、镇修建性详细规划可以结合建设项目由建设单位组织编制

16. 城镇体系具有层次性的特征是指(   )。

    A. 城镇之间的社会经济联系是有层次的

B. 城镇的职能分工是有层次的

C. 区域基础设施的等级和规模是有层次的

D. 中心城市的辐射范围是有层次的

17. 城镇体系规划的必要图纸一般不包括( )。

    A. 城镇体系规划图   B. 旅游设施规划图

    C. 区域基础设施规划图   D. 重点地区城镇发展规划示意图

18. 下列表述中,正确的是( )。

    A. 城镇体系规划体现各级政府事权

    B. 城镇体系规划应划分城市(镇)经济区

    C. 城镇体系规划需要单独编制并报批

    D. 城镇体系规划的对象只涉及城镇

19. 下列关于城市总体规划的作用和任务的表述,错误的是( )。

    A. 城市总体规划是参与城市综合性战略部署的工作平台

    B. 城市总体规划应该以各种上层次法定规划为依据

    C. 各类行业发展规划都要依据城市总体规划

    D. 中心城区规划要确定保障性住房的用地布局和标准

20. 下列不属于评价城市社会状况指标的是( )。

    A. 人口预期寿命   B. 万人拥有医生数量

    C. 人均公共绿地面积   D. 城市犯罪率

21. 两个城市的第一、二、三产业结构分别为:A 城市 15∶35∶50,B 城市 15∶45∶40。下列表述正确的是( )。

    A. A 城市的产业结构要比 B 城市更高级

    B. B 城市的产业结构要比 A 城市更高级

    C. A 城市与 B 城市在产业结构上有同构性

    D. A 城市与 B 城市在产业结构上无法比较

22. 下列哪项是确定城市性质的最主要依据?( )

    A. 城市在全国或区域内的地位和作用   B. 城市优势和制约因素

    C. 城市产业性质   D. 城市经济社会发展前景

23. 人口机械增长是由( )所导致的。

    A. 人口构成差异   B. 人口死亡因素

    C. 人口出生因素   D. 人口迁移因素

24. 下列哪项与城市人口规模预测直接有关?( )

    A. 城市的社会经济发展   B. 人口的年龄构成

    C. 人口的性别构成   D. 老龄人口比重

25. 城市总体规划纲要应( )。

    A. 作为总体规划成果审批的依据

B. 确定市域综合交通体系规划,引导城市空间布局

C. 确定各项建设用地的空间布局

D. 研究中心城区空间增长边界

26. 市域城镇体系规划内容不包括( )。

    A. 规定城市规划区

    B. 划定中心城市与相邻行政区域在空间发展布局方面的协调策略

    C. 提出空间管制原则与措施

    D. 明确重点城镇的建设用地控制范围

27. 下列关于市域城镇空间组合基本类型的表述,正确的是( )。

    A. 均衡式的市域城镇空间,其中心城区与其他城镇分布比较均衡,首位度相对低

    B. 单中心集核式的市域城镇空间,其他城镇是中心城区的卫星城镇

    C. 轴带式的市域城镇空间,市域内城镇沿一条发展轴带状连绵布局

    D. 分片组群式的市域城镇空间,中心城区的辐射能力比较薄弱

28. 下列关于规划区的表述,错误的是( )。

    A. 在城市、镇、乡、村的规划过程中,应首先划定规划区

    B. 规划区划定的主体是人民政府

    C. 水源地、区域重大基础设施廊道等应划入规划区

    D. 城市的规划区应包括有密切联系的镇、乡、村

29. 下列关于放射型城市形态的表述,错误的是( )。

    A. 放射型城市形态主要受山地的影响而形成

    B. 放射轴之间的大型绿地,有利于保持城市环境质量

    C. 增强放射轴之间的交通联系,有可能出现轴带之间的连绵

    D. 放射型城市发展到一定规模,会形成多中心城市

30. 下列关于城市形态的表述,正确的是( )。

    A. 集中型城市形态是多中心城市   B. 带型城市形态是多中心城市

    C. 组团型城市形态是多中心城市   D. 散点型城市形态是多中心城市

31. 下列关于小城市污水处理厂规划布局的表述,不准确的是( )。

    A. 应选择在地势较低处   B. 应远离城市中心区

    C. 应有良好的电力条件   D. 应位于河流的下游

32. 在城市体育设施的规划布局中,应充分考虑人流疏散问题。一般来说,大型体育馆出入口必须与下列哪个等级的城市道路相连?( )

    A. 城市快速路   B. 城市主干路

    C. 城市次干路   D. 城市支路

33. 下列关于居住用地布局原则的表述,不准确的是( )。

    A. 应尽量接近就业中心   B. 应有良好的公共交通服务

    C. 应靠近大型公共设施布局   D. 应在环境条件好的区域布局

34. 某城市的风玫瑰如下图所示,其规划工业用地应尽可能在城市的(　　)布局。

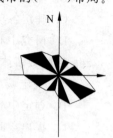

    A. 东侧或西侧   B. 南侧或北侧

    C. 东南侧或西北侧   D. 东北侧或西南侧

35. 下列表述中准确的是(　　)。

    A. 各种类型的专业市场应集中布置,以发挥联动效应

    B. 工业用地应与对外交通设施相结合,以利运输

    C. 公交线路应避开居住区,以减少噪声干扰

    D. 公共停车场应均匀分布,以保证服务均衡

36. 某城市规划人口 35 万,其新规划的铁路客运站应布置在(　　)。

    A. 城市中心区   B. 城区边缘

    C. 远离中心城区   D. 中心城区边缘

37. 下列表述中不准确的是(　　)。

    A. 在商务中心区内安排居住功能,可以防止夜晚的"空城"化

    B. 设置步行商业街区,有利于减少小汽车的使用

    C. 城市中心的功能分解有可能引发城市副中心的形成

    D. 在城市中心安排文化设施,可以增强公共中心的吸引力

38. 下列关于城市道路系统与城市用地关系的表述,错误的是(　　)。

    A. 城市由小城市发展到大城市、特大城市,城市的道路系统也会随之发生根本性的变化

    B. 单中心集中式布局的小城市,城市道路宽度较窄、密度较高,较适用于步行和非机动化交通

    C. 单中心集中式布局的大城市,一般不会出现出行距离过长、交通过于集中的现象,生产生活较为方便

    D. 呈"组合型城市"布局的特大城市,城市道路一般会形成混合型路网,会出现对城市交通性干路网、快速路网的需求

39. 下列关于城市用地布局形态与道路网络形式关系的表述,错误的是(　　)。

    A. 规模较大的组团式用地布局的城市中,不能简单地套用方格路网

    B. 沿河谷呈带状组团式布局的城市,往往不需要布置联系各组团的交通性干路

    C. 中心城市对周围的城镇具有辐射作用,其交通联系也呈中心放射形态

    D. 公共交通干线的形态应与城市用地形态相协调

40. 下列关于大城市用地布局与城市道路网功能关系的表述,错误的是(　　)。

    A. 快速路网主要为城市组团间的中、长距离交通服务,宜布置在城市组团间

    B. 城市主干路网主要为城市组团内和组团间的中、长距离交通服务,是疏通城市交通及与快速路相连接的主要通道

    C. 城市次干路网是城市组团内的路网,主要为组团内的中、短距离服务,与城市主干路网一起构成城市道路的基本骨架

    D. 城市支路是城市地段内根据用地细部安排产生的交通需求而划定的道路,在城市组团内应形成完整的网络

41. 下列关于城市综合交通规划的表述,不准确的是( )。
    A. 城市综合交通规划应从城市层面进行研究
    B. 城市综合交通规划应把城市交通和城市对外交通结合起来综合研究
    C. 城市综合交通规划应协调城市道路交通系统与城市用地布局的关系
    D. 城市综合交通规划应确定合理的城市交通结构,促进城市交通系统的协调发展

42. 下列关于城市交通调查与分析的表述,错误的是( )。
    A. 城市交通调查的目的是摸清城市道路交通状况,城市交通的产生、分布和运行规律等
    B. 通过对城市道路的交通调查,可以分析交通量在道路上的空间分布和时间分布
    C. 居民出行调查的对象是户籍人口和暂住人口
    D. 居民出行调查,一般采用抽样调查的方法进行

43. 下列关于城市道路横断面选择的组合的表述,不准确的是( )。
    A. 交通性主干路宜布置为分向通行的一块板横断面
    B. 机、非分行的横断面常用于生活性主干路
    C. 次干路可布置为一块板横断面
    D. 支路宜布置为一块板横断面

44. 下列关于对外交通规划的表述,不准确的是( )。
    A. 城市对外交通线路和设施的布局直接影响城市的发展方向、城市布局和城市干路的走向
    B. 航空港的选址要满足保证飞机起降安全的自然和气象条件,要有良好的工程地质和水文地质条件
    C. 铁路在城市的布局中,线路的走向起着主导作用,站场位置是根据线路走向的需要而确定的
    D. 公路规划应结合城镇体系布局综合确定线路走向

45. 下列关于城市道路网络规划的表述,错误的是( )。
    A. 方格网式道路系统适用于平坦的城市,不利于对角线方向的交通,非直线系数较小
    B. 环形放射式道路系统有利于市中心与外围城市或郊区的联系,但容易把外围的交通迅速引入市中心
    C. 自由式道路系统通常是由道路结合自然地形不规则状布置而形成,没有一定的格式,非直线系数较大
    D. 混合式道路系统一般是由同一个城市同时存在的不同类型的道路网组合而成

46. 下列哪项不是历史文化遗产保护的原则?( )
    A. 保护历史真实载体的原则   B. 保护历史环境的原则
    C. 合理利用、永续利用的原则   D. 修缮、保留与复建相结合的原则

47. 历史文化名城是( )。
    A. 联合国教科文组织确定并公布的具有重大历史文化价值的城市
    B. 由国务院核定并公布的保存文物特别丰富并且具有重大历史价值或者革命纪念意义的城市
    C. 由历史文化街区、文物古迹和历史建筑共同组成的
    D. 由城市总体规划根据城市经济社会发展目标所确定的

48. 历史文化名城保护规划应建立( )。
    A. 历史文化名城、历史文化街区与文物保护单位三个层次的保护体系
    B. 历史文化名城、风景名胜区、历史文化街区与文物保护单位四个层次的保护体系
    C. 历史文化街区、文物保护单位、历史建筑三个层次的保护体系
    D. 历史文化名城、历史文化街区、文物保护单位、历史建筑四个层次的保护体系

49. 对历史文化街区的历史建筑可以( )。
    A. 仅保存外表,改变内部结构、布局、设施、功能
    B. 在空间尺度、建筑色彩符合历史风貌的前提下新建
    C. 对所有建筑构件进行拆解、分类与编号后异地重建
    D. 维修性拆除后,在原地恢复其历史最佳时期的风貌

50. 下列不属于总体规划阶段给水工程规划主要内容的是( )。
    A. 确定用水量标准,预测城市总用水量
    B. 提出对用水水质、水压的要求
    C. 确定给水系统的形式、水厂供水能力和厂址
    D. 布置输配水干管、输水管网和供水重要设施,估算干管管径

51. 下列关于城市水系规划的表述,错误的是( )。
    A. 城市水系规划的对象为城市规划区内构成城市水系的各类地表水体及其岸线和滨水地带
    B. 城市水系规划期限宜与城市总体规划期限一致,对水系安全和永续利用等重要内容还应与城市远景规划期限一致
    C. 城市岸线包括生态性岸线、生活性岸线和生产性岸线
    D. 滨水建筑控制线是指滨水绿化控制线以外的滨水建筑区域界限,是保证滨水城市环境景观的共享性与异质性的控制区域

52. 根据《城市水系规划规范》(GB 50513—2009)关于水域控制线划定的相关规定,下列表述中错误的是( )。
    A. 有堤防的水体,宜以堤顶不临水一侧边线为基准划定
    B. 无堤防的水体,宜按防洪、排涝设计标准所对应的洪(高)水位划定
    C. 对水位变化较大而形成较宽涨落带的水体,可按多年平均洪(高)水位划定
    D. 规划的新建水体,其水域控制线应按规划的水域范围划定

53. 不属于城市总体规划阶段防灾减灾规划主要内容的是( )。
    A. 确定城市消防、防洪、人防、抗震等设防标准

B. 布局城防消防、防洪、人防等设施

C. 制定防灾预案与对策

D. 组织城市防灾生命线系统

54. 不属于城市抗震防灾规划内容的是（　　）。

A. 抗震设防标准和防御目标

B. 城市用地抗震适宜性划分

C. 避震疏散场所及疏散通道的建设与改造

D. 地质灾害防灾减灾措施

55. 下列表述错误的是（　　）。

A. 环境保护的基本任务主要是生态环境保护和环境污染综合防治

B. 生态环境保护与建设目标应当作为城市总体规划的强制性内容

C. 城市环境保护规划是城市规划的重要组成部分，一般不作为专业环境规划的主要组成内容

D. 城市环境保护规划可依环境要素划分为大气环境保护规划、水环境保护规划、固体废物污染控制规划、噪声污染控制规划

56. 城市详细规划阶段竖向规划的方法一般不包括（　　）。

A. 设计等高线法　　B. 高程箭头法　　C. 纵横断面法　　D. 方格网法

57. 下列关于城市地下空间的表述，错误的是（　　）。

A. 城市地下空间，是指城市中地表以下，为了满足人类社会生产、生活、交通、环保、能源、安全、防灾减灾等需求而进行开发、建设与利用的空间

B. 地下空间资源包括三方面的含义：依附于土地而存在的资源蕴藏量；依据一定的技术、经济条件可合理开发利用的资源总量；一定的社会发展时期内有效开发利用的地下空间总量

C. 城市公共地下空间是指用于城市公共活动的地下空间

D. 下沉式广场不属于城市公共地下空间

58. 城市总体规划强制性内容必须明确（　　）。

A. 落实上级政府规划管理的引导性要求

B. 城市各类用地的具体布局

C. 各级各类学校的布局

D. 大型社会停车场布局

59. 近期建设规划的基本任务不包括（　　）。

A. 明确近期内实施城市总体规划的发展重点和建设时序

B. 确定城市近期发展方向、规模和空间布局

C. 确定自然遗产与历史文化遗产的位置、范围和保护要求

D. 城镇生态环境建设安排

60. 目前，近期建设规划中为落实保障性住房建设任务和要求，需要（　　）。

A. 设立保障性住房为建设主体的新区

B. 确保保障性住房用地的分期供给规模

C. 发展保障性住房周边的轨道交通

D. 明确每个年度的房价调控目标

61. 下列关于控制性详细规划编制内容的表述,错误的是(　　)。

 A. 明确规划范围内不同性质用地的界线,确定各类用地内适建、不适建或者有条件允许建设的建筑类型

 B. 确定各地块建筑高度、建筑密度、容积率、绿地率等指标

 C. 确定交通出入口方位、停车泊位等要求

 D. 根据规划建设容量,合理布局城市系统的重大关键性市政基础设施

62. 控制性详细规划的控制方式不包括(　　)。

 A. 指标量化　　　　B. 条文规定　　　　C. 城市设计　　　　D. 图则标定

63. 控制性详细规划的强制性内容不包括(　　)。

 A. 土地用途　　　　　　　　　　B. 出入口位置

 C. 公共服务设施配套规定　　　　D. 绿地率

64. 修建性详细规划的任务不包括(　　)。

 A. 落实控制性详细规划的要求及规划主管部门提出的规划条件

 B. 对规划范围内的土地使用设定用途和容量控制

 C. 对所在地块的建设提出具体的安排和设计

 D. 指导建筑设计和各项工程施工设计

65. 下列关于修建性详细规划的表述,错误的是(　　)。

 A. 需要对用地的建设条件进行分析

 B. 需要对建筑室外空间和环境进行设计

 C. 需要设计建筑首层平面图

 D. 需要进行项目的投资效益分析和综合技术经济论证

66. 我国城郊村庄的空间自组织演进难以产生下列哪种形式?(　　)

 A. 城中村　　　　　　　　　　B. 外来人口聚居地

 C. 开发区　　　　　　　　　　D. 物流园

67. 下列表述不准确的是(　　)。

 A. 城乡之间存在政策差异

 B. 城市规划与乡村规划的基本原理不同

 C. 城市与乡村的规划标准不同

 D. 城市与乡村的空间特征不同

68. 下列不属于村庄规划范畴的是(　　)。

 A. 环境整治　　　　　　　　　　B. 农村居民点布局

 C. 基本公共服务设施配置　　　　D. 土地流转

69. 在历史文化名镇、名村保护范围内严格禁止的活动是(　　)。

 A. 在核心保护范围内进行影视拍摄

 B. 整体作为旅游景点对外开放

 C. 占用保护规划确定保留的河湖水系

D. 新建、扩建必要的基础设施和公共设施

70. 不属于历史文化名村保护规划必要内容的是(   )。

    A. 开发强度和建设控制要求　　　　　　B. 传统格局与历史风貌保护要求

    C. 核心保护范围和建设控制地带　　　　D. 非物质文化遗产的保护措施

71. 邻里单位理论提出人口规模建议值的主要原因是(   )。

    A. 为了降低居住密度,保证良好的居住环境

    B. 为了适应城市管理的要求

    C. 为了保证良好的居民交往

    D. 为了适应配套设施规模

72. 在下列影响居住小区用地范围的因素中,最重要的是(   )。

    A. 开发地块的大小　　　　　　　　　　B. 城市干路网的布局

    C. 物业管理的最佳规模　　　　　　　　D. 街道办事处的管辖范围

73. 下列关于居住配套设施的表述,错误的是(   )。

    A. 中学不属于居住小区的配套设施

    B. 依据千人指标配建相应设施

    C. 居住小区的配套设施需要考虑合理的服务半径

    D. 城市中心区域公共设施较多,但不能代替居住开发项目的相应配套设施

74. 下列属于居住区防灾措施的是(   )。

    A. 机动车道最大纵坡为5%

    B. 尽端式道路的长度不宜大于120m

    C. 居住小区内主要道路至少应有两个出入口

    D. 建筑山墙之间的宽度最小为14m

75. 下列关于住宅日照分析的表述,正确的是(   )。

    A. 板式多层住宅的日照主要取决于太阳方位角

    B. 塔式高层住宅的日照主要取决于太阳高度角

    C. 围合布局的多层住宅,方位为南偏东(西)时,间距可折减计算

    D. 平行布局的多层住宅,方位为南偏东(西)时,间距可折减计算

76. 国家级重点风景名胜区总体规划由(   )审定。

    A. 国务院

    B. 国家风景名胜区主管部门

    C. 风景名胜区所在地省级人民政府

    D. 风景名胜区所在地省级风景名胜区主管部门

77. 在风景名胜区规划中,不属于游人容量统计常用口径的是(   )。

    A. 一次性游人容量　　　　　　　　　　B. 日游人容量

    C. 月游人容量　　　　　　　　　　　　D. 年游人容量

78. 下列关于城市设计的表述,错误的是(   )。

    A. 城市设计具有悠久历史,现代城市设计的概念是从西方文艺复兴时期开
       始的

B. 城市设计强调建筑与空间的视觉质量

C. 城市设计与人、空间和行为的社会特征密切相关

D. 为人创造场所逐渐成为城市设计的主流观念

79. 下列关于城乡规划实施手段的表述,不准确的是(　　)。

A. 规划手段是指政府运用规划编制和实施的行政权力,通过各类规划的编制来推进城市规划的实施

B. 政策手段是指政府根据城市规划的目标和内容,从规划实施的角度制定相关政策来引导城市发展

C. 财政手段是指政府运用公共财政的手段,调节、影响城市建设的需求和进程,保证城市规划目标的实现

D. 管理手段是指政府根据城市规划,按照规划文本的内容来管理城市发展

80. 下列关于城市规划实施的表述,正确的是(　　)。

A. 城市规划实施的组织和管理是各级人民政府及社会公众的重要责任

B. 城市规划实施的组织,必须建立以规划审批来推进规划实施的机制

C. 城市建设项目的规划管理包括建设用地管理、建设工程管理以及建设项目实施的监督检查

D. 城市规划实施的监督检查指的是行政监督、媒体监督和社会监督

二、多项选择题(共 20 题,每题 1 分。每题的备选项中有 2～4 个符合题意。少选、错选都不得分)

81. 城镇化的阶段包括(　　)。

A. 集聚城镇化阶段　　　　　　B. 郊区化阶段

C. 逆城镇化阶段　　　　　　　D. 再城镇化阶段

E. 新型城市化阶段

82. 下列关于欧洲古代城市格局的表述中,正确的是(　　)。

A. 古雅典城区是严格的方格网布局,卫城的布局是不规整的

B. 古罗马城以广场、公共浴池、宫殿为中心,形成轴线放射的整体布局结构

C. 古罗马时期建设的营寨城,大多为方形或长方形,中间为十字形街道

D. 中世纪城市发展缓慢,形成了狭小、不规则的道路网

E. 文艺复兴时期的城市建设了一系列具有古典风格、构图严谨的广场和街道

83. 下列哪些内容有助于实现我国城市的可持续发展?(　　)

A. 提高公共交通在出行方式中的比重

B. 维护地表水的存量和地表土的品质

C. 建设低密度居住区,形成良好的人居环境

D. 优先使用闲置、弃置土地,减少城市扩张的压力

E. 为低收入人群提供更多的发展机会

84. 制定城乡规划应当坚持(　　)。
   A. 依法规划　　　　　　　　　B. 政府组织
   C. 专家决策　　　　　　　　　D. 节约集约利用资源
   E. 扶助弱势群体

85. 下列关于控制性详细规划制定的基本程序的表述,正确的是(　　)。
   A. 对已有控规的修改,编制单位应该征求规划地段内利害相关人的意见
   B. 控规修改如果涉及强制性内容,应该先修改总体规划
   C. 控规草案公告时间不少于 30 日
   D. 县政府驻地以外的镇的控规由上一级政府规划行政主管部门审批
   E. 控规修改必须经原审批机关同意

86. 根据《城市规划编制办法》,下列属于市域城镇体系规划纲要内容的是(　　)。
   A. 确定各城镇人口规模、职能分工、空间布局方案
   B. 确定重点城镇的用地规模和用地控制范围
   C. 原则确定市域交通发展策略
   D. 提出市域城乡统筹发展战略
   E. 划定城市规划区

87. 为了编制省域城镇体系规划,进行区域调查时需收集的资料包括(　　)。
   A. 区域内的矿产资源条件
   B. 区域内的基础设施状况
   C. 区域内各城市、镇、乡、村的基本情况
   D. 区域内的风向、风速等风象资料
   E. 区域内的人口流动情况

88. 下列关于信息化时代城市的表述中,正确的是(　　)。
   A. 城市中心区与边缘区的聚集效应差别加大
   B. 城乡边界变得模糊
   C. 多中心特征更加明显
   D. 位于郊区的居住社区功能变得更加纯粹
   E. 大城市的圈层结构更加明显

89. 下列关于用地归属的表述,符合《城市用地分类与规划建设用地标准》(GB 50137—2011)的是(　　)。
   A. 货运公司车队的站场属于物流仓储用地
   B. 电动汽车充电站属于商业服务设施用地
   C. 公路收费站属于道路与交通设施用地
   D. 外国驻华领事馆属于特殊用地
   E. 业余体校属于公共管理与公共服务设施用地

90. 下列关于城市停车设施规划的表述,正确的是(　　)。
   A. 城市出入口停车设施一般是为外来过境货运机动车服务的
   B. 交通枢纽性停车设施一般是为疏解交通枢纽的客流,完成客运转换服务的

C. 生活居住区停车设施一般按照人车分流的原则布置在小区边缘或在地下建设

D. 城市商业步行区的停车设施一般应布置在商业中心的外围

E. 一般可在快速路、主干路和次干路两侧布置停车带,以方便对两侧用地的停车服务

91. 下列关于城市公共交通规划的表述,正确的是( )。

A. 城市公共交通系统模式要与城市用地布局模式相匹配,适应并能促进城市和城市用地布局的发展

B. 城市公交普通线路应与城市用地密切联系,应布置在城市服务性道路上

C. 城市快速公交线应尽可能与城市用地分离,与城市组团形成"藤与瓜"的关系

D. 城市公共交通系统的形式可根据不同的城市规模、布局和居民出行特征确定

E. 城市公共交通系统规划要提出出租汽车发展策略和出租汽车驻站规划布局原则

92. 在历史文化名城保护规划中应划定保护界限的有( )。

A. 历史城区   B. 历史地段

C. 历史建筑群   D. 文物古迹

E. 地下文物埋藏区

93. 历史文化名城可根据其特征进行分类,包括的类型有( )。

A. 古都型   B. 风景名胜型

C. 殖民特色型   D. 传统风貌恢复型

E. 地方及民族特色型

94. 城市水资源规划的内容包括( )。

A. 合理预测城乡生产、生活需水量   B. 划分河道流域范围

C. 分析城市水资源承载能力   D. 制定雨水及再生水利用目标

E. 布置输配水干管

95. 城市能源规划的主要内容包括( )。

A. 预测城市能源需求   B. 提出节能技术措施

C. 协调城市供电、燃气、供热规划   D. 合理确定变电站数量

E. 确定燃气设施布局

96. 下列关于控制性详细规划的表述,正确的是( )。

A. 通过数据控制落实规划意图   B. 具有多元化的编制主体

C. 横向综合性的规划控制汇总   D. 刚性与弹性相结合的控制方式

E. 通过形象的方式表达空间与环境

97. 下列关于镇的表述,不准确的是( )。

A. 集镇是镇的商业中心

B. 镇是一种聚落形式

C. 镇是连接城乡的纽带和桥梁

  D. 镇域内的居民点通常由镇区和村庄组成

  E. 大城市外围的镇是该城市的卫星城

98. 20世纪50年代我国城市居住区曾采用过周边式布局模式,之后不再采用的主要原因是( )。

  A. 不符合居住小区的规模要求   B. 容积率过低

  C. 日照通风条件不好   D. 造价偏高

  E. 难以适应地形变化

99. 下列哪些项目不得在风景名胜区内建设?( )

  A. 公路   B. 陵墓   C. 缆车   D. 宾馆

  E. 煤矿

100. 下列关于城市设计的表述,正确的是( )。

  A. 西谛在《城市建设艺术》一书中提出了现代城市空间组织的艺术原则

  B. 凯文·林奇在《城市意象》一书中,提出关于城市意象的构成要素是地标、节点、路径、边界和地区

  C. 亚历山大在《城市并非树形》一书中,描述了城市空间质量与城市活动之间的密切关系

  D. 福尔茨在《场所精神》一书中,提出了行为与建成环境之间的内在联系,指出场所是由自然环境和人造环境相结合的有意义的整体

  E. 简·雅各布斯在《美国大城市的生与死》一书中,关注街道、步行道、公园的社会功能

真 题 解 析

一、单项选择题(共 80 题,每题 1 分。每题的备选项中,只有 1 个最符合题意)

1. A

【解析】 中国的市制实行的是城区性和地域性相结合的行政区划建制模式,一般称为广域型市制。A 选项符合题意。

2. B

【解析】 农业社会生产力低下,城市的数量、规模及职能取决于农业的发展,主要是政治、军事或宗教中心,没有经济中心、商业中心、技术革新中心等职能。因此 B 选项符合题意。

3. C

【解析】 区域是城市发展的基础,区域一体化使城市在全球竞争体系中获得更大、更强的发展动力,在一定区域内通过各种方式联合起来,促进了中心城市的聚集作用,使其共同构建一个空间单元(都市圈、大都市区)参与全球竞争。因此 C 选项符合题意。

4. A

【解析】 霍华德田园城市理论:"城市应与乡村结合",城市人口 32000 人,用地为 9000 英亩,城市外围土地为永久性绿地,供农牧产业用。圈状布置,每个田园城市的城区用地占总用地的 1/6,若干个田园城市围绕着中心城市呈圈状布置,借助于快速的交通工具(铁路)只需要几分钟可以往来于田园城市与中心城市或田园城市之间,不穿越中心。与柯布西埃的"明天城市"相比,其属于分散式城市形态,属于低密度的城市建设。A 选项正确。

霍华德的田园城市,尽管围绕中心城市建设若干的田园城市,但他提出的"无贫民窟无烟尘的城市群"并不具备真正城市群的功能。

5. D

【解析】 柯布西埃"明天城市"的特点:城市规划 300 万人,圈状布局,中央为中心区,将近 40 万人居住在 24 栋 60 层高的摩天大楼中,高楼周围大片绿地,建筑仅占地 5%,配置各种机关、商业和公共设施、文化和生活服务设施。外围为环形居住带,60 万居民住在多层板式住宅内。最外围为花园住宅,容纳 200 万人。中心区的交通干道由三层组成:地下走重型车辆,地面用于市内交通,高架道路用于快速交通。D 项实际为田园城市的特征,因此错误。D 选项符合题意。

6. B

【解析】 城市用地的发展方向选择主要考虑与城市中心的距离、与周边用地的竞争与依赖关系、交通的便捷程度、主要交通干道的走向、地形地貌等。

城市主导风向更多影响的是城市用地布局,不影响城市用地发展方向的选择。因此B选项符合题意。

7. D

【解析】 1980年,针对美国郊区建设中存在的城市蔓延和对私人小汽车交通的极度依赖所带来的低效率和浪费问题,新都市主义提出应当对城市空间组织的原则进行调整,强调要减少机动车的使用量,鼓励使用公共交通,居住区的公共设施和公共活动中心等围绕着公共交通的站点进行布局,使交通设施和公共设施能够相互促进,相辅相成,并据此提出了公共交通引导开发(TOD)的模式。由此背景可知,TOD模式主要用于旧城市的改造调整。所以D选项符合题意。

8. C

【解析】 单位的六大原则为①规模,邻里单位的规模要满足一所小学的服务人口规模;②边界,以城市主要交通干道为边界,避免汽车从居住单元穿入;③开放空间,邻里单位中应有满足居民使用需要的小型共同等开放空间;④机构用地,适当地围绕着某个中心进行成组布置;⑤地方商业,邻里单位内居民服务的商业服务设施布置在邻里单位周边,最好是处于道路的交叉处或与相邻邻里的商业设施共同组成商业区;⑥内部道路系统,整个街道网要设计得便于单位内的运行同时又能阻止过境交通的使用。因此C选项的布置在邻里中心错误。因此C选项符合题意。

9. C

【解析】 伍子胥主持建造阖闾城,提出"相土尝水,象天法地"的思想,充分考虑江南水乡的特点,水网密布,交通便利,排水通畅,展示了水乡城市规划的高超技巧。因此C选项符合题意。

10. C

【解析】 进入21世纪,国务院发出《国务院关于加强城乡规划监督管理的通知》,提出要进一步强化城乡规划对城乡建设的引导和调控作用,健全城乡规划建设的监督管理制度,促进城乡建设的健康有序发展。C选项符合题意。

11. C

【解析】 全球化经济带来城市的重构和依存度加强,"全球城市"对世界经济的引导随科技、信息的发展愈加明显;随着经济全球化的进程和经济活动在城市中的相对集中,城市与附近地区的城市之间、城市与周围区域之间原有的密切关系也在发生着变化,这种变化主要体现在城市与周边地区和周边城市之间的联系在减弱,而由于各类城市生产的产品和提供的服务是全球性的,都是以国际市场为导向的,其联系的范围极为广泛,但在相当程度上并不以地域性的周边联系为主,即使是一个非常小的城市,它也可以在全球城市网络中建立与其他城市和地区的跨地区甚至是跨国的联系,它不再需要依赖于附近的大城市而对外发生作用。从这样的意义上讲,原先建立在地域联系基础上的城市体系出现松动,而任何城市都可以成为建立在全球范围内的网络化联系的城市体系中的一分子。因此A、D选项正确。

全球跨国公司的经济投资直接促进发展中国家经济、社会发展,带来城市的巨大变化和发展,同时城市也成为跨国公司的制造基地,B选项正确。

12. B

【解析】 《〈中华人民共和国城乡规划法〉解说》从城乡规划社会作用的角度对城乡规划作了如下定义:城乡规划是各级政府统筹安排城乡发展建设空间布局,保护生态和自然环境,合理利用自然资源,维护社会公正与公平的重要依据,具有重要公共政策的属性。由以上分析可知,A、C、D选项正确,城乡规划不属于统筹城乡经济发展的重要依据。因此 B 选项符合题意。

13. A

【解析】

政府部门的规划师职责:①行政管理职责;②专业技术管理职责。

规划编制部门的规划师角色:专业技术人员和专家。

研究与咨询机构的规划师角色:专业技术人员和专家角色,其所代表的是委托机构的利益,可能成为不同利益的代言人。

私人部门的规划师角色:隶属于私人部门,其首先是特定利益的代言人。

由以上分析可知,选项 A 符合题意。

14. C

【解析】 城乡规划行政主管部门与本级政府的其他部门一起,共同代表着本级政府的立场,执行共同的政策,发挥着在某一领域的管理职能。它们之间的相互作用关系应当是相互协同的,在决策之前进行信息互通与协商,并在决策之后共同执行,从而成为一个整体发挥作用。统筹的是整体利益,不是各个部门的利益,因此 C 选项错误。

15. D

【解析】 城镇体系规划包括全国、省域城镇体系规划两个层次,因此 A 选项错误。全国城镇体系规划由国务院城乡规划主管部门会同国务院有关部门组织编制,报国务院审批。国务院确定的城市的总体规划也由国务院审批,因此 B 选项错误。乡、镇人民政府组织编制乡规划、村庄规划,报上一级人民政府审批,因此 C 选项错误。

16. B

【解析】 城镇体系的系统由逐级子系统组成,各组成要素按其作用大小可以分成许多层级,如全国性的城镇体系由大区级、省区级体系组成,再下面还有地区级或地方级的体系;城镇体系规划的定义是,在一定地域范围内,以区域生产力合理布局和城镇职能分工为依据,确定不同人口规模等级和职能分工的城镇分布和发展规划。城镇体系规划必须确定的是城镇的职能分工和规模,所以最终形成的城镇职能分工具有层次性。所以 B 选项符合题意。

17. B

【解析】 城镇体系规划的主要图纸包括:城镇现状建设和发展条件综合评价图;城镇体系规划图;区域社会及工程基础设施配置图;重点地区城镇发展规划示意图。B 选项的旅游设施规划图不属于必要图纸。

18. A

【解析】 《〈中华人民共和国城乡规划法〉解说》规定:一级政府、一级规划、一级事权,下位规划不得违反上位规划。全国城镇体系规划、省域城镇体系规划需要单独报批;

市域城镇体系规划、镇域城镇体系规划属于城市、镇总体规划的一部分,随总体规划上报审批,乡域城镇体系规划还应当包括本行政区域内的村庄发展布局。因此 A 选项正确。

19. C

【解析】 只有与城乡规划有关的发展规划才依据城市总体规划,并不是所有的规划都要依据城市总体规划。因此 C 选项符合题意。

20. C

【解析】 绿地率不属于评价城市社会状况的指标,而属于评价城市环境状况的指标。因此 C 选项符合题意。

21. A

【解析】 随着城市的发展,城市产业会随生产力的发展由第一产业逐渐向第二、三产业升级,产业结构也会更高级。题目中 A 城市的第二、三产业总和占整个城市产业的比重与 B 城市相同,但 A 城市第三产业占第二、三产业总和的比重比 B 城市高,所以,相比较而言,A 城市的产业结构比 B 城市更高级,因此 A 选项符合题意。

22. A

【解析】 城市性质的确定,可从两个方面进行。一是城市在国民经济中所承担的职能方面,就是指一个城市在国家或地区的经济、政治、社会、文化生活中的地位和作用。城镇体系规划规定了区域内城镇的合理分布,城镇的职能分工和相应的规模,因此,它是确定城市性质的主要依据。另一个是城市产生和发展的根本因素方面。综上分析可知,A 选项符合题意。

23. D

【解析】 人口机械增长是指由于人口迁移所形成的变化量,即一定时期内,迁入城市人口和迁出城市人口的净差值。所以 D 选项符合题意。

24. A

【解析】 整个社会的城市化进程、城市社会经济的发展以及由此而产生的城市就业岗位是造成城市人口增减的根本原因。因此 A 选项符合题意。

25. D

【解析】 城市总体规划纲要的任务是研究总体规划中的重大问题,提出解决方案并进行论证,经过审查的纲要是总体规划成果审批的依据。因此 A 选项错误。B、C 选项均为提出研究,而不是直接确定,因此是错误的。

26. B

【解析】 划定中心城市与相邻行政区域在空间发展布局方面的协调策略属于省城镇体系规划的内容。因此 B 选项符合题意。

27. A

【解析】 B 选项卫星城镇错误,它与中心城区没有从属关系。C 选项“连绵”不对,应是“串珠”形态。D 选项分片组群式的市域城镇空间主要是地域隔离造成的,城市辐射程度可能很强,如成都、重庆。因此 A 选项符合题意。

28. A

【解析】《城市规划编制办法》第二十条:编制城市总体规划,应先组织编制总体规划纲要,研究确定总体规划中的重大问题,作为编制规划成果的依据。因此 A 选项错误。

29. A

【解析】 放射型形态的城市多位于地形较为平坦,对外交通便利的平原地区。因此 A 选项错误。

30. C

【解析】 集中型城市形态属于一元化的单中心城市,A 选项错误;带型城市在城市发展的基础上,会形成一个全市性的活动中心和多个分区的次一级中心,但依旧是单中心城市,B 选项错误;组团型由两个以上相对独立的组团构成,组团之间多由于大河或其他地形条件形成分割,各个组团内有各自的中心和道路系统,是多中心城市,C 选项正确;散点型城市为多个小团块点状分散布置,多为矿业城市,除一个活动中心外,其他的组团均为生产性团购分散点,因此,散点城市形态为单中心城市,D 选项错误。

31. B

【解析】 城市污水处理厂位置的选择宜符合下列要求:

(1) 在城市水系的下游,并应符合供水水源防护要求;

(2) 在城市夏季最小频率风向的上风侧;

(3) 与城市规划居住、公共设施保持一定的卫生防护距离;

(4) 靠近污水、污泥的排放和利用地段;

(5) 应有方便的交通、运输和水电条件。

污水处理厂的布置应该考虑到废水的收集以及再生水的利用,所以污水处理厂不能远离城市中心区,否则会造成地下管网的增加。因此 B 选项符合题意。

32. C

【解析】 大型公共建筑的出入口应该尽可能布置在汇集性道路上,如果必须在城市主干道开口,则应该使出入口与主干道交叉口保持相当距离(避免干扰)。而对于大型体育场馆、展览馆中心等公共设施,由于对城市道路系统的依存关系,则应与城市干路相联结。

大型公共服务设施既要避免干扰又利于疏散,而题目想要问的其实是充分考虑人流疏散问题下,必须与哪个等级道路相联结,显然,题目中"必须"二字是低限要求,即最少要与次干道以上级别道路相联结。因此 C 选项符合题意。

33. C

【解析】 居住用地靠近大型公共设施来布局不正确,而是公共设施与居住用地相辅相成,互相合理设置。因此 C 选项符合题意。

34. D

【解析】 为了避免污染,工业用地尽可能布置在风向频率最小的方位,该图风向频率最小的方位在东北和西南侧。因此 D 选项符合题意。

35. B

【解析】 某些专业市场应集中布置,以发挥联动效应,但不是"各类",A 选项错误。公交线路应与居住区紧密结合,便于居民出行,C 选项错误;公共停车场遵循不同停车设施(出入口停车设施,交通枢纽停车设施,生活居住区停车设施,城市各级商业、文化娱乐中心附近停车设施,城市外围大型停车设施,道路停车设施)的要求合理布置,D选项错误。工业用地重运输,需要与对外交通设施相结合,因此B选项符合题意。

36. B

【解析】 35万人口的城市属于中等城市。中、小城市铁路客运站布置在城区边缘,大城市应深入城市中心区边缘。35万是此题的考点。

37. B

【解析】 公共中心的功能地域要发挥组合效应,提高运营效能。同时,在中心地区规模较大时,应结合区位条件安排部分居住用地,以免在夜晚出现中心"空城"现象。在一些大城市或都会地区,通过建立城市副中心,可以分解市级中心的部分职能,主、副中心相辅相成,共同完善市中心的整体功能。在城市中心安排文化设施,可以增强公共中心的吸引力,比如电影院、影剧院、图书馆、展览馆等。

B选项设置商业步行街,如果步行街有良好的公共交通枢纽,可能会减少小汽车的使用,但是,如果步行街公共交通不完善,在某种程度上将会增加小汽车的使用,故需要在步行街的周边设置截留式停车设施。因此B项符合题意。

38. C

【解析】 单中心集中式用地布局的城市中,会因为集中布局的"摊大饼"布局而产生出行距离过长和交通向中心集中的现象。因此C选项符合题意。

39. B

【解析】 沿河谷呈带状组团式布局的城市,往往需要布置联系各组团的交通性道路,加强各组团间的联系。故B选项符合题意。

40. D

【解析】 支路局部可能成网,但在组团内难以形成完整路网。

41. A

【解析】 城市综合交通规划应从"区域"和"城市"两个层面进行研究。

42. C

【解析】 居民出行OD调查的对象包括年满6岁以上的城市居民、暂住人口和流动人口。

43. A

【解析】 交通性主干道应采用解决对向交通干扰的两块板或者采用机动车快车道和机、非混行慢车道组合的四块板。因此A选项符合题意。

44. C

【解析】 城市铁路布局中,场站位置起着主导作用,线路的走向是根据场站与场站、场站与服务地区的联系需要而确定的。C选项符合题意。

45. A

【解析】 方格网式路网又称棋盘式路网,是最常见的道路网类型,适用于地形平坦的城市。用方格网道路划分的街坊形状整齐,有利于建筑的布置,由于平行方向有多条道路,因此交通分散,灵活性大;但对角线方向的交通联系不便,非直线系数大。A选项符合题意。

46. D

【解析】 历史文化名城保护规划原则：①保护历史真实载体的原则；②保护历史环境的原则；③合理利用、永续利用的原则。因此 D 选项符合题意。

47. B

【解析】 对于保存文物特别丰富并且具有重大历史价值或者革命纪念意义的城市，由国务院核定公布为"历史文化名城"。故 B 选项符合题意。

48. A

【解析】 历史文化名城保护规划应建立历史文化名城、历史文化街区与文物保护单位三个层次的保护体系。所以 A 选项符合题意。

49. A

【解析】 根据《历史文化名城保护规划规范》第 4.3.3 条，历史街区内的各类建筑依据表 4.3.3 保护和整治。因此历史建筑的保护与整治方式为维修改善。维修改善是指对建筑物所进行的不改变外观特征，进行加固、完善内部布局及设施的保护性活动。B 选项的"新建"错误，C 选项的"异地重建"错误，D 选项的"拆除"错误。

表 4.3.3　历史文化街区建（构）筑物保护与整治方式

分类	文物保护单位	保护建筑	历史建筑	一般建（构）筑物	
				与历史风貌无冲突的建（构）筑物	与历史风貌有冲突的建（构）筑物
保护与整治方式	修缮	修缮	维修改善	保留	整修改造拆除

注：表中"与历史风貌无冲突的建构筑物"和"与历史风貌有冲突的建构筑物"是指文物保护单位、保护建筑和历史建筑以外的所有新旧建筑。

50. B

【解析】 总体规划阶段，供水工程规划的主要内容是：①预测城市用水量；②进行水资源供需平衡分析；③确定城市自来水厂布局和供水能力；④布置输水管（渠）、配水干管和其他配水设施；⑤划定城市水源保护区范围，提出水源保护措施。提出水质、水压的要求是详细规划的要求，不属于总体规划的内容。B 选项符合题意。

51. B

【解析】 《城市水系规划规范》（GB 50513—2009）第 1.0.5 条规定，城市水系规划期限宜与城市总体规划期限一致，对水系安全和永续利用等重要内容还应有长远谋划。B 选项中的与"城市远景规划一致"错误，A、C、D 为规范原文，因此 B 选项符合题意。

52. A

【解析】 《城市水系规划规范》（GB 50513—2009）第 4.2.2 条：划定水域控制线宜符合下列规定：①有堤防的水体，宜以堤顶临水一侧边线为基准划定；②无堤防的水体，宜按防洪、排涝设计标准所对应的洪（高）水位划定；③对水位变化较大而形成较宽涨落带的水体，可按多年平均洪（高）水位划定；④规划的新建水体，其水域控制线应按规划的水域范围线划定；⑤现状坑塘、低洼地、自然汇水通道等水敏感区域宜纳入水域控制范围。因此 A 选项符合题意。

53. C

【解析】 城市总体规划阶段防灾减灾规划的主要内容：确定城市消防、防洪、人防、抗震等设防标准；布局城市消防、防洪、人防等设施；制定防灾对策与措施；组织城市防灾生命线系统。制定防灾预案与对策属于详细规划的内容,因此 C 选项符合题意。

54. D

【解析】 抗震防灾规划的主要内容如下。

(1)城市总体规划中的主要内容：确定城市消防、防洪、人防、抗震等设防标准；布局城市消防、防洪、人防等设施；制定防灾对策与措施；组织城市防灾生命线系统。

(2)城市详细规划中的主要内容：确定规划范围内各种消防设施的布局及消防通道、间距等；确定规划范围内地下防空建筑的规模、数量、配套内容、抗力等级、位置布局,以及平战结合的用途；确定规划范围内的防洪堤标高、排涝泵站位置等；确定规划范围内疏散通道、避难场地。

D 选项属于地质防灾的内容,因此符合题意。

55. C

【解析】 《中华人民共和国环境保护法》中明确提出了环境保护的基本任务是保护和改善生活环境与生态环境,防治污染和其他公害,保障人体健康,促进社会主义现代化的发展。由此可以看出环境保护的基本任务主要为两方面：一是生态环境保护；二是环境污染综合防治。城市环境规划既是城市规划的重要组成部分,又是环境规划的主要组成内容,因此 C 选项符合题意。

56. D

【解析】 城市详细规划阶段竖向规划的方法一般有设计等高线法、高程箭头法、纵横断面法。

57. D

【解析】 城市公共地下空间是指用于城市公共活动的地下空间,一般包括下沉式广场、地下商业服务设施中的公共部分、轨道交通车站,以及城市公共的地下空间和开发地块中规划规定的公共活动性地下空间等,是城市公共活动系统的重要组成部分。下沉式广场属于城市公共地下空间,因此 D 选项符合题意。

58. D

【解析】 依据《城市总体规划的强制性内容》暂行规定：城市基础设施和公共服务设施用地包括：城市主干路的走向、城市轨道交通的线路走向、大型停车场布局；取水口及其保护区范围、给水和排水主管网的布局；电厂与大型变电站位置、燃气储气罐站位置、垃圾和污水处理设施位置；文化、教育、卫生、体育和社会福利等主要公共服务设施的布局。

由以上分析可知,D 选项符合题意。

59. C

【解析】 近期建设规划的基本任务不包括历史文化遗产的位置、范围,因此 C 选项符合题意。

60. B

【解析】 只有确保保障性住房用地的供给规模和时间,才能够满足落实保证性住房建设任务和要求。因此 B 选项符合题意。

61. D

【解析】 根据《城市规划编制办法》(2006)第四十一条的规定,控制性详细规划应包括下列内容。

(1)确定规划范围内不同性质用地的界线,确定各类用地内适建、不适建或者有条件允许建设的建筑类型。

(2)确定各地块建筑高度、建筑密度、容积率、绿地率等控制指标,确定公共设施配套要求、交通出入口方位、停车泊位、建筑后退红线距离等要求。

(3)提出各地块的建筑体量、体型、色彩等城市设计指导原则。

(4)根据交通需求分析,确定地块出入口位置、停车泊位、公共交通场站用地范围和站点位置、步行交通以及其他交通设施。规定各级道路的红线、断面、交叉口形式及渠化措施、控制点坐标和标高。

(5)根据规划建设容量,确定市政工程管线位置、管径和工程设施的用地界线,进行管线综合确定地下空间开发利用具体要求。

(6)制定相应的土地使用与建筑管理规定。

由以上分析可知,D 选项符合题意。

62. C

【解析】 控制性详细规划的控制方式包括指标量化、条文规定、图则标定、城市设计引导、规定性和指导性。城市设计不能直接作为控制方式,只能在控制性详细规划中通过城市设计引导建设来控制,因此,C 选项符合题意。

63. B

【解析】 2006 年 4 月 1 日实施的《城市规划编制办法》第四十二条规定,控制性详细规划确定的地段地块的土地用途、容积率、建筑高度、建筑密度、绿化率、公共绿地面积、规划地段基础设施和公共服务设施配套建设的规定等应当作为强制性内容。B 选项的出入口位置不属于控制性详细规划。

64. B

【解析】 修建性详细规划的任务是依据已批准的控制性详细规划及城乡规划主管部门提出的规划条件,对所在地块建设提出具体的安排和设计,用以指导建筑设计和各项工程施工设计。B 选项的对规划范围内的土地使用设定用途和容量控制属于控制性详细规划的内容。

65. C

【解析】 修建性详细规划包含的具体内容:用地建设条件分析、建筑布局与规划设计、室外空间与环境设计、道路交通规划、场地竖向设计、建筑日照影响分析、投资效益分析和综合技术经济论证、市政工程管线规划设计和管线综合。C 项属于施工图设计内容。

66. C

【解析】 开发区的建立是政府行为,需要相关批复,不是城郊村庄自发能形成的。

67. B

【解析】 在城市规划和乡村规划中,因城市与乡村在空间上的特征不同,是城市规划与乡村规划之间存在政策差异,所以依据不同的标准各自编制城市规划和乡村规划,但针对规划的理论原理是相同的,因此 B 选项符合题意。

68. D

【解析】 土地流转不属于村庄规划的范畴。D 选项符合题意。

69. C

【解析】 在历史文化名城、名镇、名村保护范围内禁止进行下列活动:

(1) 开山、采石、开矿等破坏传统格局和历史风貌的活动;

(2) 占用保护规划确定保留的园林绿地、河湖水系、道路等;

(3) 修建生产、储存爆炸性、易燃性、放射性、毒害性、腐蚀性物品的工程、仓库等;

(4) 在历史建筑上刻划、涂污。

因此 C 选项符合题意。

70. D

【解析】《历史文化名城名镇名村保护条例》第十四条规定,保护规划应当包括下列内容:

(1) 保护原则、保护内容和保护范围;

(2) 保护措施、开发强度和建设控制要求;

(3) 传统格局和历史风貌保护要求;

(4) 历史文化街区、名镇、名村的核心保护范围和建设控制地带;

(5) 保护规划分期实施方案。

D 选项的非物资文化遗产的保护措施不属于历史文化名村保护规划的内容。

71. D

【解析】 以小学的合理规模为基础控制邻里单位的人口规模,使小学生不必穿过城市道路,一般邻里单位的规模为 5000 人左右,规模小的邻里单位为 3000～4000 人;邻里单位的中心是小学,与其他服务设施一起布置在中心广场或绿地中。由此可知,人口规模的建议值是依据配套设施规模来确定的。因此 D 选项符合题意。

72. B

【解析】 影响居住小区用地范围的因素中,城市干路网的布局影响最大。

73. D

【解析】 依据《城市居住区规划设计规范》第 6.0.2 条文解说,当城市周边有设施可以使用时,配建的项目和面积可酌情减少。因此 D 选项符合题意。

74. C

【解析】 根据《城市居住区规划设计规范》的规定,居住区道路规划应考虑防灾救灾要求,小区内主要道路至少应有两个出入口;居住区主要道路应有两个方向和外连接,机动车最大纵坡 8%,多雪和严寒地区最大纵坡 5%;居住区内尽端式道路的长度不宜大于120m,并应在尽端设不小于 12m×12m 的回车场。建筑山墙之间的最小距离,多层之间不宜小于 6m,高层与各层住宅之间不宜小于 13m。由以上分析可知,C 选项符合题意。

B选项缺少设回车场这一防灾措施。

75. D

【解析】 板式住宅日照主要取决于太阳高度角,塔式住宅日照主要取决于太阳方位角,A、B选项错误。围合式布局的住宅不能进行日照折减,平行布局的住宅方向为南偏东(西)时,间距可折减计算。因此D选项正确。

76. A

【解析】 经审查通过的国家级重点风景名胜区总体规划,由省、自治区、直辖市人民政府报国务院审批。

77. C

【解析】 依据《风景名胜区规划规范》,游客容量一般由一次性游客容量、日游客容量、年游客容量三个层次表示。

78. A

【解析】 城市设计有着悠久的历史,但是现代城市设计概念是从西方城市美化运动起源的。

79. D

【解析】 管理手段是通过对具体建设项目的开发建设进行控制来达到规划实施的目的的。

80. C

【解析】 城市规划的实施组织和管理是各级人民政府的重要职责,A选项错误。城市规划实施的组织,必须建立以规划的编制来推进规划实施的机制,B选项错误。现行的城市规划实施管理的手段主要包括:建设用地管理,建设工程管理和建设项目实施的监督检查,C选项正确。监督检查包括行政监督检查、立法机构的监督检查、社会监督,D选项错误。因此C选项符合题意。

二、多项选择题(共20题,每题1分。每题的备选项中有2~4个符合题意。少选、错选都不得分)

81. ABCD

【解析】 城镇化进程一般可以分为四个基本阶段:集聚城镇化阶段、郊区化阶段、逆城镇化阶段、再城镇化阶段。因此A、B、C、D选项符合题意。

82. CDE

【解析】 米利都城是严格的方格网,雅典是局部方格网布局,因此A选项错误;古罗马广场、铜像、记功柱和凯旋门成为城市空间的核心和焦点,轴线放射的布局结构不是古罗马时期的城市特点,而是绝对君权时期的城市特点,因此B选项错误。

83. ABDE

【解析】 城市规划对城市的可持续发展有非常重要的作用,在实际规划中有很多方法可以运用。以下是其常用的方法:①土地使用和交通。缩短通勤和日常生活的出行距离,提高公共交通在出行方式中的比重,提高日常生活用品和服务的地方自给程度,采取以公共交通为主导的紧凑发展形态。②自然资源。提高生物多样化程度,显著增加城乡地区的生物量,维护地表水的存量和地表土的品质,更多使用和生产再生的材料。③能源。显著减少化石燃料的消耗,更多地采用可再生的能源,改进材料的绝缘性能,建筑物的形式和布局应有助于提高能效。④污染和废弃物。减少污染排放,采取综合措施改善空气、水体和土壤的品质,减少废弃物的总量,更多采用"闭合循环"的生产过程,提高废弃物的再生与利用程度。⑤循环使用土地与建筑。城市建设应当首先使用衰败地区和闲置的土地和建筑,应尽量减少将农业用地转换成城市用地。同时要改变过去在城市边缘和郊区大规模建设低密度居住区的做法,应避免在城市之外建设零售业和校园风格的办公/商务园区。⑥人力资源。优化人力资源利用、提高高素质人才比例,为低收入人群提供更多的发展机会。由以上分析可知,A、B、D、E 选项符合题意。

84. ABDE

【解析】 由相关法律法规可知,制定城乡规划必须严格执行国家政策,遵循城乡统筹、合理布局、节约土地、集约发展和先规划后建设的原则,改善生态环境,节约利用资源;考虑人民群众利益,扶助弱势群体,维护社会稳定和公共安全;制定城乡规划应当坚持政府组织、专家领衔、部门合作、公众参与、科学决策的原则。A、B、D、E 选项符合题意。

85. CE

【解析】 《城乡规划法》第四十八条:修改控制性详细规划的,组织编制机关应当对修改的必要性进行论证,征求规划地段内利害关系人的意见,并向原审批机关提出专题报告,经原审批机关同意后,方可编制修改方案。修改后的控制性详细规划,应当依照本法第十九条、第二十条规定的审批程序报批。控制性详细规划修改涉及城市总体规划、镇总体规划的强制性内容的,应当先修改总体规划。因此可知 A、B 选项错误。

根据《城市、镇控制性详细规划审批办法》,县人民政府所在地镇的控制性详细规划由县人民政府城乡规划主管部门组织编制,报县人民政府审批,其他镇的控制性详细规划由镇人民政府组织编制,报上级人民政府审批。因此,D 选项错误。

86. ACD

【解析】 市域城镇体系规划纲要的内容包括:提出市域城乡统筹发展战略;确定生态环境、土地和水资源、能源、自然和历史文化遗产保护等方面的综合目标和保护要求,提出空间管制原则;预测市域总人口及城镇化水平,确定各城镇人口规模、职能分工、空间布局方案和建设标准;原则确定市域交通发展策略。

由以上分析可知,A、C、D 选项符合题意。

87. ABE

【解析】 省域城镇体系规划在进行区域调查方面是宏观的,对于区域内城市、镇、乡、村的基本情况和区域内风向、风速等风象资料等细致的资料是不需要收集的,因其对编制省域城镇体系规划作用不大。因此 C、D 选项不符合题意。

88. BC

【解析】 信息化时代城市空间结构形态的演变发展趋势如下。

(1)大分散小集中。分散的结果是城市规模扩大,市中心区的聚集效应降低,城市边缘区与中心区的聚集效应差别缩小,城乡界限变得模糊。

（2）圈层走向网络。工业化后期，城市土地的利用方式出现明显的分化，形成不同的功能区，例如城市中心区往往是商务区；向外是居民区与工业区，再向外的城市边缘则又以居住功能为主。城市形态呈圈层式自内向外扩展。随网络信息化发展，空间出现网络化特征，城市结构由圈层走向网络化。

（3）位于郊区的社区不仅是传统的居住中心，而且是商业中心、就业中心，具备居住、就业、交通、游憩等功能，多中心特征更加明显。

因此 B、C 选项符合题意。

89. ABE

【解析】　物流仓储用地需配置物资储备、中转、配送等功能，包括附属道路、停车场、一级货运公司车队的站场等用地，A 选项正确；加油加气站用地指零售加油、加气、充电站等用地，涉及经营项目，属于商业服务设施用地，B 选项正确；公路收费站属于公路的附属设施，应归纳为公路用地，C 选项错误；外事用地应纳入公共管理和公共服务用地（比如外国驻华使馆、领馆），D 选项错误；业余体校属于公共管理与公共服务设施用地中的体育场馆用地，E 选项正确。

90. ABCD

【解析】　城市停车场设施规划的布局原则如下。

（1）城市出入口停车设施：即外来机动车公共停车场，是为外来或过境货运机动车服务的停车设施。

（2）交通枢纽性停车设施：主要是在城市对外客运交通枢纽和城市客运交通换乘枢纽配备的停车设施，是为疏散交通枢纽的客流、完成客运转换而服务的。

（3）生活居住区停车设施：规划中可以预留集中式公用地下机动车停车库的位置，也可以考虑近期在住宅楼附近设置与车行道路相连的地面停车区，将来按照人车分流的要求在小区出入口附近或地下建设停车设施。

（4）城市各级商业、文化娱乐中心附近的公共停车设施：一般这类停车场地应布置在商业、文娱中心的外围，步行距离以不超过 $100\sim150$ m 为宜，并应避免对商业中心出入口广场、影剧院等建筑正立面景观和空间的遮挡和破坏。

（5）道路停车设施：是指道路用地内的路边停车带等临时停车设施，城市总体规划应该明确城市主干路及以上等级道路不允许路边临时停车，只能在适当位置设置路外停车场。

由以上分析可知，A、B、C、D 选项符合题意。

91. ABDE

【解析】　城市公共交通系统模式要与城市用地布局模式相匹配，适应并能促进城市和用地布局的发展，公交普通线路与城市服务性道路的布置思路和方式相同。公交普通线路要体现为乘客服务的方便性，同服务性道路一样，要与城市用地密切联系，应布置在城市服务性道路上。城市快速道路与快速公共交通布置的思路和方式不同。城市快速道路为了保证其快速、畅通的功能要求，应该尽可能与城市用地分离，与城市组团布局形成"藤与瓜"的关系；而快速公交线路则要与客流集中的用地或节点衔接，以满足客流的需，所以，快速公交线路应尽可能将各城市中心和对外客运枢纽串接起来，与城市组团布局形成"串糖葫芦"的关系。城市公共交通系统的形式可根据不同的城市规模、布局和居民出行特征确定。依据《城市综合交通体系规划编制导则》第3.2条规定城市公共交通体系需要提出出租汽车发展策略和出租汽车驻车站规划布局原则。因此A、B、D、E选项符合题意。

92．BCDE

【解析】 根据《历史文化名城保护规划规范》(GB 50357—2005)可知,历史文化名城保护规划应划定历史地段(历史文化街区)、历史建筑(群)、文物古迹和地下文物埋藏区的保护界线,并提出相应的规划控制和建设要求。因此,B、C、D、E选项符合题意。

93．ABE

【解析】 历史文化名城可根据其特征进行分类,分为古都型、传统风貌型、风景名胜型、地方及民族特色型、近现代史迹型、特殊职能型、一般史迹型。A、B、E选项符合题意。

94．ACD

【解析】 城市水资源规划的主要内容为:水资源开发利用现状分析;供用水现状分析;供需水量预测及平衡分析;水资源保障战略。B选项的划分河道流域范围属于总体规划阶段蓝线的内容;E选项布置输配水干管属于给排水专项规划的内容。因此B、E选项错误,A、C、D选项符合题意。

95．AC

【解析】 城市能源规划的主要内容包括:确定能源规划的基本原则和目标;预测城市能源需求;平衡能源供需(包括能源总量和能源品种),并进一步优化能源结构;落实能源供应保障措施及空间布局规划;落实节能技术措施和节能工作;制定能源保障措施。A、C选项符合题意。

96．ACD

【解析】 控制性详细规划的基本特征:通过数据控制落实规划意图;具有法律效应和立法空间;横向综合性的规划控制汇总;刚性与弹性相结合的控制方式。因此A、C、D选项符合题意。

97．ADE

【解析】 镇和乡一般是同级行政单元。传统意义上的乡是属于农村范畴的,乡政府驻地一般是乡域内的中心村或集镇,通常情况下没有城镇型聚落。

镇则有更多的含义。第一,在镇的建制中存在的镇区,总体上被认为是"小城镇",镇区具有城镇的特性,与城市有更大的相似性;第二,镇与农村有千丝万缕的联系,是农村的中心社区;第三,镇偏重于乡村间的商业中心,在经济上是有助于乡村的。可以认为镇是城乡的中间地带,是城乡的桥梁和纽带,具有为农村服务的功能,也是农村地区城镇化的前沿。

在建设部颁布的《村庄和集镇规划建设管理条例》中所称的集镇,是指乡、民族乡人民政府所在地和经县级人民政府确认由集市发展而成作为农村一定区域经济、文化和生活服务中心的非建制镇。镇属于城市聚落,有其自身的镇区,同时也包括所辖的集镇和乡村区域。

因此A、D、E选项符合题意。镇并不是城市的卫星城。

98．CE

【解析】 周边式住宅布局为四面围合式住宅，存在的问题是部分建筑朝向难协调，日照通风效果差，卫生视线相互干扰。由于四周布置，对高差较大的地形较难适应，土方量大。因此C、E选项符合题意。

99．BDE

【解析】 《风景名胜区条例》第二十七条：禁止违反风景名胜区规划，在风景名胜区内设立各类开发区和在核心景区内建设宾馆、招待所、培训中心、疗养院以及与风景名胜资源保护无关的其他建筑物；已经建设的，应当按照风景名胜区规划，逐步迁出。因此B、D、E选项符合题意。

100．ABDE

【解析】 描述了城市空间质量与城市活动之间的密切关系的书是威廉·怀特在20世纪70年代编著的《小型城市空间的社会生活》。其他选项正确。

2013 年度全国注册城乡规划师职业资格考试真题与解析

城乡规划原理

真 题

一、**单项选择题**(共80题,每题1分。每题的备选项中,只有1个最符合题意)

1. 以下关于城市发展演化的表述,错误的是( )。
   A. 农业社会后期,市民社会在中外城市中显现雏形,为后来的城市快速发展奠定了基础
   B. 18世纪后期开始的工业革命开启了世界性城镇化浪潮
   C. 进入后工业社会,城市的制造业地位逐步下降
   D. 后工业社会的城市建设思想走向生态觉醒

2. 城市空间环境演进的基本规律不包括( )。
   A. 从封闭的城市空间向开放的城市空间发展
   B. 从平面延展向立体利用发展
   C. 从生活性城市空间向生产性城市空间转化
   D. 从均质城市空间向多样城市空间转化

3. 下列表述错误的是( )。
   A. 城市人口密集,因此社会问题集中发生在城市中
   B. 不同的经济发展阶段产生不同的社会问题
   C. 城市规划理论和实践的发展在关注经济问题之后,开始逐步关注社会问题
   D. 健康的社会环境有助于城市各项社会资源的效益最大化

4. 下列关于古希腊时期城市布局的表述,错误的是( )。
   A. 雅典城的布局完整地体现了希波丹姆布局模式
   B. 米利都城是以城市广场为中心、以方格网道路系统为骨架的布局模式
   C. 广场或市场周边建设有一系列的公共建筑,是城市生活的核心
   D. 雅典卫城具有非常典型的不规则布局的特征

5. 下列哪项不是霍华德田园城市的内容?( )
   A. 每个田园城市的规模控制在3.2万人,超过此规模就需要建设另一个新的城市
   B. 每个田园城市的城区用地占总用地的六分之一
   C. 田园城市城区的最外围设有工厂、仓库等用地
   D. 田园城市应当是低密度的,保证每家每户有花园

6. 下列关于英国第三代新城建筑的表述,错误的是( )。
   A. 新城通常是一定区域范围内的中心
   B. 新城应当使就业与居住相对平衡
   C. 新城应当承担中心城市的某项职能

D. 新城通常是按照规划在乡村地区开始建设起来的

7. 下列关于功能分区的表述,错误的是(   )。

　　A. 功能分区是依据城市基本活动对城市用地进行分区组织

　　B. 功能分区最早是由《雅典宪章》提出并予以确定的

　　C. 功能分区对解决工业城市中的工业和居住混杂、卫生等问题具有现实意义

　　D.《马丘比丘宪章》对城市布局中的功能分区绝对倾向进行了批判

8. 下列关于城市布局理论的表述,不准确的是(   )。

　　A. 柯布西埃现代城市规划方案提出应结合高层建筑建立地下、地面和高架路三层交通网络

　　B. 邻里单位理论提出居住邻里应以城市交通干路为边界

　　C. 级差地租理论认为,在完全竞争的市场经济中,城市土地必须按照最有利的用地进行分配

　　D. "公交引导开发"(TOD)模式提出新城建设应围绕着公共交通站点建设中心商务区

9. 在20世纪上半叶的中国,为疏解城市的拥挤,最早出现"卫星城"方案的是(   )。

　　A. 孙中山的《建国方略》　　　　　　　B. 民国政府的《都市计划法》

　　C. 南京的《首都计划》　　　　　　　　D.《大上海都市计划总图》

10. 中国古代建筑中的"形胜"思想,准确的意思是(   )。

　　A. 等级分明的布局结构　　　　　　　　B. "象天法地"的神秘主义

　　C. 中轴对称的皇权思想与自然的结合　　D. 早期的城市功能分区

11. "两型社会"是指(   )。

　　A. 新型工业化与新型城镇化社会　　　　B. 新型城市与新型乡村

　　C. 资源节约型与环境友好型社会　　　　D. 城乡统筹型与城乡和谐型社会

12. 下列哪个选项无法提高城市发展的可持续性?(   )

　　A. 缩短上下班通勤和日常活动出行的距离

　　B. 维护地表水的存量和地表土的品质

　　C. 不断提高土地建设开发强度

　　D. 高效能的建筑物形态和布局

13. 下列表述错误的是(   )。

　　A. 城乡规划是各级政府保护生态和自然环境的重要依据

　　B. 城市规划是在城市发展过程中发挥重要作用的政治制度

　　C. 动员全体市民实施规划是城市规划民主性的重要体现

　　D. 协调经济效率和社会公正之间的关系是城市规划政策性的重要体现

14. 下列关于我国城乡规划法律法规的表述,正确的是(   )。

　　A.《北京市城乡规划条例》是城乡规划的地方规章,由北京市人大制定

　　B.《中华人民共和国行政许可法》是城乡规划管理必须遵守的重要法律

　　C.《城市综合交通体系规划编制导则》是城乡规划领域重要的技术标准

　　D. 城乡规划的标准规范实际效力相当于技术领域的法律,但其中的非强制性条

文不作为政府对其执行情况进行实施监督的依据

15. 下列关于我国城乡规划编制体系的表述,正确的是（ ）。

  A. 我国城乡规划编制体系由区域规划、城市规划、镇规划和乡规划构成

  B. 县人民政府所在地镇的控制性详细规划由县政府规划主管部门组织编制,由县人大常委会审核后报上级政府备案

  C. 市辖区所属镇的总体规划由镇人民政府组织编制,由市政府审批

  D. 村庄规划由村委会组织编制,由镇政府审批

16. 按照《城市规划编制办法》,编制城市规划应当坚持的原则包括（ ）。

  A. 政府领导的原则   B. 专家领衔的原则

  C. 部门配合的原则   D. 先规划后发展的原则

17. 下列关于制定控制性详细规划基本程序的表述,正确的是（ ）。

  A. 对已有控制性详细规划进行修改时,规划编制单位应对修改的必要性进行论证并征求原审批机关的意见

  B. 组织编制机关对控制性详细规划草案的公布时间不得少于 30 日

  C. 控制性详细规划的修改如果涉及城市总体规划有关内容的修改,必须先修改总体规划

  D. 组织编制机关应当及时公布依法批准的控制性详细规划,并报本级政府备案

18. 下列关于城镇体系和城镇体系规划的表述,准确的是（ ）。

  A. 城镇体系是对一定区域内的城镇群体的总称

  B. 城镇体系规划的目的是构建完整的城镇体系

  C. 城镇体系规划是一种区域性规划

  D. 城镇体系中只有一个中心城市

19. 下列关于省域城镇体系规划的表述,准确的是（ ）。

  A. 制定全省(自治区)经济社会发展目标

  B. 制定全省(自治区)城镇化和城镇发展战略

  C. 由省(自治区)住房和城乡建设厅组织编制

  D. 由省(自治区)人民政府审批

20. 下列表述正确的是（ ）。

  A. 主体功能区规划应以城市总体规划为指导

  B. 城市总体规划应以城镇体系规划为指导

  C. 区域国土规划应以城镇体系规划为指导

  D. 城市总体规划应以土地利用总体规划为指导

21. 下列不属于省域城镇体系规划内容的是（ ）。

  A. 城镇规模控制   B. 区域重大基础设施布局

  C. 省域内必须控制的区域   D. 历史文化名城保护规划

22. 下列关于城市总体规划主要任务与内容的表述,准确的是（ ）。

  A. 城市总体规划一般分为市域城镇体系规划、中心城区规划、近期建设地区规划三个层次

    B. 城市总体规划应当以全国和省域城镇体系规划以及其他上层次各类规划为依据

    C. 市域城镇体系规划要划定中心城区规划建设用地范围

    D. 中心城区规划需要明确地下空间开发利用的原则和建设方针

23. 在城市规划调查中,社会环境的调查不包括(　　　)。

    A. 人口的年龄结构、自然变动、迁移变动和社会变动情况调查

    B. 家庭规模、家庭生活方式、家庭行为模式及社区组织情况调查

    C. 城市住房及居住环境调查

    D. 政府部门、其他公共部门以及各类企事业单位的基本情况调查

24. 下列关于城市职能和城市性质的表述,错误的是(　　　)。

    A. 城市职能可以分为基本职能和非基本职能

    B. 城市基本职能是城市发展的主导促进因素

    C. 城市非基本职能是指城市为城市以外地区服务的职能

    D. 城市性质关注的是城市最主要的职能,是对主要职能的高度概括

25. 下列表述中,错误的是(　　　)。

    A. 城市人口包括城市建成区范围内的实际居住人口

    B. 城市人口的统计范围不论现状和规划,都应与规划范围相对应

    C. 城市人口规模预测时,环境容量预测法不适合作为单独预测方法

    D. 分析育龄妇女的年龄、人口数量、生育率等是预测人口自然增长的重要依据

26. 下列关于城市环境容量的表述,错误的是(　　　)。

    A. 自然条件是城市环境容量的最基本要素

    B. 城市人口容量具有有限性、可变性、极不稳定性三个特性

    C. 城市大气环境容量指满足大气环境目标值下某区域允许排放的污染物总量

    D. 城市水环境容量与水体的自净能力和水质标准有密切的关系

27. 下列关于市域城乡空间的表述,正确的是(　　　)。

    A. 市域城乡空间可以划分为建设空间、农业开敞空间、区域重大基础设施空间和生态敏感空间四大类

    B. 按照生态敏感性分析对市域空间进行生态适宜性分区,可以分为鼓励开发区、控制开发区、禁止开发区、基本农田保护区四类

    C. 市域城镇空间由中心城区及周边其他城镇组成,主要的组合类型有:均衡式、单中心集核式、片区组团式、轴带式等

    D. 独立布局的区域性基础设施用地与城乡居民生活具有密切联系,应该纳入城乡人均建设用地进行平衡

28. 下列关于市域城镇发展布局规划的表述,准确的是(　　　)。

    A. 经济发达地区可以规划为中心城区、外围新城、中心镇、新型农村社区的城市型居民点体系

    B. 市域城乡聚落体系可以分为中心城市、县城、镇区、中心村四级体系

C. 市域城镇发展布局规划的主要内容包括确定市域各类城乡居民点产业发展方向

D. 市域交通和基础设施体系要优先满足本市域发展的需要,不能分担周边城市的发展要求,否则不利于促进城市之间的有机分工

29. 下列关于城市规划区的表述,错误的是(　　)。

A. 规划区的划定应符合城乡规划行政管理的需要

B. 规划区的范围大小应体现城市规模控制的要求

C. 规划区范围包括有密切联系的镇、乡、村

D. 水源地、生态廊道、区域重大基础设施廊道等应划入规划区

30. 下列关于信息化对城市形态影响的表述,错误的是(　　)。

A. 城市空间结构出现分散趋势　　　　　　B. 城乡边界变得模糊

C. 不同地段的区位差异缩小　　　　　　　D. 新型社区功能更加单纯

31. 在城市用地工程适宜性评定中,下列用地不属于二类用地的是(　　)。

A. 地形坡度 15%

B. 地下水位低于建筑物的基础埋藏深度

C. 洪水轻度淹没区

D. 有轻微的活动性冲沟、滑坡等不良地质现象

32. 不宜与文化馆毗邻布置的设施是(　　)。

A. 科技馆　　　　　　B. 广播电视中心　　　C. 档案馆　　　　　　D. 小学

33. 下列关于城市布局的表述中,错误的是(　　)。

A. 在静风频率高的地区不宜布置排放有害废气的工业

B. 铁路编组站应安排在城市郊区,并避免被大型货场、工厂区包围

C. 城市道路布局时,道路走向应尽量平行于夏季主导风向

D. 各类专业市场设施应统一集聚配置,以发挥联动效应

34. 大城市的蔬菜批发市场应该(　　)。

A. 集中布置在城市中心区边缘　　　　　　B. 统一安排在城市的下风向

C. 结合产地布置在远郊区县　　　　　　　D. 设于城区边缘的城市出入口

35. 下列关于停车场的表述,错误的是(　　)。

A. 大型建筑物和为其服务的停车场,可对面布置于城市干路的两侧

B. 人流、车流量大的公共活动广场宜按分区就近原则,适当分散安排停车场

C. 商业步行街可适当集中安排停车场

D. 外来机动车公共停车场应设置在城市的外环路和城市出入口附近

36. 下列关于汽车加油站的表述,错误的是(　　)。

A. 在城市建成区内不应布置一级加油站

B. 城市公共加油站的进出口宜设在城市次干路上

C. 城市公共加油站不宜布置在城市干路交叉口附近

D. 小型加油站的车辆入口和出口可合并设置

37. 当配水系统中需设置加压泵站时,其位置宜靠近(　　)。

A. 地势较低处　　　　　　　　　　B. 用水集中地区

C. 净水厂　　　　　　　　　　　　D. 水源地

38. 下列环境卫生设施中,应设置在规划城市建设用地范围边缘的是(　　)。

A. 生活垃圾卫生填埋场　　　　　　B. 生活垃圾堆肥场

C. 粪便处理厂　　　　　　　　　　D. 大型垃圾转运站

39. 下列关于城市道路与城市用地关系的表述,错误的是(　　)。

A. 旧城用地布局较为紧凑,道路密而狭窄,适于非机动车的交通模式

B. 城市发展轴可以结合传统的混合型主要道路安排

C. 不同类型城市的干路网与城市用地布局的形式密切相关、密切配合

D. 城市用地规模和用地布局的变化,不会根本性地改变城市道路系统的形式和结构

40. 下列关于城市道路性质的表述,错误的是(　　)。

A. 快速路为快速机动车专用路网,可连接高速公路

B. 交通性主干路为全市性路网,是疏通城市交通的主要道路

C. 次干路为全市性或组团内路网,与主干路一起构成城市的基本骨架

D. 支路为地段内根据用地安排而划定的道路,在局部地段可以成网

41. 下列关于城市综合交通规划的表述,错误的是(　　)。

A. 城市综合交通规划可以脱离土地使用规划单独进行编制

B. 城市综合交通规划内容包括城市对外交通和城市交通两大部分

C. 城市综合交通规划需要处理好对外交通与城市交通的衔接关系

D. 城市综合交通规划需要协调城市中各种交通方式之间的关系

42. 下列关于城市综合交通调查的表述,错误的是(　　)。

A. 交通出行OD调查可以得到现状城市交通的流动特性

B. 居民出行调查可以得到居民出行生成与土地使用特征之间的关系

C. 城市道路交通调查包括对机动车、非机动车、行人的流量、流向的调查

D. 查核线的选取应避开对交通起障碍作用的天然地形和人工障碍

43. 下列不属于城市交通发展战略研究的是(　　)。

A. 提出城市交通总体发展方向和目标

B. 提出城市交通发展政策和措施

C. 提出城市交通各子系统功能组织及布置原则

D. 提出城市交通资源分配利用原则和策略

44. 下列关于城市对外交通规划的表述,错误的是(　　)。

A. 城市铁路布局中,线路走向起主导作用

B. 铁路客运站是对外交通与城市交通的衔接点之一

C. 大城市、特大城市通常设置多个公路长途客运站

D. 大城市、特大城市公路长途客运站通常设在中心区边缘

45. 下列不属于城市道路系统规划主要内容的是( )。

A. 提出城市各级道路红线宽度和标准横断面形式

B. 确定主要交叉口、广场的用地控制要求

C. 确定城市防灾减灾、应急救援、大型装备运输的道路网络方案

D. 提出交通需求管理的对策

46. 下列哪个宪章明确提出了保护历史城镇与城区的内容?( )

A. 威尼斯宪章   B. 华盛顿宪章

C. 马丘比丘宪章   D. 北京宪章

47. 历史文化名镇名村保护规划的近期规划措施不包括( )。

A. 抢救已处于濒危状态的所有建筑物、构筑物和环境要素

B. 对已经或可能对历史文化名镇名村保护造成威胁的各种自然、人为因素提出规划治理措施

C. 提出改善基础设施和生产、生活环境的近期建设项目

D. 提出近期投资估算

48. 在历史文化名城保护规划中不需要划定保护界线的是( )。

A. 历史城区   B. 历史地段

C. 历史建筑群   D. 文物古迹

49. 某历史文化名城目前难以找到一处值得保护的历史文化街区,正确的做法是( )。

A. 整体恢复历史城区的传统风貌

B. 恢复 1~2 个历史全盛时期最具代表性的街区

C. 恢复 1~2 个代表不同历史时期风貌的街区

D. 保护现存文物古迹周围的环境

50. 城市中心城区建设用地范围内用于园林生产的苗圃,其用地性质属于下列哪一类?( )

A. 公园绿地(G1)   B. 防护绿地(G2)

C. 农林用地(E2)   D. 科研用地(A35)

51. 下列属于城市总体规划强制性内容的是( )。

A. 城市绿带系统的发展目标   B. 城市各类绿带的具体布局

C. 城市绿带主要指标   D. 河湖岸线的使用原则

52. 根据《城市水系规划规范》,下列表述中错误的是( )。

A. 城市水体按功能类别分为水源地、生态水域、行洪通道、航运通道、雨洪调蓄水体、渔业养殖水体、景观游憩水体等

B. 城市水按形态特征分为江河、湖泊、沟渠和湿地等

C. 城市水系岸线按功能分为生态性岸线、生活性岸线和生产性岸线等

D. 城市水系的保护应包括水域保护、水生态保护、水质保护和滨水空间控制等

53. "确定排水体制"属于下列哪一规划阶段的内容？（　　　）
    A. 城市总体规划　　　　　　　　　B. 城市分区规划
    C. 控制性详细规划　　　　　　　　D. 修建性详细规划

54. 下列关于再生水利用规划的表述,不准确的是（　　　）。
    A. 城市再生水主要用于生态用水、市政杂用水和工业用水
    B. 按照城市排水体制确定再生水厂的布局
    C. 城市再生水利用规划需满足用户对水质、水量、水压等的要求
    D. 城市详细规划阶段,需计算输配水管渠管径、校核配水管网水量及水压

55. 下列关于城市抗震防灾规划相关内容的表述,不准确的是（　　　）。
    A. 抗震设防区,是指地震基本烈度7度及7度以上地区
    B. 城市抗震防灾规划的基本方针是"预防为主,防、抗、避、救相结合"
    C. 避震疏散场所是用作地震时受灾人员疏散的场地和建筑,划分为紧急避震疏散场所、固定避震疏散场所、中心避震疏散场所等类型
    D. 地震次生灾害主要包括水灾、火灾、爆炸、放射性辐射、有毒矿物质扩散或者蔓延等

56. 下列不属于城市详细规划阶段城市综合防灾规划主要内容的是（　　　）。
    A. 确定各种消防设施的布局及消防通道、间距等
    B. 确定防洪堤标高、排涝泵站位置等
    C. 组织防灾生命线系统
    D. 确定疏散通道、疏散场地布局

57. 下列关于城市环境保护规划的表述,不准确的是（　　　）。
    A. 环境保护的基本任务是生态环境保护和环境污染综合防治
    B. 城市环境保护规划包括大气环境保护规划、水环境保护规划和噪声污染控制规划
    C. 大气环境保护规划总体上包括大气环境质量规划和大气污染控制规划
    D. 水环境保护规划总体上包括饮用水源保护规划和水污染控制规划

58. 根据《城市地下空间开发利用管理规定》,城市地下空间规划的主要内容不包括（　　　）。
    A. 地下空间现状及发展预测
    B. 地下空间开发战略
    C. 开发层次、内容、期限、规模与布局
    D. 地下空间开发实施措施与近期建设规划

59. 下列关于城市总体规划主要图纸内容要求的表述,错误的是（　　　）。
    A. 市域城镇体系规划图需要标明行政区划
    B. 市域空间管制图需要标明市域功能空间区划
    C. 居住用地规划图需要标明居住人口容量
    D. 综合交通规划图需要标明各级道路走向、红线宽度等

60. 近期建设规划的内容不包括(　　)。

    A. 确定近期建设用地范围和布局

    B. 确定近期主要对外交通设施和主要道路交通设施布局

    C. 确定近期主要基础设施的位置、控制范围和工程干管的线路位置

    D. 确定近期居住用地安排和布局

61. 下列关于近期建设规划的表述,错误的是(　　)。

    A. 近期建设规划是城市总体规划的有机组成部分

    B. 编制近期建设规划,一般以城市总体规划所确定的建设项目为依据

    C. 编制近期建设规划,需要反映计划与市场变化的动态衔接和合理弹性、计划的可实施性

    D. 年度实施计划是近期建设规划顺利开展的重要途径

62. "十二五"近期建设规划中,下列哪项属于落实保障性住房建设任务的主要内容?(　　)

    A. 保障性住房的分期供给规模　　　　　B. 保障性住房的轮候与分配机制

    C. 保障性住房的税收调控手段　　　　　D. 保障性住房的价格调控目标

63. 下列关于控制性详细规划编制的表述,不准确的是(　　)。

    A. 控制性详细规划的编制需要公众参与

    B. 控制性详细规划的编制需要公平、效率并重

    C. 控制性详细规划编制需要动态维护,保证其实施的有效性

    D. 控制性详细规划编制必须在城市规划区建设用地范围内实现"全覆盖"

64. 县人民政府所在地镇的控制性详细规划,(　　)。

    A. 由县人民政府组织编制

    B. 由市人民政府编制

    C. 报县级人民代表大会常务委员会备案

    D. 由县人民政府依法将规划草案予以公告

65. 下列关于控制性详细规划的表述,错误的是(　　)。

    A. 我国控制性详细规划借鉴了美国区划的经验

    B. 编制控制性详细规划应含有城市设计的内容

    C. 控制性详细规划的成果要求在向表现多元、格式多变、制图多样和数据多种的方向发展

    D. 控制性详细规划是规划实施管理的依据

66. 修建性详细规划中建设条件分析不包括(　　)。

    A. 分析区域人口分布,对市民生活习惯及行为意愿等进行调研

    B. 分析场地的区位和功能、交通条件、设施配套情况

    C. 分析场地高度、坡向、坡度

    D. 分析自然环境要素、人文要素和景观要素

67. 根据《城市规划编制办法》,下列关于修建性详细规划的表述,错误的是(　　)。

    A. 修建性详细规划需要进行管线综合

B. 修建性详细规划需要对建筑室外空间和环境进行设计

C. 修建性详细规划需要确定建筑设计方案

D. 修建性详细规划需要进行项目的投资效益分析和综合技术经济论证

68. 下列表述正确的是（　　）。

　　A. 镇区人口规模应以城市空间发展战略规划为依据

　　B. 镇区人口规模应以县城城镇体系规划为依据

　　C. 镇域城镇化水平应与国家城镇化率目标一致

　　D. 镇区人口占镇域人口的比例应不低于该地区城镇化水平

69. 根据《镇规划标准》,计算镇区人均建设用地指标的人口数应为（　　）。

　　A. 镇区常住人口

　　B. 镇区户籍人口

　　C. 镇区非农人口

　　D. 镇区人口占镇域建设用地内居住的人口

70. 县人民政府所在地镇的总体规划由（　　）组织编制。

　　A. 县人民政府　　　　　　　　　　B. 镇人民政府

　　C. 县和人民政府共同　　　　　　　D. 县城乡规划行政主管部门

71. 历史文化名镇名村的保护范围包括（　　）。

　　A. 核心保护范围和建设控制地带　　B. 核心保护范围和风貌协调区

　　C. 核心风貌区和环境协调区　　　　D. 核心风貌区和建设控制地带

72. 下列关于邻里单位理论的表述,错误的是（　　）。

　　A. 周边式布局的街坊是典型的邻里单位

　　B. 以小学的合理规模确定邻里单位的人口规模

　　C. 邻里单位应避免外部车辆穿行

　　D. 邻里单位要求配套相应的服务设施

73. 下列关于居住小区的表述,正确的是（　　）。

　　A. 居住小区规模主要用人口规模来表达

　　B. 因地块大小不同,而分为居住区、小区、组团

　　C. 居住小区是封闭管理的居住地块

　　D. 以一个居委会的管辖范围来划定居住小区

74. 下列关于住宅布局的表述,错误的是（　　）。

　　A. 多层住宅的建筑密度通常高于高层住宅

　　B. 周边式布局的住宅采光面大,日照效果更好

　　C. 冬季获得日照、夏季遮阳是我国大部分地区住宅布局需要考虑的重要因素

　　D. 在山地居住区中适合采用点式布局

75. 关于居住区道路规划的表述,错误的是（　　）。

　　A. 居住小区应在不同方向设置至少两个出入口

　　B. 出入口与城市道路交叉口的距离大于70m

　　C. 组团级道路红线宽度应满足管线敷设要求

  D. 道路边缘与建筑应保持一定距离,以保证行人安全

76. 下列关于居住小区绿地规划的表述,错误的是(　　)。

  A. 公共绿地不包括满足覆土要求的地下建筑屋顶绿地

  B. 小区级公共绿地最小宽度为 8m

  C. 组团级公共绿地绿化面积不宜小于 70%

  D. 公共绿地应集中成片

77. 下列关于风景名胜区总体规划的表述,正确的是(　　)。

  A. 在国家级风景名胜区总体规划编制前,可以编制规划纲要

  B. 国家级重点风景名胜区总体规划由国家风景名胜区主管部门审批

  C. 风景名胜区总体规划是做好风景区保护、建设、利用和管理工作的直接依据

  D. 风景名胜区总体规划不必对风景名胜区内不同保护要求的土地利用方式、建筑风格、体量、规模等作出明确要求

78. 下列关于城市设计的表述,错误的是(　　)。

  A. 工业革命以前,城市设计基本上依附于城市规划

  B. 城市设计正在逐渐形成独立的研究领域

  C. 城市设计常用于表达城市开发意向和辅助规划设计研究

  D. 我国的规划体系中,城市设计主要作为一种技术方法存在

79. 下列关于城乡规划实施手段的表述,正确的是(　　)。

  A. 规划手段,政府根据城市规划的目标和内容,从规划实施的角度制定相关政策来引导城市发展

  B. 政策手段,政府运用规划编制和实施的行政效力,通过各类规划来推进城市规划的实施

  C. 财政手段,政府运用公共财政的手段,调节、影响城市建设的需求和进程,以促进城市规划目标的实现

  D. 管理手段,政府根据城市规划,按照规划文本的内容来管理城市发展

80. 下列关于城市规划实施的表述,错误的是(　　)。

  A. 城市规划的实施组织和管理是各级人民政府的重要责任

  B. 城市规划实施的组织,必须建立以规划的编制来推进规划实施的机制

  C. 城市规划实施的管理手段主要包括:建设用地管理、建设工程管理以及建设项目实施的监督检查

  D. 城市规划实施的监督检查包括行政监督、媒体监督和社会监督

二、多项选择题(共 20 题,每题 1 分。每题的备选项中有 2～4 个符合题意。少选、错选都不得分)

81. 下列关于大都市区城市功能地域概念的表述,正确的有(　　)。

  A. 加拿大采用"国情调查大都市区"概念

  B. 日本采用"大都市统计区"概念

C. 澳大利亚采用"国情调查扩展城市区"概念

D. 英国采用"大都市圈统计区"概念

E. 瑞典采用"劳动-市场区"概念

82. 对于经过中世纪历史发展进入文艺复兴时期的欧洲城市,下列表述中正确的有( )。

A. 城市大部分地区是狭小、不规则的道路网结构

B. 围绕一些大教堂建设有古典风格和构图严谨的广场

C. 建筑师提出的理想城市大多是不规则形的

D. 对中世纪城市经过了全面有序的改造

E. 市政厅、行业会所成为城市活动的重要场所

83. 下列有关全球化背景下城市发展的表述,正确的有( )。

A. 全球资本的区位选择明显地影响甚至决定了城市内部的空间布局

B. 不同地域城市间的相互作用与相互依存程度更为加强

C. 以城市滨水区、历史地段等为代表的独特性资源的复兴,成为提升城市竞争力的重要举措

D. 制造业城市出现了较大规模的衰退

E. 生产者服务业所具有的集聚性在不断分解,出现了较强的分散化分布趋势

84. 城市市政公用设施规划包括( )。

A. 城市排水工程规划　　　　　　B. 城市环卫设施规划

C. 城市燃气工程规划　　　　　　D. 城市通信工程规划

E. 城市环境保护规划

85. 下列哪些项是城市总体规划实施评估应考虑的内容?( )

A. 城市人口与建设用地规模情况　　B. 综合交通规划目标落实情况

C. 自然与历史文化遗产保护情况　　D. 政府在规划实施中的作用

E. 城市发展方向与布局的落实情况

86. 下列关于城市总体规划中城市建设用地规模的表述,正确的是( )。

A. 规划人均城市建设用地标准为$100m^2/$人

B. 用地规模与城市性质、自然条件等有关

C. 规划人均城市建设用地需要低于现状水平

D. 规划用地规模是推算规划人口规模的主要依据

E. 规划人口规模是推算规划用地规模的主要依据

87. 下列关于城市总体规划纲要主要任务与内容的表述,准确的是( )。

A. 经过审查的总体规划纲要是总体规划审批的重要依据

B. 总体规划纲要必须提出市域城乡空间总体布局方案

C. 总体规划纲要必须确定市域交通发展策略

D. 总体规划纲要必须提出主要对外交通设施布局方案

E. 总体规划纲要必须提出建立综合防灾体系的原则和建设方针

88. 影响城市空间发展方向选择的因素包括(　　)。

A. 地质条件　　　　　　　　　　　B. 人口规模

C. 高速公路建设情况　　　　　　　D. 城中村分布情况

E. 基本农田保护情况

89. 下列关于城市设施布局与城市风向关系的表述中,不正确的是(　　)。

A. 污水处理厂应布置在城市主导风向的下风向

B. 城市火电厂应布置在城市主导风向的下风向

C. 天然气门站应布置在城市主导风向的下风向

D. 生活垃圾卫生填埋场应布置在城市主导风向的下风向

E. 消防站应布置在城市主导风向的下风向

90. 下列缓解城市中心区交通拥挤和停车矛盾的措施中,正确的是(　　)。

A. 设置独立的地下停车库

B. 结合公共交通枢纽设置停车设施

C. 利用城市中心区的小巷划定自行车车位

D. 在商业中心附近的道路上设置路边停车带

E. 在城市中心区边缘设置截留性停车设施

91. 下列关于城市公共交通规划的表述中,正确的有(　　)。

A. 规划应在客流预测的基础上,使公共交通的客运能力满足高峰客流需求

B. 快速公交线路应尽可能将城市中心和对外客运枢纽串接起来

C. 普通公交线路要体现为乘客服务的方便性,应布置在城市服务性道路上

D. "复合式公交走廊"是一种混合交通模式,有利于提高公共交通的服务水平

E. 公交线网的规划布局应使客流量尽可能集中到几条骨干线路上

92. 下列不属于历史文化名城保护规划保护层次的有(　　)。

A. 历史文化名城　　　　　　　　　B. 历史城区

C. 历史文化街区　　　　　　　　　D. 文物保护单位

E. 历史建筑

93. 编制历史文化名城保护规划,评估的主要内容有(　　)。

A. 传统格局和历史风貌

B. 文物保护单位和近年来恢复建设的传统风格建筑

C. 历史环境要素

D. 传统文化及非物质文化遗产

E. 基础设施、公共安全设施和公共服务设施现状

94. 环境保护的基本目的包括(　　)。

A. 保护和改善生活环境与生态环境　　B. 防止污染和其他公害

C. 保障人体健康　　　　　　　　　　D. 防御与减轻灾害影响

E. 促进社会主义现代化建设的发展

95. 《城市用地竖向规划规范》将规划地面形式分为(   )。

    A. 平坡式   B. 折线式   C. 台阶式   D. 自由式

    E. 混合式

96. 控制性详细规划的控制体系包括(   )。

    A. 土地使用控制   B. 建筑建造控制

    C. 市政设施配套   D. 交通活动控制

    E. 开发成本控制

97. 下列表述中,正确的是(   )。

    A. 乡与镇一般为同级行政单位

    B. 集镇是乡的经济、文化和生活服务中心

    C. 集镇一般是乡人民政府所在地

    D. 集镇通常是一种城镇型聚落

    E. 乡是集镇的行政管辖区

98. 下列关于居住区配套设施的表述,正确的是(   )。

    A. 如容量允许,可以利用项目以外的现有设施,无须重复建设

    B. 配套设施在面积规模达标的前提下,功能应根据市场需要设置

    C. 高层小区用地较小,一般可按照组团级进行配套

    D. 当项目规模介于小区和组团之间时,可以适当增配组团级配套设施

    E. 可根据区位条件,适当调整居住区配套公建的项目面积

99. 下列关于风景名胜区的表述,正确的是(   )。

    A. 风景名胜区应当具有独特的自然风貌或历史特色的景观

    B. 风景名胜区应当具有观赏、文化或者科学价值

    C. 特大型风景名胜区的用地规模在 $400km^2$ 以上

    D. 风景名胜区应当具备游览和进行科学文化活动的多重功能

    E. 1982 年以来,国务院已先后审定公布了五批国家级风景名胜区名单

100. 下列表述中,正确的是(   )。

    A. 简·雅各布斯在《美国大城市的生与死》中研究怎样的建筑和环境设计能够更好地支持社会交往和公共生活,提升户外空间规划设计的有效途径

    B. 西谛在《城市建筑艺术》一书中提出了现代城市空间组织的艺术原则

    C. 凯文·林奇在《城市意象》一书中提出了城市意象的构成要素是地标、节点、路径、边界和地区

    D. 第十小组尊重城市的有机生长,出版了《建筑模式语言》一书,其设计思想的基本出发点是对人的关怀和对社会的关注

    E. 埃德蒙·N. 培根在《小型城市空间的社会生活》中,描述了城市空间质量与城市活动之间的密切关系,证明物质环境的一些小改观,往往能显著地改善城市空间的使用情况

真 题 解 析

一、单项选择题(共80题,每题1分。每题的备选项中,只有1个最符合题意)

1. A

【解析】 农业社会后期,市民社会在西方城市中显现雏形,以欧洲城市为代表孕育了一些资本主义萌芽。农业社会后期,中国仍处于封建社会,市民社会尚无出现。因此A选项错误。

2. C

【解析】 城市空间环境演变规律如下。

（1）从封闭的城市空间向开放的城市空间发展——从封闭的单中心城市空间转向开放的多中心城市空间。

（2）从平面延展向立体利用发展——从平面空间环境转向立体空间环境。

（3）从生产性城市空间向生活性城市空间转化——从生产性城市空间转向生活性城市空间。

（4）从均质城市空间向多样城市空间转化——从分离的均质城市空间转向连续的多样城市空间。

因此C选项符合题意。

3. C

【解析】 社会问题和城市之间存在着辩证统一的交互作用和相互依存的关系。城市从一开始就有社会问题的存在,而社会问题也促进了城市空间和规划理论的发展。因此,城市规划理论与实践的发展始终离不开对社会问题的关注。C选项符合题意。

4. A

【解析】 希波丹姆布局模式是以方格网的道路系统为骨架,以城市广场为中心的模式,在米利都城得到最完整的体现,雅典城在局部地区出现了这样的格局。因此A选项符合题意。

5. D

【解析】 田园城市理论提出每户都能极为方便地接近乡村空间,但不是指每家每户都有花园。D选项符合题意。

6. C

【解析】 新城与卫星城不同,其更强调城市的相对独立性,它基本上是一定区域范围内的中心城市,为其本身周围的地区服务,并且与中心城市发生相互作用,成为城镇体系中的一个组成部分,对涌入大城市的人口起到一定的截流作用。而卫星城市是一个在经济、社会、文化方面具有现代城市性质的独立城市单位,同时又是从属于某个大城市的派生产物,承担中心城市的某项职能。因此,C选项其实是指卫星城而非新城。

7. B

【解析】 功能分区最早是在戈涅的"工业城市"中提出的,也直接孕育了《雅典宪章》所提出的功能分区原则。B选项符合题意。

8. D

【解析】 "公交引导开发"(TOD)模式强调要减少机动车的使用量,鼓励使用公共交通,居住区的公共设施和公共活动中心等围绕着公共交通的站点进行布局。D选项为新区的中心商务区要围绕公共交通站点建设,因此D选项符合题意。

9. D

【解析】 上海自1946年开始编制《大上海都市计划总图》,规划中运用了"卫星城市""邻里单位""有机疏散"以及道路分等分级等规划理论和思想。以现有市区为"核心",在近郊环形地带发展分散的卫星城镇。故D选项符合题意。

10. C

【解析】 "形胜"是金陵城规划的主导思想,是对《周礼》中城市形制理念的重要发展,突出了与自然结合的思想,核心思想是社会等级和宗法关系。所以C选项正确。

11. C

【解析】 我国从2006年开始执行的"十一五"规划中明确提出"要加快建设资源节约型、环境友好型社会"。"两型社会"是指资源节约型与环境友好型社会。C选项符合题意。

12. C

【解析】 参看《全球21世纪议程》,A选项属于土地使用和交通可持续发展;B选项属于自然资源可持续发展;D选项属于能源可持续发展。C选项错误,而且开发强度也不可能不断提高。

13. B

【解析】 城市规划是一项社会实践,因此,城市规划是城市发展过程中发挥重要作用的社会制度,而非政治制度。B选项符合题意。

14. B

【解析】 《中华人民共和国行政许可法》是针对全国所有行政许可做出的法律规定,城乡规划的"三证"许可作为我国法律法规规定的许可,也一定要符合《中华人民共和国行政许可法》的要求。B选项正确。

15. C

【解析】 我国城乡规划编制体系由城镇体系规划、城市规划、镇规划、乡规划和村庄规划构成。县人民政府所在地镇的控制性详细规划由县人民政府城乡规划主管部门组织编制,报上一级人民政府审批;其他镇的总体规划由镇人民政府组织编制,报上一级人民政府审批。乡、镇人民政府组织编制乡规划、村庄规划,报上一级人民政府审批。村庄规划在报送审批前,应当经村民会议或者村民代表会议讨论同意。

由以上分析可知,C选项符合题意。

16. B

【解析】 按照《城市规划编制办法》,编制城市规划应当坚持政府组织、专家领衔、部门合作、公众参与、科学决策的原则,B选项符合题意。

17. B

【解析】 《城乡规划法》规定,对控制性详细规划进行修改时,组织编制机关应当对修改的必要性进行论证,征求规划地段内利害关系人的意见,并向原审批机关提出专题报告,经原审批机关同意后,方可编制修改方案;如修改的内容涉及城市总体规划、镇总体规划的强制性内容,应当先修改总体规划。组织编制的控制性详细规划,经本级人民政府批准后,报本级人民代表大会常务委员会和上级人民政府备案。由以上分析可知,B选项正确。

18. C

【解析】 一定区域内的城镇群并不一定构成城镇体系,其间必须要有密切有机联系,A选项错误。城镇体系规划的目的是妥善处理各城镇之间、单个或数个城镇与城镇群体之间以及群体与外部环境之间的关系,以达到地域经济、社会、环境效益最佳的发展,而不是构建完整城镇体系,B选项错误。在区域中,中心城市可以是几个,但至少要有一个,D选项错误。

19. B

【解析】 省域城镇体系规划的核心内容之一是制定全省(自治区)城镇化和城镇发展战略,包括确定城镇化方针和目标、确定城镇发展与布局战略。B选项符合题意。

20. B

【解析】 主体功能区指基于不同区域的资源环境承载能力、现有开发密度和发展潜力等,将特定区域确定为特定主体功能定位类型的一种空间单元,其范围包括几个省份的总体格局,城市总体规划应符合主体功能区的要求;城市总体规划以全国城镇体系规划、省域城镇体系规划等为依据,与土地利用规划相衔接。由以上分析可知,B选项符合题意。

> 知识拓展:国土规划和城乡规划分别属于不同的系统,国土规划以保护土地资源为主要目的,在宏观层面上对土地资源及其利用进行功能划分和控制。城乡规划则侧重规划区内土地和空间资源的合理利用,保证规划区内建设用地的科学使用是城乡规划工作的核心。因此,上述两大系统的规划之间无指导与被指导的关系,只能相互衔接。

21. D

【解析】 省域城镇体系规划的内容包括:城镇空间布局和规模控制,重大基础设施布局,为保护生态环境、资源等需要严格控制的区域。D选项符合题意。

22. D

【解析】 城市总体规划一般分为市域城镇体系规划、中心城区规划两个层次,A选项错误;城市总体规划应当以全国和省域城镇体系规划以及其他上层次法定规划为依据,B选项中的“各类”规划为依据显然是不合理,因此错误;市域城镇体系规划要划定城市规划区而非建设用地范围,建设用地范围需要在城区总体规划中划定,C选项错误。

23. C

【解析】 社会环境调查主要包括两个方面：首先是人口方面，主要涉及人口的年龄结构、自然变动、迁移变动和社会变动；其次是社会组织和社会结构方面，主要涉及构成城市社会的各类群体及他们之间的相互关系，包括家庭规模、家庭生活方式、家庭行为模式及社区组织等，此外还有政府部门、其他公共部门及各类企事业单位的基本情况。

城市住房及居住环境调查与社会环境是同一层次而非包括关系。因此 C 选项符合题意。

24. C

【解析】 城市非基本职能是为城市自身居民服务的职能，基本职能是城市发展的主导促进因素。C 选项符合题意。

25. B

【解析】 城市人口的统计范围应与地域范围一致，即现状城市人口与现状建成区、规划城市人口与规划建成区相对应。因此 B 选项符合题意。

26. B

【解析】 城市人口容量具有有限性、可变性、稳定性三个特性。因此 B 选项错误。

27. C

【解析】 市域城乡空间可以划分为建设空间、农业开敞空间和生态敏感空间三大类，A 选项错误；按照生态敏感性分析对市域空间进行生态适宜性分区，可以分为鼓励开发区、控制开发区、禁止开发区三类，B 选项错误；独立布局的区域性基础设施用地与城乡居民生活无直接联系，不纳入城乡人均建设用地进行平衡，D 选项错误。

28. B

【解析】 市域城镇聚落体系分为：中心城市—县城—镇区、乡集镇—中心村四级体系，经济发达地区可实行中心城区、中心镇、新型农村社区的城市型居民点体系。因此 B 选项符合题意。

29. B

【解析】 规划区的范围无法体现城市规模中的人口规模，因此 B 选项错误，符合题意。

30. D

【解析】 信息社会城市空间结构形态的演变发展趋势中，新型集聚体开始出现，如新型社区，但与之前的社区相比较，其功能性增加，更加复杂。因此 D 选项符合题意。

31. B

【解析】 二类建设用地的特点：地下水位距地表面的深度较浅，修建建筑物时，需降低地下水位或采取排水措施。B 选项属于一类建设用地的特点。

32. D

【解析】 文化馆是县、市一级的群众文化事业单位，有的地方也叫文化中心、文化活动中心，其作用是开展群众文化活动，并为群众文娱活动提供场所。由于需要进行排练、艺术表演等，文化馆不宜布置在靠近医院、住宅及托儿所、幼儿园、小学等建筑一侧。因此 D 选项符合题意。

33. D

【解析】 在静风频率高的地区,空气流通不良会使污染物无法扩散而加重污染,不宜布置排放有害废气的工业;铁路编组站要避免与城市的相互干扰,同时考虑职工的生活,宜布置在城市郊区,并避免被大型货场、工厂区包围;城市道路布局时,道路走向应尽量平行于夏季主导风向;某些专业设施统一聚集配置,可以发挥联动效应,如文化馆、戏剧院等公共设施安排在一个地区。D选项为各类专业市场设施统一聚集配置,而市场需要分级分层配置,且有些专业市场彼此有一定合理半径,所以该项错误。

34. D

【解析】 大城市的蔬菜批发市场应设于城市市区边缘通向四郊的干路入口处,不宜过分集中,以免运输线太长,损耗太大。因此D选项符合题意。

35. A

【解析】 城市停车设施可以分为:(1)城市出入口停车设施;(2)交通枢纽停车设施;(3)生活居住停车设施;(4)城市各级商业、文化娱乐中心附近的公共停车设施;(5)城市外围大型公共活动停车设施;(6)道路停车设施。

B、C两选项均对应城市各级商业、文化娱乐中心附近的公共停车设施,一般分散布置,步行距离以不大于100～150m为宜。D选项外来机动车公共停车场应设在城市外围的城市主要出入口附近。A选项对应城市外围大型公共活动停车实施,要求快速疏散,处理好和干道的关系,在干道两侧布置将对干道交通产生干扰,不合理。

36. D

【解析】 根据《小型石油库及汽车加油站设计规范》,加油站的进出口要分开设置。因此,D选项符合题意。

37. B

【解析】 根据《城市给水工程规划规范》,当配水系统中需设置加压泵站时,其位置宜靠近用水集中地区。

38. C

【解析】 根据《城市环境卫生设施规划规范》,粪便处理厂应设置在城市规划建成区边缘并靠近规划城市污水处理厂,其周边应设置宽度不小于10m的绿化隔离带,并与住宅、公共设施保持不小于50m的间距。生活垃圾堆肥场、生活垃圾填埋场应位于城市建成区外围;生活垃圾转运站宜靠近服务区域中心或垃圾产量较大的地区,但不宜在公共设施集中、人流量大、车流量集中的地区,垃圾转运站位于城市建成区。故C选项符合题意。

39. D

【解析】 不同规模和不同类型的城市用地布局有不同的交通分布和通行要求,就会有不同的道路网络类型和不同的道路网密度要求,城市道路系统与城市用地应协调发展,城市道路系统的形式与结构会随城市用地布局(如:小城市、中等城市、大城市、特大城市)发生根本变化。由以上分析可知,D选项错误。

40. C

【解析】 次干路为组团内路网,在组团内成网,与主干路一起构成城市的基本骨架。

故 C 选项符合题意。

41. A

【解析】 城市综合交通规划应与土地使用规划相互结合起来规划。A 选项符合题意。

42. D

【解析】 查核线选取原则：①尽可能利用天然或人工屏障,如铁路线、河流等;分割区域和城市土地利用布局有一定的协调性。②具备基本观测条件,便于观测人员采集数据。居民出行调查包括：①交通生成指标;②居民出行规律;③居民出行生成与土地使用特征、社会经济条件之间的关系。

A 选项为 OD 调查的目的,B 选项为居民出行调查的目的,C 选项为道路交通调查的内容。

43. C

【解析】 《城市综合交通体系规划编制导则》第 3.1.2 条规定,交通发展战略的主要内容为：①提出城市综合交通体系总体发展方向和目标;②提出各交通子系统发展定位和发展目标;③提出城市交通方式结构;④提出交通资源分配利用的原则和策略;⑤提出城市交通体系发展的政策和措施。由以上分析可知,C 选项符合题意。

44. A

【解析】 铁路布局中,场站位置起着主导作用,线路按确定的站点连接起来。A 选项符合题意。

45. D

【解析】 《城市综合交通体系规划编制导则》第 3.4.2 条规定,城市道路系统规划的主要内容有：①优化配置城市干路网结构,规划城市干路网布局方案,提出支路网规划控制密度和建设标准;②提出城市各级道路红线宽度指标和典型道路断面形式;③确定主要交叉口、广场的用地控制要求;④确定城市防灾减灾、应急救援、大型装备运输的道路网络方案。D 选项属于交通管理的内容。

46. B

【解析】 1988 年,国际古迹遗址理事会通过了《华盛顿宪章》,全称为《保护历史城镇与城区宪章》。宪章所涉及的历史城区包括城市、城镇以及历史中心或居住区,也包括这里的自然和人工环境。因此 B 选项符合题意。

47. A

【解析】《历史文化名城名镇名村保护规划编制要求(试行)》第四十五条规定,历史文化名镇名村保护规划的近期规划措施,应当包括以下内容：

(1) 抢救已处于濒危状态的文物保护单位、历史建筑、重要历史环境要素;

(2) 对已经或可能对历史文化名镇名村保护造成威胁的各种自然、人为因素提出规划治理措施;

(3) 提出改善基础设施和生产、生活环境的近期建设项目;

(4) 提出近期投资估算。

A 选项的所有建筑物、构筑物和环境要素显然是错误的。

48. A

【解析】 历史文化名城保护规划应划定历史地段（历史文化街区）、历史建筑（群）、文物古迹和地下文物埋藏区的保护界线，并提出相应的规划控制和建设要求。因此 A 选项符合题意。

49. D

【解析】 少数历史文化名城目前难以找到一处值得保护的历史文化街区，对于此种情况，重要的不是去再造一条仿古街，而是要全力保护好文物古迹周围的环境。因此 D 选项符合题意。

50. C

【解析】 根据《城市用地分类与规划建设用地标准》（GB 50137—2011），园林生产绿地以及城市建设用地范围外基础设施两侧的防护绿地，按照实际使用用途纳入城乡建设用地分类"农林用地"（E2）。因此 C 选项符合题意。

51. B

【解析】 城市总体规划的强制性内容包括：城市规划区范围，风景名胜区，自然保护区，湿地、水源保护区和水系等生态敏感区以及基本农田，地下矿产资源分布地区等市域内必须严格控制的地域范围；规划期限内城市建设用地的发展规模，根据建设用地评价确定的土地使用限制性规定，城市各类绿地的具体布局；城市基础设施和公共服务设施用地；自然与历史文化遗产保护；城市防灾减灾。因此 B 选项符合题意。

52. B

【解析】 根据《城市水系规划规范》，水体按形态特征分为江河、湖泊和沟渠三大类。因此 B 选项符合题意。

53. A

【解析】 总体规划阶段，城市排水工程规划的主要内容是：①确定排水体制；②提出雨水、污水利用原则；③划分排水分区；④确定雨水系统设计标准；⑤布置雨水干管（渠）和其他雨水设施；⑥估算污水量，确定污水处理率和处理深度；⑦确定污水处理厂布局，布置污水干管和其他污水设施。确定排水体制属于城市总体规划的内容，因此 A 选项符合题意。

54. B

【解析】 城市再生水利用规划主要是根据城市水资源供应紧缺状况，结合城市污水处理厂规模、布局，在满足不同用水水质标准条件下考虑将城市污水处理再生后用于生态用水、市政杂用水、工业用水等，确定城市再生水等设施的规模、布局；布置再生水设施和各级再生水管网系统，满足用户对水质、水量、水压等要求，A、C 选项准确。在详细规划阶段，需要计算输配水管渠管径，校核配水管网水量及水压，D 选项准确。再生水厂主要是依据污水处理厂来确定，并不完全是按照排水体制来确定再生水厂的布局，B 选项不准确。

55. A

【解析】 由《城市抗震防灾规划管理规定》可知，抗震设防区，是指地震基本烈度

6度及6度以上地区。因此A选项的7度及7度以上地区是错误的。

56. C

【解析】 城市详细规划阶段城市综合防灾减灾规划的主要内容包括：确定规划范围内各种消防设施的布局及消防通道、间距等；确定规划范围内地下防空建筑的规模、数量、配套内容、抗力等级、位置布局，以及平战结合的用途；确定规划范围内的防洪堤标高、排涝泵站位置等；确定规划范围内疏散通道、疏散场地的布局。

城市总体规划包括设防标准、设施布局、防灾措施和生命线系统四个方面的内容。C选项属于总体规划的内容，因此符合题意。

57. B

【解析】 城市环境保护规划分为大气环境保护规划、水环境保护规划、固体废物污染控制规划、噪声污染控制规划。B选项符合题意。

58. D

【解析】 城市地下空间规划的主要内容包括：地下空间现状及发展预测，地下空间开发战略，开发层次、内容、期限、规模与布局，地下空间开发实施步骤，以及地下工程的具体位置，出入口位置，不同地段的高程，各设施之间的相互关系，及其配套工程的综合布置方案、经济技术指标等。由以上分析可知，D选项符合题意。

59. D

【解析】 综合交通规划图需要标明主次干路走向、红线宽度、道路横断面、重要交叉口形式。选项D中的各级道路显然是错误的。

60. C

【解析】 近期建设规划的内容包括：

(1) 确定近期人口和建设用地规模，确定近期建设用地范围和布局；

(2) 确定近期交通发展策略，确定主要对外交通设施和主要道路交通设施布局；

(3) 确定各项基础设施、公共服务和公益设施的建设规模和选址；

(4) 确定近期居住用地安排和布局；

(5) 确定历史文化名城、历史文化街区、风景名胜区等的保护措施，城市河湖水系、绿化、环境等保护、整治和建设措施；

(6) 确定控制和引导城市近期发展的原则和措施，城市人民政府可以根据本地区的实际，决定增加近期建设规划中的指导性内容。

因此C选项符合题意。

61. B

【解析】 近期建设规划是城市总体规划的组成部分，一般以国民经济与社会发展规划确定的建设项目为依据，反映计划与市场的动态结合。所以B选项符合题意。

62. A

【解析】 根据《全国十二五近期建设规划》方案，"十二五"近期建设规划应切实落实"十二五"保障性住房建设任务和要求，要将保障性住房的建设目标纳入近期建设规划，确保保障性住房用地的分期供给规模、区位布局和相关资金投入，不断改善中低收入家庭的居住条件。因此A选项符合题意。

63. D

【解析】 在目前国内区域条件不同的情况下,发达地区应保证规划区控制性详细规划"全覆盖",而落后地区可结合总体规划落实控制详细规划功能。

64. C

【解析】 《城乡规划法》规定,县人民政府所在地镇的控制性详细规划由县人民政府城乡规划主管部门组织编制,经县人民政府批准后,报本级人民代表大会常务委员会和上一级人民政府备案。因此 C 选项符合题意。

65. C

【解析】 我国控制性详细规划最初是由《上海虹桥新区详细规划》借鉴美国区划的经验发展而来的,控制性详细规划的内容应包含对城市设计的指导。依据《城乡规划法》,控制性详细规划是规划实施管理的直接依据,因此 A、B、D 选项正确。新时期控制性详细规划的发展趋势是统一格式、制图规范和标准,因此 C 选项符合题意。

66. A

【解析】 修建性详细规划用地建设条件分析包括:(1)城市发展研究,对城市经济社会发展水平、影响规划场地开发的城市建设因素、市民生活习惯及行为意愿等进行调研;(2)区位条件分析,规划场地的区位和功能、交通条件、公共设施配套状况、市政设施服务水平、周边环境景观要素等;(3)地形条件分析,对场地的高度、坡度、坡向进行分析,选择可建设用地,研究地形变化对用地布局、道路选线、景观设计的影响;(4)地貌分析,分析可保留的自然(河流、植被、动物栖息场所等)、人工(建筑、构筑物)及人文(人群活动场所、文物古迹、文化传统)要素、重要景观点、界面及视线要素;(5)场地现状建筑情况分析,调查建筑建设年代、建筑质量、建筑高度、建筑风格,提出建筑保留、整治、改造、拆除的建议。

因此 A 选项的区域人口分布不包括,符合题意。

67. C

【解析】 修建性详细规划的内容包括:用地建设条件分析、建筑布局与规划设计、室外空间和环境设计、道路交通规划、场地竖向设计、建筑日照分析、投资效应分析和综合技术经济论证、市政工程管线规划设计和管线综合。修建性详细规划不需要确定建筑设计方案,因此 C 选项符合题意。

68. B

【解析】 镇区人口规模应以县域城镇体系规划预测的数量为依据,结合镇区具体情况进行核定。B 选项符合题意。

69. A

【解析】 镇区人均建设用地指标应为规划范围内的建设用地面积除以常住人口数量的平均数值。因此 A 选项符合题意。

70. A

【解析】 《城乡规划法》第十五条规定,县人民政府组织编制县人民政府所在地镇的总体规划,报上一级人民政府审批。其他镇的总体规划由镇人民政府组织编制,报上一级人民政府审批。所以 A 选项符合题意。

71. A

【解析】 《历史文化名城名镇名村保护规划编制要求(试行)》第四十条规定,确定保护范围,包括核心保护范围和建设控制地带界线,制定相应的保护控制措施。因此A选项符合题意。

72. A

【解析】 根据C.A.佩里的论述,邻里单位由六个原则组成。

(1)规模。一个居住单位的开发应当提供满足一所小学的服务人口所需要的住房,它的实际面积则由它的人口密度所决定。

(2)边界。邻里单位应当以城市的主要交通干道为边界,这些道路应当足够宽以满足交通通行的需要,避免汽车从居住单位内穿行。

(3)开放空间。应当提供小公园和娱乐空间的系统,它们被计划用来满足特定邻里的需要。

(4)机构用地。学校和其他机构的服务范围应当对应于邻里单位的界限,它们应该适当地围绕着一个中心或公地进行成组布置。

(5)地方商业。与服务人口相适应的一个或更多的商业区应当布置在邻里单位的周边,最好是处于交通的交叉处或与相邻邻里的商业设施共同组成商业区。

(6)内部道路系统。邻里单位应当提供特别的街道系统,每一条道路都要与它可能承载的交通量相适应,整个街道网要设计得便于单位内的运行,同时又能阻止过境交通的使用。

由以上分析可知,周边布局街坊不是典型的邻里单位。所以A选项符合题意。

73. A

【解析】 居住区的规划结构按居住户数或人口规模可分为居住区、小区、组团三级。因此A选项符合题意,B、D选项错误。居住小区不一定是封闭管理的,C选项错误。

74. B

【解析】 周边式住宅存在东西向日照条件不佳和局部视线干扰问题。B选项符合题意。

75. A

【解析】 按《民用建筑设计通则》规定,基地道路出入口与城市道路连接的要求为:出口距城市道路交叉红线大于80m,距次干道不小于70m;出口距人行道、地铁出入口大于30m,距公交站台大于15m,距花园、学校、残疾人建筑大于20m;居住区有车辆出入,其出入口最少应大于70m;居住小区主要道路至少要有两个出入口;居住区内主要道路至少应有两个方向与外围道路相连。因此,A选项符合题意。

76. A

【解析】《城市居住区规划设计规范》第2.0.32条规定,公共绿地包括宅旁绿地、配套公建所属绿地和道路绿地,其中包括满足当地植树绿化覆土要求、方便居民出入的地下和半地下建筑的屋顶绿地。B、C、D选项均为规范原文。

77. A

【解析】 国家级风景名胜区总体规划编制前,一般首先编制规划纲要,作为总规编制的框架和依据,A 选项正确。国家级重点风景名胜区总体规划由省、自治区报国务院审批,B 选项错误。经批准的详细规划才是做好风景区保护、建设、利用和管理工作的直接依据,C 选项错误。风景名胜区总体规划应当对不同保护要求区域内的土地利用方式、建筑风格、体量、规模等做出明确要求,D 选项错误。

78. A

【解析】 工业革命以前,城市设计与城市规划基本上是一回事,并附属于建筑学,A 选项错误。20 世纪 70 年代,城市设计已经作为一个单独的研究领域在世界范围内确立起来,B 选项正确。我国的城市规划体系中,城市设计在体制上依附于城市规划,主要作为一种技术方法而存在,C、D 选项正确。

79. C

【解析】 规划手段是政府运用规划编制和实施的行政权力,通过各类规划来推进城市规划的实施。政策手段是政府根据城市规划的目标和内容,从规划实施的角度制定相关政策来引导城市发展。A、B 选项彼此写反了。财政手段是政府运用公共财政的手段,调节、影响城市建设的需求和进程,保证城市规划的实现,C 选项正确。管理手段是指政府根据法律授权,通过开发项目的规划管理,保证城市规划所确立的目标、原则和具体内容在城市开发和建设行为中得到贯彻。D 选项中应根据实际项目,而非城市规划。

80. D

【解析】 城市规划实施的监督检查包括行政监督、立法机构的监督检查和社会监督。因此 D 选项符合题意。

二、多项选择题(共20题,每题1分。每题的备选项中有2～4个符合题意。少选、错选都不得分)

81. ACE

【解析】 日本称为"都市圈";英国称为"标准大都市劳动区"和"大都市经济劳动区";加拿大称为"国情调查大都市区";澳大利亚称为"国情调查扩展城市区";瑞典称为"劳动-市场区";美国称为"大都市区"。因此 A、C、E 选项符合题意。

82. ABE

【解析】 中世纪城市的特征有五个:①围绕公共广场组织各类城市设施;②狭小、不规则的道路网结构;③围绕城堡形成城市;④公共建筑成为城市活动的重要场所,并在空间中占据主导地位;⑤出现以城市防御为出发点的规划模式。

尽管中世纪城市是不规则建设的,但建筑师提出的理想城市多是规则的,C 选项错误;文艺复兴时期对中世纪城市进行了局部改造,而非全面有序的全面改造,D 选项错误。

83. ABC

【解析】 全球资本的选择,会让城市土地开发竞争加强,从而影响开发地块的强度、密度、建筑高度等,进而影响城市的内部空间布局。A 选项正确。

由于全球经济都向中心城市集中,不同区域间城市的相互依存度在加强,但城市彼此之间的相互依存度在减弱,B选项正确。

在新出现的城市复兴中,规划师开始从以下几方面增加城市的竞争力:①城市中央商务区的重塑;②城市更新和滨水地区的再开发;③公共空间的文化设施的建设。C选项正确。

制造业衰退只出现在发达国家和地区,D选项错误;生产服务业的聚集性是在增强,E选项错误。

84.ABCD

【解析】 城市市政公用设施规划包括:城市水资源规划、城市给水工程规划、城市排水工程规划、城市再生水利用规划、城市河湖水系规划、城市能源规划、城市电力工程规划、城市燃气工程规划、城市供热工程规划、城市通信工程规划、城市环境卫生设施规划。因此A、B、C、D选项符合题意。

85.ABCE

【解析】 城市总体规划实施评估应考虑的内容为:城市发展方向和空间布局、人口与建设用地规模、综合交通、绿地、生态环境保护、自然与历史文化遗产保护、重要基础设施和公共服务设施等规划目标的落实情况以及强制性内容的执行情况。A、B、C、E选项符合题意。

86.BE

【解析】 不同类型城市的用地规模是不同的(如山地、工矿、集中布局城市和分散布局城市是不一样的),应结合人口规模的预测,计算出城市在未来某一时点所需居住用地的总体规模。规划人均建设用地面积与现状水平可增加或减少,规划人口规模是推算规划用地规模的主要依据。因此B、E选项正确。

87.ABE

【解析】 编制城市总体规划应先编制总体规划纲要,作为指导总体规划编制的重要依据。城市总体规划纲要的任务是研究总体规划中的重大问题,提出解决方案并进行论证,经过审查的纲要也是总体规划成果审批的依据。A选项正确。

市域城镇体系规划的主要内容如下:

(1)提出市域城乡统筹发展战略;

(2)确定生态环境、土地和水资源、能源、自然和历史文化遗产保护等方面的综合目标和保护要求,提出空间管制原则;

(3)预测市域总人口及城镇化水平,确定各城镇人口规模、职能分工、空间布局方案和建设标准;

(4)原则确定市域交通发展策略;

(5)提出城市规划区范围;

(6)分析城市职能,提出城市性质和发展目标;

(7)提出禁建区、限建区、适建区范围;

(8)预测城市人口规模;

(9)研究中心城区空间增长边界,提出建设用地规模和建设用地范围;

(10)提出交通发展战略及主要对外交通设施布局原则;

（11）提出重大基础设施和公共服务设施的发展目标；

（12）提出建立综合防灾体系的原则和建设方针。

由以上分析可知，A、B、E选项正确。C选项不是必须确定，D选项应为提出原则而不是方案。

88．ACDE

【解析】 影响城市空间发展方向的因素有：①自然条件（地质地貌、河流水系、地质条件等）；②人工环境（高速公路、铁路、高压线及区域间城市关系）；③城市建设现状与城市形态结构、规划及政策性因素（土地利用总体规划的农田保护政策、文物部门的保护政策）；④其他因素（土地产权问题、农民土地征用补偿、城市建设中的城中村）。因此A、C、D、E选项符合题意。

89．ADE

【解析】 污水处理厂应布置在城市夏季主导风向的下风向；生活垃圾卫生填埋场应布置在城市夏季主导风向的下风向；火电厂、天然气门站布置在城市主导风向的下风向；消防站布置在城市各消防辖区。因此A、D、E选项符合题意。

90．ABCE

【解析】 为了缓解城市中心地段的交通，实现城市中心地段对机动车的交通管制，规划可以考虑在城市中心地段交通限制区边缘干路附近设置截留性的停车设施，结合公共交通换乘枢纽，形成包括小汽车停车功能在内的小汽车与中心地段内部交通工具的换乘设施，这样，车辆在中心区边缘可以截留，改换乘公共交通从而减少私家车的适用；B、E选项正确。设置独立地下车库可以增加停车位，可以减少对城市交通的干扰，A选项正确。小巷增加自行车的停车位，这是鼓励绿色出行措施，能减少车辆进入市中心，C选项正确。在商业设施这样吸引大量车流地段设路边停车，造成交通干扰，势必造成交通拥挤，D选项错误。

91．ABC

【解析】 公共交通规划应在客流预测的基础上，使公共交通的客运能力满足高峰客流需求，A选项正确。快速公交线路应尽可能将城市中心和对外客运枢纽串接起来，形成"串糖葫芦"关系，B选项正确。普通公交线路主要是为乘客到达性服务的，应布置在城市服务性道路上，C选项正确。"复合式公交走廊"是一种混合交通模式，把过多的公交线路集中在一条路上布置，将大大降低公交线网密度，导致乘客到公交站点距离的加长，乘坐不变，降低公交的服务型和吸引力，不利于公共交通的发展，D选项错误。公共交通要求分别设置城市公共交通的骨干线路和常规普通线路，使客流能分流，各得其所需，E选项错误。

92．BE

【解析】 历史文化名城保护规划应建立历史文化名城、历史文化街区和文物保护单位三个层次的保护体系。B、E选项符合题意。

93．ACDE

【解析】 评估的内容主要包括：历史沿革、文物保护单位、历史建筑、其他文物古迹和传统风貌建筑等的详细信息；传统格局和历史风貌；具有传统风貌的街区、镇、村；历史环境要素；传统文化及非物质文化遗产；基础设施、公共安全设施和公共服务设施现状；保护工作现状。因此 A、C、D、E 选项符合题意。

94．ABCE

【解析】 环境保护的基本目的包括：保护和改善生活环境和生态环境,防止污染和其他公害,保障人体健康,促进社会主义现代化的发展。因此 A、B、C、E 选项符合题意。

95．ACE

【解析】 根据城市用地性质和功能,结合自然地形,规划地面形式可分为平坡式、台阶式和混合式。

96．ABCD

【解析】 控制性详细规划的控制体系包括：①土地使用(土地使用控制、使用强度控制)；②建筑建造(建筑建造控制、城市设计引导)；③配套设施控制(市政设施配套、公共设施配套)；④行为活动(交通活动控制、环境保护规定)；⑤其他控制要求。所以 A、B、C、D 选项符合题意。

97．ABC

【解析】 乡与镇一般为同级行政单位。在我国,除了建制市以外的城市聚落都称为镇。其中具有一定人口规模,人口和劳动力结构、产业结构达到一定要求,基础设施达到一定水平,并被省、自治区、直辖市人民政府批准设置的镇为建制镇,其余为集镇。县城关镇是县人民政府所在地的镇,其他镇是县级建制以下的一级行政单元,而集镇不是一级行政单元。县城关镇具有城市属性,而乡政府驻地一般是乡域内的中心村或集镇,通常情况下没有城镇型聚落。

《村庄和集镇规划建设管理条例》规定：本条例所称集镇,是指乡、民族乡人民政府所在地和经县级人民政府确认由集市发展而成的作为农村一定区域经济、文化和生活服务中心的非建制镇。由以上分析可知,A、B、C 选项符合题意。

98．ABE

【解析】 当规划用地周边有设施可以使用时,配建的项目和面积可酌情减少；当周围的设施不足,需兼为附近的居民服务,配建的项目和面积可相应增加,A 选项正确。当处在公交转乘站附近、流动人口多的地方,可增加百货、食品、服装等项目或扩大面积,以兼为流动顾客服务,B 选项正确。配套设施是按照居住人口划分居住区、小区、组团来确定配置的,与建筑是否高层、低层无关,C 选项错误。在严寒地区由于是封闭式的营业,配建的项目和面积也会稍有增加；在山地,由于地形的限制,可根据现状条件及居住区范围周边现有的设施以及本地的特点在配建的水平上相应增减,E 选项正确。配套设施配建规模的确定主要依据千人指标,当项目规模介于居住区—小区—组团之间时,应按适当增加或按上层次要求配建,D 选项错误。从以上分析可知,A、B、E 选项符合题意。

99．ABD

【解析】《风景名胜区规划规范》的相关规定如下：

(1)风景名胜区应当具有区别其他区域的能够反映独特的自然风貌或具有独特的历史文化特色的比较集中的景观；

(2)风景名胜区应当具有观赏、文化或者科学价值,是这些价值和功能的综合体；

（3）风景名胜区应当具备游览和进行科学文化活动的多重功能，对于风景名胜区的保护，是基于其价值可为人们所利用，可以用来进行旅游开发、游览观光以及科学研究等活动。

特大型风景名胜区指用地规模 $500km^2$ 以上；1982 年以来，国务院已先后审定公布了六批国家级风景名胜区名单。

由以上分析可知，A、B、D 选项符合题意。

100. ABC

【解析】《建筑模式语言》是克里斯托弗·亚历山大于 1977 年出版的，它从城镇、邻里、住宅、花园和房间等多种尺度描述了 253 个模式，通过模式的组合，使用者可以创造出很多变化。模式的意义在于为设计师提供了一种有用的行为与空间之间的关系序列，体现了空间的社会用途。《小型城市空间的社会生活》的作者为威廉·怀特。

由以上分析可知，A、B、C 选项符合题意。

2014 年度全国注册城乡规划师职业资格考试真题与解析

城乡规划原理

真　题

一、单项选择题(共 80 题,每题 1 分。每题的备选项中,只有 1 个最符合题意)

1. 下列不属于全球或区域性经济中心城市基本特征的是( )。

A. 作为跨国公司总部或区域总部的集中地

B. 具有完美的城市服务功能

C. 是知识创新的基地和市场

D. 具有雄厚的制造业基础

2. 在快速城镇化阶段,影响城市发展的关键因素是( )。

  A. 城市用地的快速扩展　　　　　　　B. 人口向城市的有序集中

  C. 产业化进程　　　　　　　　　　　D. 城市的基础设施建设

3. 在国家统计局的指标体系中,( )属于第三产业。

  A. 采掘业　　　　　　　　　　　　　B. 物流业

  C. 建筑安装业　　　　　　　　　　　D. 农产品加工业

4. 在"核心-边缘"理论中,核心与边缘的关系是指( )。

A. 城市与乡村的关系

B. 城市与区域的关系

C. 具有创新变革能力的核心区与周围区域的关系

D. 中心城市与非中心城市的关系

5. 城市与区域的良性关系取决于( )。

  A. 城市规模的大小　　　　　　　　　B. 城市与区域的二元状态

  C. 城市与区域的功能互补　　　　　　D. 城市在区域中的地位

6. 与城市群、城市带的形成直接相关的因素是( )。

  A. 区域内城市的密度　　　　　　　　B. 中心城市的高首位度

  C. 区域的城乡结构　　　　　　　　　D. 区域内资源利用的状态

7. ( )不是欧洲绝对君权时期的城市建设特征。

  A. 轴线放射的街道　　　　　　　　　B. 宏伟壮观的宫殿花园

  C. 规整对称的公共广场　　　　　　　D. 有机组合的城市形态

8. 关于点轴理论与发展极理论,表述准确的是( )。

A. 点轴理论与发展极理论是指导空间规划的核心理论

B. 点轴理论强调空间沿着交通线以及枢纽性交通站集中发展

C. 发展极核通过极化与扩散机制实现区域的平衡增长

D. 发展极理论的核心是主张中心城市与区域的不均衡发展和非一体化发展

9. 关于我国古代城市的表述,不准确的是( )。

    A. 唐长安城宫城的外围被皇城环绕

    B. 商都殷城以宫廷区为中心,其外围是若干居住聚落

    C. 曹魏郡城的北半部为贵族专用,只有南半部才有一般居住区

    D. 我国古代城市的城墙是按防御要求修建的

10. 下列城市中,在近代发展中受铁路影响最小的是( )。

    A. 蚌埠   B. 九江   C. 石家庄   D. 郑州

11. 最早比较完整地体现功能分区思想的是( )。

    A. 柯布西埃的"明天城市"   B. 马丘比丘宪章

    C. 戈涅的"工业城市"   D. 玛塔的"带形城市"

12. 下列工作中,难以体现城市规划政策性的是( )。

    A. 确定相邻建筑的间距

    B. 确定居住小区的空间形态

    C. 确定居住区各楼公共服务设施的配置规模和标准

    D. 确定地块开发的容积率和绿地率

13. 下列内容中,不属于城市规划调控手段的是( )。

    A. 通过土地使用的安排,保证不同土地使用之间的均衡

    B. 通过规划许可限定开发类型

    C. 通过土地供应控制开发总量

    D. 通过公共物品的提供推动地区开发建设

14. 下列表述中,错误的是( )。

    A. 城乡规划编制的成果是城乡规划实施的依据

    B. 各级政府的城乡规划主管部门之间的关系构成了城乡规划行政体系的一部分

    C. 城乡规划的组织实施由地方各级人民政府承担

    D. 村庄规划区内使用原有宅基地进行村民住宅建设的规划管理办法由各省制定

15. 关于制定镇总体规划的表述,不准确的是( )。

    A. 由镇人民政府组织编制,报上级人民政府审批

    B. 由镇人民政府组织编制,在报上一级人民政府审批前,应当先经镇人民代表大会审议

    C. 规划报送审批前,组织编制机关应当依法将草案公告三十日以上

    D. 镇总体规划批准前,审批机关应当组织专家和有关部门进行审查

16. 关于城镇体系规划和镇村体系规划的表述,错误的是( )。

    A. 国务院城乡规划主管部门会同国务院有关部门组织编制全国城镇体系规划

    B. 省、自治区城乡规划主管部门会同省、自治区政府有关部门组织编制省域城镇体系规划

    C. 市域城镇体系规划纲要需预测市域总人口及城镇化水平

D. 体系规划应确定中心村和基层村,提出村庄的建设调整设想

17. 关于省域城镇体系规划主要内容的表述,不准确的是( )。

A. 制定全省、自治区城镇化目标和战略

B. 分析评价现行省域城镇体系规划实施情况

C. 提出限制建设区、禁止建设区的管理要求和实现空间管制的措施

D. 制定省域综合交通、环境保护、水资源利用、旅游、历史文化遗产保护等专项规划

18. 根据《城市规划编制办法》不属于市域城镇体系规划纲要内容的是( )。

A. 提出市域城乡统筹发展战略

B. 确定各城镇人口规模、职能分工

C. 原则确定市域交通发展战略

D. 确定重点城镇的用地规模和用地控制范围

19. 关于城市总体规划主要作用的表述,不准确的是( )。

A. 带动市域经济发展   B. 指导城市有序发展

C. 调控城市空间资源   D. 保障公共安全和公共利益

20. 在城市总体规划的历史环境调查中,不属于社会环境方面的内容是( )。

A. 独特的节庆习俗   B. 国家级文物保护单位

C. 地方戏   D. 少数民族聚居区

21. 关于城市总体规划现状调查的表述,不准确的是( )。

A. 调查研究是对城市从感性认识上升到理性认识的必要过程

B. 自然环境的调查内容包括市域范围的野生动物种类与活动规律

C. 调查内容包括了解城市现状水资源自用、能源供应状况

D. 上位规划和相关规划的调查,一般包括省域城镇体系规划和相关的国土规划、区域规划、国民经济与社会发展规划等

22. 下列数据类型中,不属于城市环境质量检测数据的是( )。

A. 大气监测数据

B. 水质监测数据

C. 噪声监测数据

D. 主要工业污染源的污染物排放监测数据

23. 下列表述中,不准确的是( )。

A. 城市的特色与风貌主要体现在社会环境和物质环境两方面

B. 城市历史文化环境的调查包括对城市形成和发展过程的调查

C. 城市经济、社会和政治状况的发展演变是城市发展重要的决定因素之一

D. 城市历史文化环境中有形物质形态的调查主要针对文物保护单位进行

24. 我国不少城市是在采掘矿产资源基础上形成的工业城市。下列表述不正确的是( )。

A. 大庆是石油工业城市   B. 鞍山是钢铁工业城市

C. 景德镇是陶瓷工业城市   D. 唐山是有色金属工业城市

25. 城市总体规划阶段区域环境调查的主要目的是( )。
    A. 分析城市在区域中的地位与作用　　B. 揭示区域环境质量的状况
    C. 分析区域环境要素对城市的影响　　D. 揭示城市对周围地区的影响范围

26. 根据《城市规划编制办法》,不属于城市总体规划纲要主要内容的是( )。
    A. 提出城市规划区范围　　B. 研究中心城区空间增长边界
    C. 提出绿地系统的发展目标　　D. 提出主要对外交通设施布局原则

27. 根据《城市规划编制办法》,不属于市域城镇体系规划内容的是( )。
    A. 分析确定城市性质、职能和发展目标　　B. 预测市域人口及城镇化水平
    C. 确定市域交通发展策略　　D. 规定城市规划区

28. 关于城市规划区的表述,不准确的是( )。
    A. 城市规划区应根据经济社会发展水平规定
    B. 规定城市区时应考虑统筹城乡发展的需要
    C. 规定城市规划区时应考虑机场的影响
    D. 某城市的水源地必须划入该城市的规划区

29. 关于城市用地布局的表述,不准确的是( )。
    A. 仓储用地宜布置在地势较高、地形有一定坡度的地区
    B. 港口的件杂货作业区一般应设在离城市较远、具有深水条件的岸线段
    C. 具有生产技术协作关系的企业应尽可能布置在同一工业区内
    D. 不宜把有大量人流的公共服务设施布置在交通量大的交叉口附近

30. 关于组团式城市总体布局的表述,不准确的是( )。
    A. 组团与组团之间应有两条及以上的城市干路相连
    B. 组团与组团之间应有河流、山体等自然地形分隔
    C. 每个组团内应有相关数量的就业岗位
    D. 每个组团内的道路网应尽量自成系统

31. 下列表述中,不准确的是( )。
    A. 大城市的市级中心与各区级中心之间应有便捷的交通联系
    B. 大城市商业中心应充分利用城市的主干路形成商业大街
    C. 大城市中心地区应配置适当的停车设施
    D. 大城市中心地区应配置完善的公共交通

32. 关于城市道路横断面选择与组合的表述,不准确的是( )。
    A. 交通性主干路宜布置为分向通行的二块板横断面
    B. 机、非分行的三块板横断面常用于生活性主干路
    C. 次干路宜布置为一块板横断面
    D. 支路宜布置为一块板横断面

33. 根据《城市水系规划规范》(GB 50513—2009)关于水域控制线划定的相关规定,下列表述中错误的是( )。
    A. 有堤防的水体,宜以堤顶不临水一侧边线为基准划定
    B. 无堤防的水体,宜按防洪、排涝设计标准所对应的(高)水位划定

C. 对水位变化较大而形成较宽涨落带的水体,可按多年平均洪(高)水位划定

D. 规划的新建水体,其水域控制线应按规划的水域范围划定

34. 在郊区布置单一大型居住区,最易产生的问题是( )。

A. 居住区配套设施不足,居民使用不方便

B. 增大居民上下班出行距离,高峰时易形成钟摆式交通

C. 缺少城市公共绿地,影响居住生态质量

D. 市政设施配套规模大,工程建设成本高

35. 关于城市中心的表述,不准确的是( )。

A. 在全市性公共中心的规划中,首先应集中安排好各类商务办公设施

B. 以商业设施为主体的公共中心应尽量建设商业步行街区

C. 因公共设施的性能与服务对象不同,城市公共中心应按等级布置

D. 在一些大城市,可以通过建设副中心来完善城市中心的整体功能

36. 在盆地区的城市布置工业用地时,应重点考虑( )的影响。

A. 静风频率　　　　　　　　B. 最小频率风向

C. 温度　　　　　　　　　　D. 太阳辐射

37. 分散式城市布局的优点是( )。

A. 城市土地使用效率较高　　B. 有利于生态廊道的形成

C. 易于统一配套建设基础设施　D. 出行成本较低

38. ( )不属于城市综合交通规划的目的。

A. 合理确定城市交通结构　　B. 有效控制交通拥挤程度

C. 有效提高城市交通的可达性　D. 拓宽道路并提高通行能力

39. 关于城市综合交通规划的表述,不准确的是( )。

A. 规划应紧密结合城市主要交通问题和发展需求进行编制

B. 规划应与城市空间结构和功能布局相协调

C. 城市综合交通体系构成应按照城市近期规模加以确定

D. 规划应科学配置交通资源

40. 下列属于居民出行调查对象的是( )。

A. 所有的暂住人口　　　　　B. 6岁以上流动人口

C. 所有的城市居民　　　　　D. 学龄前儿童

41. 关于铁路客运站规划原则与要求的表述,不准确的是( )。

A. 应当和城市公共交通系统紧密结合

B. 特大城市可设置多个铁路客运站

C. 特大城市的铁路客运站应当深入城市中心区边缘

D. 中、小城市的铁路客运站应当深入城市中心区

42. 道路设计车速大于( )km/h时,必须设置中央分隔带。

A. 40　　　　B. 50　　　　C. 60　　　　D. 70

43. 关于城市快速路的表述,正确的是( )。

A. 主要为城市组团间的长距离服务　B. 应当优先设置常规公交线路

    C. 两侧可以设置大量商业设施   D. 尽可能穿过城市中心区

44. 关于四块板道路横断面的表述,正确的是(　　)。

    A. 增强了路口通行能力

    B. 能解决对向机动车的互相干扰

    C. 适合在高峰时间调节车道使用宽度

    D. 适合机动车流量大,但自行车流量小的道路

45. 关于公路规划的表述,错误的是(　　)。

    A. 国道等主要过境公路应以切线或环线绕城而过

    B. 经过小城镇的公路,应当尽量直接穿过小城镇

    C. 大城市、特大城市可布置多个公路客运站

    D. 中小城市可布置一个公路客运站

46. 下列哪项不是申报历史文化名城的条件?(　　)

    A. 历史建筑集中成片

    B. 在所申报的历史文化名城保护范围内有两个以上的历史文化街区

    C. 历史上曾经作为政治、经济、文化、交通中心或者军事要地

    D. 保存有大量的省级以上文物保护单位

47. 关于历史文化名城保护规划的表述,错误的是(　　)。

    A. 历史文化名城应当整体保护,保持传统格局、历史风貌和空间尺度

    B. 历史文化名城保护不得改变与其相互依存的自然景观和环境

    C. 在历史文化名城内禁止建设生产、储存易燃易爆物品的工厂、仓库等

    D. 在历史文化名城保护范围内不得进行公共设施的新建、扩建活动

48. 关于历史文化遗产保护的表述,不准确的是(　　)。

    A. 物质文化遗产包括不可移动文物、可移动文物以及历史文化名城(街区、村镇)

    B. 物质文化遗产保护要贯彻"保护为主、抢救第一、合理利用、传承发展"的方针

    C. 实施保护工程必须确保文物的真实性,坚决禁止借保护文物之名行造假古董之实

    D. 应把保护优秀的乡土建筑等文化遗产作为城镇发展战略的重要内容,把历史文化名城(街区、村镇)保护纳入城乡规划

49. 关于历史文化名城保护规划的表述,错误的是(　　)。

    A. 历史城区中不应新建污水处理厂

    B. 历史城区不宜设置取水构筑物

    C. 历史城区不宜设置大型市政基础设施

    D. 历史城区应划定保护区和建设控制区,并根据实际需要划定环境协调区

50. 在风景名胜区规划中,不属于游人容量统计常用口径的是(　　)。

    A. 一次性游人容量   B. 日游人容量

    C. 月游人容量   D. 年游人容量

51. 不属于城市河湖水系规划的基本内容的是（   ）。

    A. 确定城市河湖水系水环境质量标准

    B. 预测规划期内河湖可供水资源总量

    C. 提出河道两侧绿化带宽度

    D. 确定城市防洪标准

52. 不属于城市污水处理厂选址基本要求的是（   ）。

    A. 接近用水量最大的区域

    B. 设在地势较低处,便于城市污水收集

    C. 不宜接近居住区

    D. 有良好的电力供应

53. 关于城市防洪标准的表述,不准确的是（   ）。

    A. 确定防洪标准是防洪规划的首要问题

    B. 应根据城市的重要性确定防洪标准

    C. 城市防洪标高应高于河道流域规划的总要求

    D. 防洪堤顶标高应考虑江河水面的浪高

54. 关于固体废弃物与防治规划指标的对应关系,正确的是（   ）。

    A. 工业固体废弃物——安全处置率   B. 生活垃圾——资源化利用率

    C. 危险废物——无害化处理率   D. 废旧电子电器——综合利用率

55. 关于城市竖向规划的表述,不准确的是（   ）。

    A. 竖向规划的重点是进行地形改造和土地平整

    B. 铁路和城市干路交叉点的控制标高应在总体规划阶段确定

    C. 详细规划阶段可采用高程箭头法、纵横断面法或设计等高线法

    D. 大型集会广场应有平缓的坡度

56. 不属于液化气储配站选址要求的是（   ）。

    A. 位于全年主导风向的上风向   B. 选择地势开阔的地带

    C. 避开地基沉陷的地带   D. 避开城市居民区

57. 城市总体规划文本是对各项规划目标和内容提出的（   ）。

    A. 详细说明   B. 具体解释   C. 规定性要求   D. 法律依据

58. 关于近期建设规划的表述,正确的是（   ）。

    A. 城市增长稳定不需要继续编制近期建设规划

    B. 近期建设规划应与土地利用总体规划相协调

    C. 近期内出现计划外重大建设项目,应在下轮近期建设规划中落实

    D. 近期建设规划应发挥其调控作用,使城市在总体规划期限内均匀增长

59. 近期建设规划现状用地规模的统计,应采用（   ）。

    A. 该城市总体规划的基准年用地数据

    B. 近期建设规划的规划建设用地数据

    C. 上一个近期规划的规划建设用地数据

    D. 上一个近期规划实施期间城市新增建设用地数据

60. 下列工作中,不属于住房建设规划任务的是( )。
    A. 确定住房供应总量
    B. 确定住房供应类型及比例
    C. 确定保障性住房供应对象
    D. 确定保障性住房的空间分布

61. 在实际的城市建设中,不可能出现的情况是( )。
    A. 建筑密度+绿地率=1
    B. 建筑密度+绿地率<1
    C. 建筑密度×平均层数=1
    D. 建筑密度×平均层数<1

62. 某城市总体规划中确定了一个燃气储气罐站的位置,在控制性详细规划的编制中予以落实并获得批准,但是在实施中需要对其进行调整,下列做法中正确的是( )。
    A. 调整到附近的地块中,保证其各项控制指标不变即可
    B. 根据需要进行调整,但是必须进行专题论证
    C. 根据需要进行调整,但是必须进行专题论证,并征求相关利害人意见
    D. 修改城市总体规划后,再对控制性详细规划进行调整

63. 控制性详细规划的成果可以不包括( )。
    A. 位置图
    B. 用地现状图
    C. 建筑总平面图
    D. 工程管线规划图

64. 不属于控制性详细规划编制内容的是( )。
    A. 规定禁建区、限建区、适建区
    B. 规定各级道路的红线、断面、交叉口形式及渠化措施、控制点坐标和标高
    C. 确定地下空间开发利用具体要求
    D. 提出各地块的建筑体量、体型、色彩等城市设计指导原则

65. 在修建性详细规划中,对建筑、道路和绿地等的空间布局和景观规划进行设计的主要目的是( )。
    A. 对所在地块的建设提出具体的安排和设计,指导建筑设计和各项工程施工设计
    B. 校核控制性详细规划中的各项指标是否合理
    C. 确定合理的建筑设计方案,指导各项室外工程施工设计
    D. 制作效果图与模型,有利于招商引资

66. 编制某居住小区的修建性详细规划,其容积率控制指标为3.5,为妥善处理较大的容积率与住宅日照要求的关系,正确的技术方法应为( )。
    A. 根据间距系数确定建筑间距
    B. 通过日照分析合理布局
    C. 局部提高控制性详细规划确定的建筑高度
    D. 提高控制性详细规划确定的建筑密度

67. 修建性详细规划采用的图纸比例一般不包括( )。
    A. 1∶250
    B. 1∶500
    C. 1∶1000
    D. 1∶2000

68. 关于"城镇"和"乡村"概念的表述,准确的是( )。
    A. 非农业人口工作和生活的地域即为"城镇",农业人口工作和生活的地域即为"乡村"

B. 在国有土地上建设的区域为"城镇",在集体所有土地上建设的地区和集体所有土地上的非建设区为"乡村"

C. "城镇"是指我国市镇建制和行政区划的基础区域,包括城区和镇区。"乡村"是指城镇以外的其他区域

D. 从事第二、三产业的地域即为"城镇",从事第一产业的地域即为"乡村"

69. 下列哪项不能作为村庄规划的上位规划?(　　)

    A. 镇域规划　　　　B. 乡域规划　　　　C. 村域规划　　　　D. 县域规划

70. 关于乡规划的表述,不准确的是(　　)。

    A. 乡驻地规划主要针对其现有和将转为国有土地的部分

    B. 乡规划区在乡规划中划定

    C. 可按《镇规划标准》执行

    D. 不是所有乡都必须编制乡规划

71. 下列哪项不是申报国家历史文化名镇、名村必须具备的条件?(　　)

    A. 历史传统建筑原貌基本保存完好

    B. 存有清末以前或者有重大影响的历史传统建筑群

    C. 历史传统建筑集中成片

    D. 历史传统建筑总面积在 $5000m^2$ 以上(镇)或 $2500m^2$ 以上(村)

72. 历史文化名镇名村保护规划文本一般不包括(　　)。

    A. 城镇历史文化价值概述

    B. 各级文物保护单位范围

    C. 重点整治地区的城市设计意图

    D. 重要历史文化遗存修整的规划意见

73. 计算住区的绿地率时,其绿地面积是指(　　)。

    A. 居住区内所有绿化面积之和

    B. 符合标准的各级公共绿化面积之和

    C. 符合标准的各类绿地面积之和

    D. 满足 1/3 面积在标准建筑日照阴影之外条件的绿地面积之和

74. 居住区规划用地平衡表的作用不包括(　　)。

    A. 与现状用地比较分析　　　　B. 检验用地分配的经济合理性

    C. 作为审批规划方案的依据　　　　D. 分析居住区空间形态的合理性

75. 关于居住区公共服务设施规划要求的表述,不准确的是(　　)。

    A. 居住区配套公建的设置水平应与居住人口规模相适应

    B. 居住区配套公建应与住宅同步规划、同步建设、同时交付

    C. 可根据区位条件,适当调整居住区配套公建的项目和面积

    D. 配套公建项目应按照市场效益最大化的原则进行配置

76. 经过审批后用于规划管理的风景名胜区规划包括(　　)。

    A. 风景旅游体系规划和风景区总体规划

    B. 风景区总体规划、风景区详细规划和景点规划

C. 风景区总体规划和风景区详细规划

D. 风景区详细规划和景点规划

77. 下列哪项不是城市设计现状调查或分析的方法？（　　）

    A. 简·雅各布斯的"街道眼"　　　　B. 戈登·库仑的"景观序列"

    C. 凯文·林奇的"认知地图"　　　　D. 詹巴蒂斯塔·诺利的"图底理论"

78. 关于城市设计的表述，正确的是（　　）。

    A. 城市总体规划编制中应当运用城市设计的方法

    B. 由政府组织编制的城市设计项目具有法律效力

    C. 我国的城市设计和城市规划是两个相对独立的管理系统

    D. 城市设计与城市规划是两个独立发展起来的学科

79. 关于城市规划实施的表述，不准确的是（　　）。

    A. 城市发展和建设中的所有建设行为都应该成为城市规划实施的行为

    B. 政府通过控制性详细规划来引导城市的建设活动，从而保证总体规划的实施

    C. 近期建设规划是城市总体规划的组成部分，不属于城市规划实施的手段

    D. 私人部门的建设活动是出于自身利益而进行的，但只要符合城市规划的要求，也同样是城市规划实施行为

80. 关于公共性设施的表述，错误的是（　　）。

    A. 公共性设施是指社会公众所共享的设施

    B. 公共性设施都是由政府部门进行开发的

    C. 公共性设施的开发可引导和带动商业性的开发

    D. 公共性设施项目未经规划主管部门核实是否符合规划条件，不得组织竣工验收

二、多项选择题（共20题，每题1分。每题的备选项中有2～4个符合题意。少选、错选都不得分）

81. 关于经济全球化对城市发展影响的表述，正确的有（　　）。

    A. 全球性和区域性的经济中心城市正在逐步形成

    B. 城市的发展更加受到国际资本的影响

    C. 城市之间水平性的地域分工体系成为主导

    D. 城市之间的相互竞争将不断加剧

    E. 中小城市与周边大城市的联系有可能会削弱

82. 城市可持续发展战略的实施措施有（　　）。

    A. 在城市发展中，坚决限制城市用地的进一步扩展

    B. 保护城市的文脉和自然生态环境

    C. 优先使用城市中的弃置地

    D. 鼓励建设低密度的住宅区

E. 提高公众参与程度

83. 下列表述中,正确的有(　　)。

A. 规模经济理论认为,随着城市规模的扩大,产品和服务的供给成本会上升

B. 经济基础理论认为,基本经济部类是城市发展的动力

C. 增长极核理论认为,区域经济发展首先集中在一些条件比较优越的城市

D. 集聚经济理论认为,城市不同产业之间的互补关系使城市的集聚效应得以发挥

E. 梯度发展理论认为,产业的梯度扩散将产生累进效应

84. 下列规划类型中,属于法律规定的有(　　)。

A. 省域城镇体系规划　　　　　　　　B. 乡域村庄体系规划

C. 镇修建性详细规划　　　　　　　　D. 村庄规划

E. 村庄修建性详细规划

85. 关于城市建设项目规划管理的表述,正确的有(　　)。

A. 以划拨方式取得国有土地使用权的建设项目,规划行政主管部门应依据城市总体规划核定建设用地的位置、面积和允许建设的范围

B. 在国有土地使用权出让前,规划行政主管部门依据控制性详细规划,提出出让地块的规划条件,作为国有土地使用权出让合同的组成部分

C. 规划行政主管部门不得在建设用地规划许可证中,擅自改变作为国有土地使用权出让合同组成部分的规划条件

D. 建设单位申请办理建设工程许可证,应当提交使用土地的有关证明文件、修建性详细规划以及建设工程设计方案等材料

E. 建设单位申请变更规划条件,变更内容不符合控制性详细规划的,规划行政主管部门不得批准

86. 关于居住区规划的表述,正确的有(　　)。

A. 公共绿地至少有一个边与相应级别的道路相邻

B. 公共绿地中,绿化面积(含水面)不宜小于70%

C. 宽度小于8m、面积小于400m²的绿地不计入公共绿地

D. 机动车与非机动车混行的道路,其纵坡宜符合机动车道的要求

E. 居住区内尽端式道路的长度不宜大于80m

87. 调查城市用地的自然条件时,经常采用的方法包括(　　)。

A. 专项座谈　　　B. 现场踏勘　　　C. 问卷调查　　　D. 地图判读

E. 文献检索

88. 根据《历史文化名城保护规划规范》,历史文化名城保护规划必须遵循的原则包括(　　)。

A. 保护历史真实载体　　　　　　　　B. 提高土地利用率

C. 合理利用、永续利用　　　　　　　D. 保护历史环境

E. 谁投资谁受益

89. 关于确定城市公共设施指标的表述,错误的有( )。
    A. 体育设施用地指标应根据城市人口规模确定
    B. 医疗卫生设施用地指标应根据有关部门的规定确定
    C. 金融设施用地指标应根据城市产业特点确定
    D. 商业设施用地指标应根据城市形态确定
    E. 文化娱乐设施用地指标应根据城市风貌确定

90. 在工业区与居住区之间的防护带中,不宜设置( )。
    A. 消防车库　　　　　　　　　B. 市政工程构筑物
    C. 职业病医院　　　　　　　　D. 仓库
    E. 运动场

91. 关于城市空间布局的表述,错误的有( )。
    A. 大型体育场馆应避开城市主干路,减少对交通的干扰
    B. 分散布局的专业化公共中心有利于更均衡的公共服务
    C. 沿公交干线应降低开发强度,避开人流的影响
    D. 居住用地相对集中的布置,有利于提供公共服务
    E. 公园应布置在城市的边缘,以提高城市土地收益

92. 城市能源规划应包括( )。
    A. 预测城市能源需求　　　　　B. 优化能源结构
    C. 确定变电站数量　　　　　　D. 制定节能对策
    E. 制定能源保障措施

93. 城市火电厂选址应该考虑的因素包括( )。
    A. 接近负荷中心　　　　　　　B. 水源条件
    C. 毗邻城市干路　　　　　　　D. 地质构造稳定
    E. 地表有一定的坡度

94. 关于城市工程管线综合规划的表述,错误的有( )。
    A. 城市总体规划阶段管线综合规划应确定各种工程管线的干管走向
    B. 城市详细规划阶段管线综合规划应确定规划范围内道路横断面下的管线排
       列位置
    C. 热力管不应与电力和通信电缆、煤气管共沟布置
    D. 当给水管与雨水管相矛盾时,雨水管应该避让给水管
    E. 在管线共沟敷设时,排水管应始终布置在底部

95. 关于城市环境保护规划的表述,正确的有( )。
    A. 环境保护规划的基本任务是保护生态环境和环境污染综合防治
    B. 城市环境保护规划是城市规划和环境规划的重要组成部分
    C. 按环境要素划分,城市环境保护规划可分为大气环境保护规划、水环境保护
       规划、土壤污染控制规划和噪声污染控制规划
    D. 水环境保护规划的主要内容包括饮用水源和水污染控制

E. 水污染控制包括主要污染物的浓度控制和总量控制

96. 关于城市总体规划强制性内容的表述,正确的有( )。

A. 城市性质属于城市总体规划的强制性内容

B. 城市总体规划强制性内容必须落实上位规划的强制性要求

C. 城市总体规划中的强制性内容和指导性内容,可以根据实际需要进行必要的互换和取舍

D. 调整总体规划中的强制性内容,必须提出专题报告,报原规划审批机关审查批准

E. 城市总体规划强制性内容可作为规划行政主管部门审查建设项目的参考

97. 在控制性详细规划的各项指标中,不用百分比表示的有( )。

A. 绿地率   B. 容积率   C. 建筑密度   D. 停车位

E. 建筑体量

98. 根据《镇规划标准》,我国的镇村体系包括( )。

A. 小城镇   B. 中心镇   C. 一般镇   D. 中心村

E. 基层村

99. 关于居住区的表述,正确的有( )。

A. 居住区按照人口规模可分为居住小区、住宅组团两级

B. 居住区的人口规模一般是 2 万～3 万人

C. 居住区一般被城市干路或自然分界线所围合

D. 居住区的规划布局应做到各项功能相对独立、完整

E. 居住区内布置其他建筑应满足无污染和不扰民的要求

100. 下列项目中,不得在风景名胜区内建设的有( )。

A. 公路   B. 陵墓   C. 缆车   D. 宾馆

E. 煤矿

真 题 解 析

一、单项选择题(共80题,每题1分。每题的备选项中,只有1个最符合题意)

1. D

【解析】 全球或区域性经济中心城市的基本特征为:作为跨国公司总部或区域总部的集中地;金融中心,对全球资本的运行具有强大的影响力;具有高度发达的生产性服务业;生产性服务业是知识密集型产业;是通信、交通设施的枢纽。因此D选项符合题意。

2. C

【解析】 快速城镇化阶段又称集聚城镇化阶段。其显著特征是由于巨大的城乡差异,导致人口与产业等要素从乡村向城市单向集聚,此时城市发展的主要动力为产业发展导致就业岗位的增加,所以此时产业化进程是关键性因素。C选项符合题意。

3. B

【解析】 采掘业、建筑安装业属于第二产业。农产品加工业是制造业,属于第二产业。物流业属于第三产业。

4. C

【解析】 核心与边缘的关系是一种控制和依赖的关系。初期是核心区的主要机构对边缘的组织有实质性控制。之后是依赖的强化,核心区通过控制效应、咨询效应、心理效应、现代化效应、关联效应以及生产效应等强化对边缘的控制。最后是随着扩散作用加强,边缘进一步发展,可能形成较高层次的核心,甚至可能取代核心区。此时核心区是社会地域组织的一个次系统,能产生和吸引大量的革新,边缘区是另一个次系统,与核心区相互依存,核心区与边缘区共同组成一个完整的空间系统。因此C选项符合题意。

5. C

【解析】 城市与区域存在相互促进、相互制约的辩证关系,城市与区域的良性关系取决于彼此间的功能互补。因此C选项符合题意。

6. A

【解析】 所谓城市群是在特定的区域范围内云集相当数量的不同性质、类型和等级规模的城市,以一个或两个特大城市为中心,依托一定的自然环境和交通条件,城市之间的内在联系不断加强,共同构成一个相对完整的城市"集合体"。城市群(又称城市带、城市圈、都市群或都市圈等)指以中心城市为核心,向周围辐射构成的城市集合,是国家、大洲乃至全世界经济、政治中枢和重要的交通枢纽,对地区经济起到引领作用,区域内城市密度很高。

知识拓展：题目问的是直接相关，毫无疑问，城市密度这样的空间要素是最直接的。

7. D

【解析】 在古典主义思潮的影响下，轴线放射的街道（如香榭丽舍大道）、宏伟壮观的宫殿花园（如凡尔赛宫）和公共广场（如协和广场）成为欧洲绝对君权时期城市建设的典范。因此 A、B、C 选项正确。有机组合的城市形态是中世纪城市的特点，D 选项错误，符合题意。

8. A

【解析】 (1) 点轴模式是从增长极模式发展起来的一种区域开发模式。由于生产要素交换需要交通线路以及动力供应线、水源供应线等相互连接起来形成轴线，点轴开发可以理解为从发达区域大大小小的经济中心（点）沿交通线路向不发达区域纵深地发展推移。B 选项点轴理论强调枢纽站集中发展不准确。

(2) 发展极理论的核心是主张中心城市与区域的均衡发展和非一体化发展。发展极理论认为，经济发展并非均衡地发生在地理空间上，而是以不同的强度在空间上呈点状分布，并按各种传播途径，对整个区域经济发展产生不同的影响，这些点就是具有成长以及空间聚集意义的增长极。其本质特点是：不均衡发展中的发展动力点形成发展极，之后吸引周边要素大力发展，成熟之后的发展极发挥扩散作用，带动周边区域发展，周边区域的发展将进一步促进发展极的发展，从而使整个区域进入更高级的不均衡发展。其过程为：发展极—极化发展—扩散发展—趋于一体化，再进入下一个高级的循环。因此 C 选项的平衡增长不准确。D 选项的非一体化不准确。

9. A

【解析】 唐长安城由外廓城、宫城、皇城组成，皇城亦为长方形，位于宫城以南，皇城与宫城之间是南北位置关系，不是环绕的包含关系。A 选项符合题意。

10. B

【解析】 蚌埠一直是重要的铁路枢纽，其枢纽地位要高于省会合肥；石家庄也是因为石太铁路、京广铁路、石济铁路开通而取代了保定成为河北省省会，随着陇海铁路与京广铁路的贯通，郑州（原来为郑县）取代了开封，变成了河南省的省会。九江自古就是水路枢纽。

11. C

【解析】 戈涅的"工业城市"直接孕育了雅典宪章的功能分区思想。

12. B

【解析】 城市规划必须充分反映国家的相关政策，协调经济效率和社会公正之间的关系，因此需要确定城市发展战略、城市发展规模，确定规划建设用地，确定各类设施的配置规模和标准，调整城市用地，进行容积率的确定或建筑物的布置等。而居住小区的空间形态主要受地形、地貌的影响，因此难以体现政策性。因此 B 选项符合题意。

13. D

【解析】 城市规划的作用：①是宏观经济调控的手段；②保障社会公共利益；③协调社会利益，维护公平；④改善人居环境。

A、B、C 选项均属于城市规划调控手段；D 选项属于城乡规划实施管理中政府的职责。

14. C

【解析】 城乡规划的实施组织是政府的基本职责。但城乡规划的实施并不是完全由政府及其部门承担，相当数量的建设是由私人部门以及社会各个方面进行的。因此 C 选项错误。

15. A

【解析】《城乡规划法》规定，县人民政府所在地镇总体规划由县人民政府组织编制，报上一级人民政府审批；其他镇的总体规划由镇人民政府组织编制，报上一级人民政府审批。因此 A 选项错误。

16. B

【解析】《城乡规划法》规定，省域城镇体系规划由省、自治区人民政府组织编制，报国务院审批。

17. D

【解析】 综合交通、环境保护、历史文化遗产保护、旅游等，专项规划是城市总体规划的内容。因此 D 选项符合题意。

18. D

【解析】 市域城镇体系规划纲要的内容包括：提出市域城乡统筹发展战略；确定生态环境、土地和水资源、能源、自然和历史文化遗产保护等方面的综合目标和保护要求，提出空间管制原则；预测市域总人口及城镇化水平，确定各城镇人口规模、职能分工、空间布局方案和建设标准；原则确定市域交通发展策略。D 选项的内容属于城市中心区规划的内容，因此 D 选项符合题意。

19. A

【解析】 城市总体规划是指导和调控城市发展建设的重要手段，保护和管理城市空间资源，也是城市规划参与城市综合性战略部署的工作平台，具有公共政策属性。而带动市域经济发展不是城市规划的主要作用，因此 A 选项符合题意。

20. B

【解析】 社会环境是指城市中社会生活和精神生活的结晶，体现了当地经济发展水平和当地居民的习俗、文化素养、社会道德和生活情趣等。B 选项显然是物质方面的内容，而非社会环境方面的。

21. B

【解析】 自然环境的调查内容包括自然地理环境调查、气象因素调查、生态因素调查。生态因素调查主要涉及城市及周边地区的野生动植物种类与分布，生物资源，自然植被，园林绿地，城市废弃物的处置对生态环境的影响。B 选项为"野生动物种类与活动规律"，城市规划中，主要调查的是动物的种类和分布，而动物的活动规律不属于调查的范围。

22. D

【解析】 城市环境状况调查中，与城市规划相关的城市环境资料主要来自于两个方面的数据：一个是有关城市环境质量的监测数据，包括大气、水质、噪声等方面，主要反映现状中的城市环境质量水平；另一个是工矿企业等主要污染源的污染物排放监测数据。

显然，D选项属于排放监测数据，A、B、C选项属于环境质量监测数据。

23. D

【解析】 进行历史文化环境的调查首先要通过对城市形成和发展过程的调查把握城市发展动力以及城市形态的演变原因。城市的经济、社会和政治状况的发展演变是城市发展最重要的决定因素。每个城市由于其历史、文化、经济、政治、宗教等方面的原因都在发展过程中形成了各自的特点。城市的特色与风貌体现在两个方面：一是社会环境方面，是城市中的社会生活和精神生活的结晶，可体现当地经济发展水平和当地居民的习俗、文化素养、社会道德和生活情趣等；二是物质方面，表现在历史文化遗产、建筑形式与组合、建筑群体布局、城市轮廓线、城市设施、绿化景观以及市场、商品、艺术和土特产等方面。城市历史文化环境中有形物质形态的调查对象是城市。D选项中主要针对文物保护单位不全面，因此符合题意。

24. D

【解析】 有色金属通常指除去铁（有时也除去锰和铬）和铁基合金以外的所有金属。唐山全市蕴藏着丰富的铁矿资源，其保有量62亿吨，次于鞍山，多于攀枝花，为国家三大铁矿集中区之一，因此，唐山应为黑色金属工业城市。

25. A

【解析】 城市总体规划需要将所规划的城市纳入更为广阔的范围，才能更加清楚地认识所规划的城市的作用、特点及未来发展的潜力，主要目的是为了分析城市在区域中的地位和作用。

26. C

【解析】 城市总体规划纲要的主要内容为：①提出城市规划区范围；②分析城市职能，提出城市性质和发展目标；③提出禁建区、限建区、适建区范围；④预测城市人口规模；⑤研究中心城区空间增长边界，提出建设用地规模和建设用地范围；⑥提出交通发展战略和主要对外交通设施布局原则；⑦提出重大基础设施和公共服务设施的发展目标；⑧提出建立综合防灾体系的原则和建设方针。

知识拓展：C选项的内容属于中心城区规划的内容，因此符合题意。

27. A

【解析】 市域城镇体系规划应当包括下列内容。

（1）提出市域城乡统筹的发展战略。其中位于人口、经济、建设高度聚集的城镇密集地区的中心城市，应当根据需要，提出与相邻行政区域在空间发展布局、重大基础设施和公共服务设施建设、生态环境保护、城乡统筹发展等方面进行协调的建议。

（2）确定生态环境、土地和水资源、能源、自然和历史文化遗产等方面的保护与利用的综合目标和要求，提出空间管制原则和措施。

（3）预测市域总人口及城镇化水平，确定各城镇人口规模、职能分工、空间布局和建设标准。

（4）提出重点城镇的发展定位、用地规模和建设用地控制范围。

（5）确定市域交通发展策略；原则确定市域交通、通讯、能源、供水、排水、防洪、垃圾处理等重大基础设施，重要社会服务设施，危险品生产储存设施的布局。

（6）根据城市建设、发展和资源管理的需要划定城市规划区。城市规划区的范围应当位于城市的行政管辖范围内。

（7）提出实施规划的措施和有关建议。

> 知识拓展：分析确定城市性质、职能和发展目标属于中心城区规划的内容。因此A选项符合题意。

28．D

【解析】 对水源地要充分考虑后划入规划区，不是必须划入，有些城市的水源地可能不在该城市的行政范围内。因此D选项符合题意。

29．B

【解析】 港口的件杂货作业区一般应设在离城市较近、具有深水和中等深水条件的岸线段，以适应件杂货船停泊及方便有关业务部门联系。B选项符合题意。

30．B

【解析】 分散式城市总体布局的特点为：城市分为若干相对独立的组团，组团之间大多被河流、山川等自然地形、矿藏资源或对外交通系统分隔，组团间一般都有便捷的交通联系。B选项不准确的原因在于也可以是人工环境（高速公路）等分隔。

《城市道路交通规划设计规范》第7.2.4条规定，分片区开发的城市，各相邻片区之间至少应有两条以上的道路相贯通。A选项正确。

31．B

【解析】 大城市主干路周边不适宜做太多商业，干路形成商业大街既不满足商业服务对街面交通的需求，也不满足干路的交通功能。因此B选项符合题意。

32．A

【解析】 交通性主干道采用机动车快车道和机、非混行慢车道组合的四块板。次干路可布置为一块板横断面，支路宜布置为一块板横断面。机、非分行的三块板，可以很好地解决机动车有一定速度和非机动车比较多的矛盾，较适合生活性主干道。因此A选项符合题意。

33．A

【解析】《城市水系规划规范》（GB 50513—2009）第4.2.2条：划定水域控制线宜符合下列规定：(1)有堤防的水体，宜以堤顶临水一侧边线为基准划定；(2)无堤防的水体，宜按防洪、排涝设计标准所对应的洪（高）水位划定；(3)对水位变化较大而形成较宽涨落带的水体，可按多年平均洪（高）水位划定；(4)规划的新建水体，其水域控制线应按规划的水域范围线划定；(5)现状坑塘、低洼地、自然汇水通道等水敏感区域宜纳入水域控制范围。

由以上可知,A 选项错误,符合题意。

34．B

【解析】 在郊区布置单一大型居住区会增大居民上下班出行距离,使其来回往返于居住区和工作地点之间,高峰时易形成钟摆式交通。

A、C、D 选项均属于居住区内部的协调配置问题,不易产生问题。

35．A

【解析】 在以商业设施为主体的公共中心,为避免商业活动受汽车交通的干扰,可以提供适宜而安全的购物休闲环境,而辟建商业步行街或步行街区,B 选项正确;在规模较大的城市,因公共设施的性质与服务地域和对象的不同,往往有全市性、地区性以及居住区、小区等分层级的集聚设置,形成城市公共中心的等级系列,C 选项正确;在一些大城市或都会地区,通过建立城市副中心,可以分解市级中心的部分职能,主、副中心相辅相成,共同完善市中心的整体功能,D 选项正确。

36．A

【解析】 盆地地区布置工业用地,如果当地静风频率高,排放烟尘不能及时散开就会导致大气严重污染,此时,静风频率是重点考虑的影响因素。A 选项符合题意。

37．B

【解析】 分散式城市总体布局,城市分为若干相对独立的组团,组团之间大多被河流、山川等自然地形、矿藏资源或对外交通系统分隔,组团间一般都有便捷的交通联系。

分散式布局的优点:①布局灵活,城市用地发展和城市容量具有弹性,容易处理好近期与远期的关系;②接近自然、环境优美;③各城市物质要素的布局关系井然有序,疏密有致。

分散式布局的缺点:①城市用地分散,土地利用不集约;②各城区不易统一配套建设基础设施,分开建设成本较高;③如果每个城区的规模达不到一个最低要求,城市氛围就不浓郁;④跨区工作和生活出行成本高,居民联系不便。由以上分析可知,B 选项符合题意。

38．D

【解析】 城市综合交通规划是将城市对外交通和城市内的各类交通与城市的发展和用地布局结合起来进行系统性综合研究的规划。D 选项属于控制性详细规划阶段道路交通规划内容。

39．C

【解析】 城市综合交通体系构成应按照城市总体规划规模加以确定,而不是近期规模。因此 C 选项符合题意。

40．B

【解析】 居民出行调查对象包括年满 6 岁以上的城市居民、暂住人口和流动人口。

41．D

【解析】 客运站的位置既要方便旅客,又要提高铁路运输效能,并应与城市的布局有机结合。客运站的服务对象是旅客,为方便旅客,位置要适当。中、小城市客运站可以布置在城区边缘,大城市可能有多个客运站,应深入城市中心区边缘布置。由以上分析可知,D 选项符合题意。

42．B

【解析】 依据规范,道路设计车速大于 50km/h 时,必须设置中央分隔带。

43．A

【解析】 快速路在城市是联系城市各组团为中、长距离快速机动车交通服务的专用道路,属于全市性的机动交通主干线。快速路设有中央分隔带,布置有 4 条以上的行车道,全部采用立体交叉控制车辆出入,一般应布置在城市组团间的绿化分隔带中,不宜穿越城市中心和生活居住区,快速路两侧不应设置吸引大量车流、人流的公共建筑出入口。由以上分析可知,B、C、D 选项均错误,A 选项正确。

44．B

【解析】 四块板道路横断面增加中央分隔带,解决对向机动车相互干扰问题。但占地投资大,交叉口通行能力低,适合机动车大、非机动车也大的交通性主干道。因横断面是四块板,无法调节车道使用宽度。B 选项符合题意。

45．B

【解析】 公路规划中要注意逐步改变公路直接穿过小城镇的状况,并注意防止新的沿公路进行建设的现象发生,过境公路应以切线或环线绕城而过。B 选项符合题意。

46．D

【解析】《历史文化名城名镇名村保护条例》第七条规定,具备下列条件的城市、镇、村庄,可以申报历史文化名城、名镇、名村:

（1）保存文物特别丰富;

（2）历史建筑集中成片;

（3）保留着传统格局和历史风貌;

（4）历史上曾经作为政治、经济、文化、交通中心或者军事要地,或者发生过重要历史事件,或者其传统产业、历史上建设的重大工程对本地区的发展产生过重要影响,或者能够集中反映本地区建筑的文化特色、民族特色。

申报历史文化名城的,在所申报的历史文化名城保护范围内还应当有 2 个以上的历史文化街区。

由以上分析可以看出,D 选项符合题意。

47．D

【解析】《历史文化名城名镇名村保护条例》第二十八条规定,在历史文化街区、名镇、名村核心保护范围内,不得进行新建、扩建活动。但是,新建、扩建必要基础设施和公共服务设施除外。《历史文化名城保护规划规范》规定,在历史文化名城保护范围内进行公共设施的新建、扩建活动,建筑应体现古城风貌特色。必要的基础设施是可以修建的,因此 D 选项符合题意

48．B

【解析】 物质文化遗产保护贯彻“保护为主、抢救第一、合理利用、加强管理”的方针。B 选项是非物质文化遗产的保护要求,因此符合题意。

49. D

【解析】 市政管线和设施的设置应符合下列要求。

(1) 历史城区内不应新建水厂、污水处理厂、枢纽变电站,不宜设置取水构筑物。

(2) 排水体制在与城市排水系统相衔接的基础上,可采用分流制或截流式合流制。

(3) 历史城区内不得保留污水处理厂、固体废弃物处理厂。

(4) 历史城区内不宜保留枢纽变电站,变电站、开闭所、配电所应采用户内型。

(5) 历史城区内不应保留或新设置燃气输气、输油管线和储气、储油设施,不宜设置高压燃气管线和配气站。中低压燃气调压设施宜采用箱式等小体量调压装置。

知识拓展:选项 D 错在将历史文化名城和历史文化街区的概念搞混了。

50. C

【解析】 在风景名胜区规划中,游人统计常用口径有一次性游人容量、日游人容量、年游人容量。显然,C 选项符合题意。

51. B

【解析】 预测规划期内河湖可供水资源总量不属于城市河湖水系规划的基本内容。因此 B 选项符合题意

52. A

【解析】 《城市环境卫生设施规划规范》第 7.3.1 条规定,城市污水处理厂位置的选择宜符合下列要求:

(1) 在城市水系的下游并应符合供水水源防护要求;

(2) 在城市夏季最小频率风向的上风侧;

(3) 与城市规划居住、公共设施保持一定的卫生防护距离;

(4) 靠近污水、污泥的排放和利用地段;

(5) 应有方便的交通、运输和水电条件。

从以上规范规定可以看出,A 选项符合题意。

53. C

【解析】 确定防洪标准是城市防洪设计和防洪工程实施的基础,是城市防洪的首要问题,城市应根据其社会经济地位的重要性按不同防洪级别确定防洪标准,防洪堤标高由设计洪水位和设计洪水位以上超高组成,设计洪水位应考虑江河水面的浪高;防洪堤的城市防洪标高应服从河道流域规划的在此河段的要求。C 选项的高于河道流域规划的总要求显然不正确。

54. B

【解析】 固体废物污染物防治规划指标主要包括:①工业固体废物——处置率、综合利用率;②生活垃圾——城镇生活垃圾分类收集率、无害化处理率、资源化利用率;③危险废物——安全处置率;④废旧电子电器——收集率、资源化利用率。B 选项正确。

55. A

【解析】 铁路和城市干路交叉点的控制标高应在总体规划阶段确定;详细规划阶段

可采用高程箭头法、纵横断面法、设计等高线法；大型集会广场应有平缓的坡度，以利于排水。竖向规划的重点是利用地形达到工程合理、造价经济、景观美好，因此 A 选项错误。

56. A

【解析】 液化石油气供应基地的选址要求如下：

（1）液化石油气储配站属于甲类火灾危险性企业，站址应选择在城市边缘，与服务站之间的平均距离不宜超过 10km。

（2）站址应选择在所在地区全年最小频率风向的上风侧。

（3）与相邻建筑物应遵守有关规范所规定的安全防火距离。

（4）站址应是地势平坦、开阔、不易积存液化石油气的地段，并避开地震带、地基沉陷和雷击等地区。不应选在受洪水威胁的地方。

（5）具有良好的市政设施条件，运输方便。

（6）应远离名胜古迹、游览地区和油库、桥梁、铁路枢纽站、飞机场、导航站等重要设施。

（7）在罐区一侧应尽量留有扩建的余地。

A 选项的位于全年主导风向的上风向是错误的。

57. C

【解析】 城市总体规划文本是对规划的各项目标和内容提出规定性要求的文件，采用条文形式。C 选项正确。

58. B

【解析】 城市近期建设规划与土地利用总体规划相协调，根据城市总体规划、镇总体规划、土地利用总体规划、年度计划以及国民经济和社会发展规划，制定近期建设规划；近期内出现的计划外重大建设项目，应在此轮近期建设规划中落实，近期建设规划应发挥其调控作用，让城市在总体规划期限内合理发展。

> 知识拓展：第一，近期建设规划的时限为 5 年，与城市总体规划不一致；第二，城市总体规划在规划的 20 年期限内应结合经济、政治和社会各方面因素合理确定发展规划，故均匀增长是不合理的。

59. B

【解析】 近期建设规划现状用地规模的统计应采用近期建设规划的规划建设用地数据。B 选项正确。

60. C

【解析】 住房建设规划是我国新提出来的一项专题规划，住房建设规划内容侧重于各类住房建设量的计划安排，重点落实保障性住房用地，确定各类住房的供应比例及提出对中、下收入人群的住房解决方案。住房建设规划的任务为：估算住房用地需求总量；确定规划期限内各年度住房供应（含新建、改建住房）总量和各类住房的建设总量比例结构；安排各类新建、改建住房用地的空间布局和用地范围。而确定保障性住房的供应对象属于政策规定,不属于住房建设规划的内容。因此,C选项符合题意。

61. A

【解析】 建筑密度＋绿地率＜1,因为还有道路、广场等。建筑密度×平均层数为容积率,而容积率可以小于、等于或大于1。因此,A选项符合题意。

62. D

【解析】 《城乡规划法》第四十八条规定,修改控制性详细规划的,组织编制机关应当对修改的必要性进行论证,征求规划地段内利害关系人的意见,并向原审批机关提出专题报告,经原审批机关同意后,方可编制修改方案。修改后的控制性详细规划,应当依照本法第十九条、第二十条规定的审批程序报批。控制性详细规划修改涉及城市总体规划、镇总体规划的强制性内容的,应当先修改总体规划。燃气储气站属于强制性内容,因此要先修改总体规划,D选项符合题意。

63. C

【解析】 控制性详细规划的成果包括位置图、现状图、用地规划图、道路交通规划图、绿地景观规划图、各项工程管线规划图、其他相关规划图纸。C选项属于修建性详细规划的内容。

64. A

【解析】 规定禁建区、限建区、适建区属于总体规划的内容。A选项符合题意。

65. A

【解析】 在修建性详细规划中,对建筑、道路和绿地等的空间布局和景观规划进行设计的主要目的是对所在地块的建设提出具体的安排和设计,指导建筑设计和各项工程施工设计。因此A选项符合题意。

66. B

【解析】 日照分析软件可以合理、准确地分析日照时间,在技术上合理可行。按目前国家政策,居住区的规划均应进行日照分析,通过日照分析合理布局。B选项符合题意。

67. A

【解析】 修建性详细规划采用的图纸比例为1∶500～1∶2000。

68. C

【解析】 国家统计局《关于统计上划分城乡的暂行规定》及说明中,对城镇和乡村从行政体制上有比较明确的定义:城镇是指我国市镇建制和行政区划的基础区域,乡村是指城镇以外的其他区域。城镇包括城区和镇区。因此C选项正确。

69. C

【解析】 村域规划是村庄规划的组成部分,无法作为村庄规划的上位规划。C选项符合题意。

70. A

【解析】《城乡规划法》规定,规划区的具体范围由有关人民政府在组织编制的城市总体规划、镇总体规划、乡规划和村庄规划中,根据城乡经济社会发展水平和统筹城乡发展的需要划定,B选项正确。县级以上地方人民政府根据本地农村经济社会发展水平,按照因地制宜、切实可行的原则,确定应当制定乡规划、村庄规划的区域,D 选项正确。有条件的村庄规划可参照《镇规划标准》执行,C 选项正确。乡驻地规划范围都有编制规划,而不是针对国有土地部分,因此 A 选项错误。

71. A

【解析】 《中国历史文化名镇(村)评选办法》规定,凡建筑遗产、文物古迹和传统文化比较集中,能较完整地反映某一历史时期的传统风貌和地方特色、民族风情,具有较高的历史、文化、艺术和科学价值,辖区内存有清朝以前年代建造或在中国革命历史中有重大影响的成片历史传统建筑群,总建筑面积在 5000m² 以上(镇)或 2500m² 以上(村)的镇(村),均可参加全国历史文化名镇(名村)的申报评定。A 选项符合题意。

72. C

【解析】 保护规划成果由规划文本、规划图纸和附件三部分组成。

规划文本一般包括以下内容:城市历史文化价值概述;历史文化名城保护原则和保护工作重点;城市整体层次上保护历史文化名城的措施,包括古城功能的改善、用地布局的选择或调整、古城空间形态和视廊的保护等;各级文物保护单位的保护范围、建设控制地带以及各类历史文化街区的范围界线,保护和整治的措施要求;对重要历史文化遗存修整、利用和展示的规划意见;重点保护、整治地区的详细规划意向方案;规划实施管理措施等。重点整治地区的城市设计意图属于规划图纸,不是规划文本,因此 C 选项符合题意。

73. C

【解析】 居住区内绿地包括公共绿地、宅旁绿地、配套公建所属绿地和道路绿地,但并非所有绿地均算入绿地面积,如宅旁绿地面积计算的起止界限为退建筑边界 1.5m,A 选项错误;公共绿地只是居住绿地中的一种,B 选项不符合规定;D 选项指的是组团绿地的设置要求,并不是计算绿地面积的标准,且只针对组团绿地,而非题目中的居住区绿地。因此,C 选项符合题意。

74. D

【解析】 居住区规划用地平衡表的作用为与现状用地比较分析,检验用地分配的合理性,作为审批规划方案的依据,属于强制性标准。用地的分配无法体现居住区空间形态的关系,所以无法分析居住区空间形态是否合理。D 选项符合题意。

75. D

【解析】 《城市居住区规划设计规范》第 6.0.2 条文说明:居住区配套公建的配建水平,必须与居住人口规模相对应,并应与住宅同步规划、同步建设和同时投入使用。当规划用地周围有设施可使用时,配建的项目和面积可酌情减少;当周围的设施不足,需兼为附近居民服务时,配建的项目和面积可相应增加。配套公建显然无法按照市场效益最大化配置,那样的话公益性配建将得不到保证。因此 D 选项符合题意。

76. C

【解析】 风景名胜区规划分为总体规划和详细规划,经过审批后用于风景名胜区的规划管理。

77. A

【解析】 简·雅各布斯的观点是对城市设计观念的批判,并不是对城市设计的调查和分析的方法。因此 A 选项符合题意。

78. A

【解析】 工业革命前,城市规划和城市设计基本是一回事,并附属于建筑学。工业革命后,现代城市规划学科逐渐发展成为一门独立的学科。现代的城市规划在发展的初期包含了城市设计内容。在《城市规划法》《城乡规划法》以及 2006 年修订的《城市规划编制办法》中也删除了城市设计的内容,在我国的法律体系中,城市设计只具有建议性和指导性作用。A 选项符合题意。

79. C

【解析】 近期建设规划是城市总体规划的组成部分,属于城市规划实施的手段。

80. B

【解析】 公共性设施是指社会公众所共享的设施,主要包括公共绿地,公立的学校、医院等,也包括城市道路和各项市政基础设施。这些设施的开发建设通常是由政府或公共投资进行的。一般来说,公共性设施主要是由政府公共部门进行开发的,也可由国企和事业单位进行开发,如:水厂、污水厂等。

二、多项选择题(共 20 题,每题 1 分。每题的备选项中有 2～4 个符合题意。少选、错选都不得分)

81. ABDE

【解析】 在全球化的背景下,在全球范围内进行着重新集结,形成了管理、控制层面集聚的城市,研究、开发层面集聚的城市和制造、装配层面集聚的城市,由此而导致了全球整体的城市体系结构的改变,由原来的城市与城市之间相对独立的以经济活动的部类为特征的水平结构改变为紧密联系且相互依赖的以经济活动的层面为特征的垂直结构,城市与城市之间构成了垂直性的地域分工体系。因此 A 选项正确,C 选项错误。在发达国家和部分新兴工业化国家/地区形成一系列全球性和区域性的经济中心城市,对于全球和区域经济的主导作用越来越显著;随着经济全球化的进程和经济活动在城市中的相对集中,城市与附近地区的城市之间、城市与周围区域之间原有的密切关系也在发生着变化,这种变化主要体现在城市与周边地区和周边城市之间的联系在减弱,经济全球化带来市场全球化,城市之间不再是区域的竞争,而是全球范围内都存在竞争,城市之间的竞争加剧。国际资本的选择,让城市经济更强大,城市在资本的促进下,会获得发展,因此,A、B、D、E 选项符合题意。

82. BCE

【解析】 可持续发展的措施有:①最低限度地使用或消耗不可再生资源。包括将住房、商业、工业和交通中消耗的矿物燃料减少到最低限度,并在可能的情况下,代之以可再生资源,另外,要尽量减少对稀少矿产资源的浪费。城市中还有文化、历史和自然资产,它们是不可替代的,因而也是非再生资源,例如历史街区、公园和自然风景区,它们为人们提供了嬉戏、娱乐和接近自然的空间,B 选项正确。②循环使用土地与建筑。城市建设应当首先使用衰败地区和闲置的土地和建筑,应尽量减少将农业用地转换成城市用地。同时要改变过去在城市边缘和郊区大规模建设低密度居住区的做法,应避免在城市之外建设零售业和校园风格的办公、商务园区,C选项正确,D选项错误。③优化地区管理。城市的可持续发展必须依靠强有力的地方领导和市民广泛参与的民主管理。居民应当在决策中扮演更重要的角色,E选项正确。A选项的坚决限制城市用地的进一步扩展是错误的,可持续发展不是不发展。

83. BCDE

【解析】 对各种理论进行总结如下:

(1)规模经济原理是指某些生产活动(主要指工业生产活动)具有规模越大成本越低的特点。随着企业规模的扩大,其内部的生产组织可以趋于合理化,从而提高效率、降低成本,而城市也有类似的效应。因此A选项错误。

(2)集聚经济原理是指经济活动在空间上相互靠近可以提高效益。这里又分为两种情况:一种称为地方化经济,是指同一行业的企业在空间上集聚可以带来技术和信息交流的便利,可以共享同一个劳动市场,可以吸引与之配套或为之服务的相关产业围绕其发展,从而降低成本,提高效益;第二种称为城市化经济,是指不同行业的企业或经济单位在空间上集中,可以共同分担基础设施的投资,可以共享文化教育设施,可以从多样化的劳动市场中获得所需的不同技能的劳动力,从而提高效益。因此D选项正确。

(3)增长极理论认为,经济发展并非均衡地发生在地理空间上,而是以不同的强度在空间上呈点状分布,并按各种传播途径对整个区域经济发展产生不同的影响,这些点就是具有成长以及空间聚集意义的增长极。根据佩鲁的观点,增长极是否存在取决于有无发动型工业。所谓发动型工业就是能带动城市和区域经济发展的工业部门,一组发动型工业聚集在地理空间上的某一地区,则该地区就可以通过极化和扩散过程形成增长极,以获得最高的经济效益和快速的经济发展。因此C选项正确。

(4)经济基础理论认为,一个城市的全部经济活动,按其服务对象可分为两部分:一部分是为本城市的需要服务的,另一部分是为本城市以外的需要服务的。为外地服务的部分,是从城市以外为城市创造收入的部分,是城市得以存在和发展的经济基础,这部分活动称为城市的基本活动部分,它是导致城市发展的主要动力。因此B选项正确。

(5)梯度发展理论认为,随着任何一个国家或地区的经济发展,在生产分布上必然会产生两种趋势,即生产向某些地区集中的极化趋势和生产向广大地区分散的扩展趋势;前者受极化效应支配,后者受扩展效应支配。根据这一原理,处在高梯度的地区,经济发展主要在于预防经济结构老化,行之有效的办法是不断创新,建立新行业、新企业,创造新产品,保持技术上的领先地位;处在低梯度的地区,首先应重点发展占有较大优势的初级产业、劳动密集型产业,尽快接过那些从高梯度地区淘汰或外溢出来的产业,发展地区经济,并尽量争取外援,从最低的发展梯度向上攀登,在梯度转移的过程中,发达地区进入世界先进行列,不发达地区进入发达地区,从而一个梯度一个梯度地进位,具有累进效应。因此E选项正确。

84. ACD

【解析】《城乡规划法》第二条规定,制定和实施城乡规划,在规划区内进行建设活动,必须遵守本法。

本法所称城乡规划,包括城镇体系规划、城市规划、镇规划、乡规划、村庄规划和社区规划。城市规划、镇规划分为总体规划和详细规划。详细规划分为控制性详细规划和修建性详细规划。因此 A、C、D 选项符合题意。

85. BCDE

【解析】《城乡规划法》第三十八条规定,在城市、镇规划区内以出让方式提供国有土地使用权的,在国有土地使用权出让前,城市、县人民政府城乡规划主管部门应当依据控制性详细规划,提出出让地块的位置、使用性质、开发强度等规划条件,作为国有土地使用权出让合同的组成部分。未确定规划条件的地块,不得出让国有土地使用权。因此 A 选项错误。

由《城乡规划法》第四十条、第四十三条可知,B、C、D、E 选项正确。

86. ABC

【解析】《城市居住区规划设计规范》的相关规定如下。

(1) 小区内尽端式道路长度不宜大于 120m。

(2) 机动车与非机动车道路混行,其纵坡宜符合非机动车道的要求。

(3) 公共绿地设置要求:

① 面积:居住区公园 $1.0hm^2$,小游园 $0.4hm^2$,组团绿地 $0.04hm^2$。

② 至少应有一个边与相应级别的道路相邻。

③ 绿化面积(含水面)不宜小于 70%。

④ 便于居民休憩、散步和交往之用,宜采用开敞式,以绿篱或其他通透式院墙栏杆作分隔。

⑤ 组团绿地的设置应满足有不少于 1/3 的绿地面积在标准的建筑日照阴影线范围之外的要求,并便于设置儿童游戏设施和适于成人游憩活动。

⑥ 其他块状、带状公共绿地应同时满足宽度不小于 8m、面积不小于 $400m^2$ 的要求。

由以上分析可知,A、B、C 选项符合题意。

87. ABCE

【解析】 现状调查的主要方法:①现场踏勘;②抽样或问卷调查;③访谈和座谈会调查;④文献资料搜集。

88. ACD

【解析】 历史文化名城保护规划必须遵循下列原则:

(1) 保护历史真实载体的原则;

(2) 保护历史环境的原则;

(3) 合理利用、永续利用的原则。

由以上规定可知,A、C、D 选项符合题意。

89. CDE

【解析】《城市公共设施规划规范》第 6.0.1 条:体育设施用地规模按城市等级,以人均指标用地与人口规模计算,A 选项正确。有一些公共设施,如银行、邮局、医疗、商业、公安部门等,由于它们业务与管理的需要自成系统,并各自规定了一套具体的建筑与用地指标,这些指标是从其经营管理的经济与合理性来考虑的。这类公共设施的规模,可以参考专业部门规定,结合具体情况确定,因此 B 选项正确,C、D 选项错误。文化娱乐设施应根据居民生活习惯和城市形态来确定,与城市风貌基本无关系,E 选项错误。因此 C、D、E 选项符合题意。

90. CE

【解析】 工业区与居住区之间按要求隔开一定距离,称为卫生防护带,这段距离的大小随工业排放污染物的性质与数量的不同而变化。在卫生防护带中一般可以布置一些少数人使用的、停留时间不长的建筑,如消防车库、仓库、停车场、市政工程构筑物等,不得将体育设施、学校、儿童机构和医院等布置在防护带内。因此不宜设置的是 C、E 选项。

91. ACE

【解析】 大型公共建筑由于交通活动频繁,应靠近主干道布置,但必须避免对干道交通造成影响,即靠近但避免直接向主干道开口,应尽量开向汇集行道路或次干道,A 选项错误。由于城市功能的多样性,还有一些专业设施相聚配套而形成的专业性公共中心,如体育中心、科技中心、展览中心、会议中心等,分散布局利于形成更均衡的城市公共服务,B 选项正确。沿公交干线加强开发强度,更好地为人流服务,是目前市场盛行的 TOD 模式,C 选项错误。居住区相对集中布局,有利于提高公共服务的效率,D 选项正确。公园绿地应采用各级匹配分布,均衡分布在城市的各个相应组团,获得更好的服务半径,分布在城市边缘显然不合理,E 选项错误。因此 A、C、E 选项符合题意。

92. ABE

【解析】 城市能源规划的主要内容如下:

(1) 确定能源规划的基本原则和目标;

(2) 预测城市能源需求;

(3) 平衡能源供需(包括能源总量和能源品种),并进一步优化能源结构;

(4) 落实能源供应保障措施及空间布局规划;

(5) 落实节能技术措施和节能工作;

(6) 制定能源保障措施。

由以上分析可知,A、B、E 选项符合题意。

93. ABD

【解析】 火电厂选址要求如下:

(1) 符合城市总体规划要求。

(2) 应尽量利用劣地或非耕地,或安排在《城市用地分类与规划建设用地标准》中规定的三类工业用地内。

(3) 应尽量靠近负荷中心。

(4) 经济合理,以便缩短供热管道的距离,燃油电厂一般布置在炼油厂附近。

(5) 电厂铁路专用线选线要尽量减少对国家干线通过能力的影响。

(6) 电厂生产用水量大,包括汽轮机凝汽用水、发电机和油的冷却用水、除灰用水等。大型电厂首先应考虑靠近水源,直流供水。但是在取水高度超过 20m 时,采用直流供水不经济。

（7）燃煤发电厂应有足够的储灰场,储灰场的容量要能容纳电厂 10 年的储灰量。储灰场址应尽量利用荒、滩地或山谷。

（8）电厂选址应在城市环境容量允许条件下,满足环保要求。

（9）厂址选择应充分考虑出线条件,留有适当的出线走廊宽度。

（10）电厂厂址应满足地质、防震、防洪等要求。厂址标高应高于百年一遇的水位,如厂址标高低于洪水位时,其防洪堤堤顶标高应超过百年一遇的洪水位 0.5～1.0m。

因此 A、B、D 选项符合题意。

94. DE

【解析】 城市工程管线共沟敷设原则:①热力管不应与电力、通信电缆和压力管道共沟;②排水管道应布置在沟底;③腐蚀性介质管道的标高应低于沟内其他管线;④火灾危险性、可燃性、毒性、腐蚀性管道不应共沟敷设,并严禁与消防水管共沟敷设;⑤凡有可能产生互相影响的管线,不应共沟敷设。压力管道有给水、煤气、燃气等管道,重力管道有污水、雨水等管道。由以上原则第①条知道,C 项正确(煤气管属于压力管),由第③条可知,管线共沟时,如有腐蚀性介质管道,排水管不能布置在底部,因此 E 项错误。在城市工程管线避让中,压力管避让自流管,因此 D 选项错误。总体规划阶段需要确定工程干管的走向,详细规划阶段需要在道路断面图中确定管线的排列,故 A、B 选项正确。

95. ABDE

【解析】 《环境保护法》明确环境保护的基本任务主要有两方面:一是生态环境保护;二是环境污染综合防治。城市环境保护规划既是城市规划的重要组成部分,又是环境规划的主要组成内容。按环境要素划分,城市环境保护规划可分为大气环境保护规划、水环境保护规划、固体废物污染控制规划、噪声污染控制规划。水环境保护规划总体上包括饮用水源保护规划和水污染控制规划。水污染控制包括主要污染物的浓度控制和总量控制。A、B、D、E 选项符合题意。

96. BD

【解析】 根据《城市规划编制办法》规定,城市性质不属于城市总体规划强制性内容,A 选项错误。城市总体规划强制性内容必须落实上位规划的强制性要求,B 选项正确。城市总体规划中的强制性内容和指导性内容有着法规上内含的本质不同,城市总体规划的强制性内容为必须执行内容,指导性内容则可根据实际情况做出是否执行的参考,因此不得进行取舍和互换,C、E 选项错误。根据《城乡规划法》,修改涉及城市总体规划、镇总体规划强制性内容的,应当先向原审批机关提出专题报告,经同意后,方可编制修改方案,D 选项正确。

97. BDE

【解析】 在控制性详细规划中,不用百分比表示的有:容积率、停车位、建筑体量。

98. BCDE

【解析】 《镇规划标准》综合各地有关镇域镇村体系层次的划分情况,自上而下可分为中心镇、一般镇、中心村和基层村。

99. CDE

【解析】 居住区按照人口规模分为居住区、小区、组团三级,居住区人口规模一般为

3万~5万人。因此 A、B 选项错误。

居住区泛指不同居住人口规模的居住生活聚居地,特指被城市干道或自然分界线所围合,并与居住人口规模(3万~5万人)相对应,配建有一整套较完善的、能满足该区居民物质与文化生活所需的公共服务设施的居住生活聚居地。居住区的规划布局,应综合考虑周边环境、路网结构、公建与住宅布局、群体组合、绿地系统及空间环境等的内在联系,构成一个完善的、相对独立的有机整体。由以上分析可知 C、D、E 选项正确。

100. BDE

【解析】 《风景名胜区管理条例》第二十六条规定,禁止在风景名胜区内进行下列活动:

(1)开山、采石、开矿、开荒、修坟立碑等破坏景观、植被和地形地貌的活动;

(2)修建储存爆炸性、易燃性、放射性、毒害性、腐蚀性物品的设施;

(3)在景物或者设施上刻划、涂污;

(4)乱扔垃圾。

第二十七条规定,禁止违反风景名胜区规划,在风景名胜区内设立各类开发区和在核心景区内建设宾馆、招待所、培训中心、疗养院以及与风景名胜资源保护无关的其他建筑物;已经建设的,应当按照风景名胜区规划,逐步迁出。

由以上分析可知,B、D、E 选项符合题意。

2017 年度全国注册城乡规划师职业资格考试真题与解析

城乡规划原理

真　题

一、单项选择题(共 80 题,每题 1 分。每题的备选项中,只有 1 个最符合题意)

1. 下列关于城市形成的表述,正确的是(　　)。
   - A. 城市最早是军事防御和宗教活动的产物
   - B. 城市是由社会剩余物资的交换和争夺而产生的,也是社会分工和产业分工的产物
   - C. 城市是人类第一次社会大分工的产物
   - D. "城市"是在"城"与"市"功能叠加的基础上,以贸易活动为基础职能形成的复杂化、多样化的客观实体

2. 下列关于全球城市区域的表述,准确的是(　　)。
   - A. 全球城市区域由全球城市与具有密切经济联系的二级城市扩展联合而形成
   - B. 全球城市区域是多核心的城市区域
   - C. 全球城市区域内部城市之间相互合作,与外部城市相互竞争
   - D. 全球城市区域目前在发展中国家尚未出现

3. 下列关于新中国成立以来我国城镇化发展历程的表述,错误的是(　　)。
   - A. 1949—1957 年是我国城镇化的启动阶段
   - B. 1958—1965 年是我国城镇化的倒退阶段
   - C. 1966—1978 年是我国城镇化的停滞阶段
   - D. 1979 年以来是我国城镇化的快速发展阶段

4. 下列关于古罗马时期城市状况的表述,错误的是(　　)。
   - A. 古罗马城市以方格网道路系统为骨架,以城市广场为中心
   - B. 古罗马城市以广场、凯旋门和纪功柱等作为城市空间的核心和焦点
   - C. 古罗马城市中散布着大量的公共浴池和斗兽场
   - D. 罗马帝国时建设的营寨城多为方形或长方形,中间为十字形街道

5. 下列关于"有机疏散"理论的表述,正确的是(　　)。
   - A. 在中心城市外围建设一系列的小镇,将中心城市的人口疏解到这些小镇中
   - B. 中心城市进行结构性的重组,形成若干个小镇,彼此间以绿地进行隔离
   - C. 中心城市之外的小镇应当强化与中心城市的有机联系,并承担中心城市的某方面职能
   - D. 整个城市地区应当保持低密度,城市建设用地与农业用地应当有机地组合在一起

6. 下列关于柯布西埃现代城市设想的表述,错误的是(　　)。
   - A. 现代城市规划应当提供充足的绿地、空间和阳光,建设"垂直的花园城市"

B. 城市的平面应该是严格的几何形构图,矩形和对角线的道路交织在一起

C. 高密度的城市才是有活力的,大多数居民应当居住在高层住宅内

D. 中心区应当至少由三层交通干道组成:地下走重型车,地面用于市内交通,高架道路用于快速交通

7. 下列关于城市发展的表述,不准确的是(   )。

A. 农业劳动生产率的提高有助于推动城市化的发展

B. 城市中心作用强大,有助于带动周围区域社会经济的均衡发展

C. 交通通信技术的发展有助于城市中心效应的发挥

D. 城市群内各城市间的互相合作,有助于提高城市群的竞争能力

8. 下列关于城市空间布局的表述,正确的是(   )。

A. 城市轨道交通线、地面公交干线应当与城市主干路组合,形成城市交通走廊

B. 城市街区内应当有多种不同功能,保证居民能够就近就业

C. 城市居住地的布局应充分考虑小学的服务范围,避免学生穿越城市主干路

D. 城市中心区土地价格昂贵,应该鼓励各地块进行高强度开发

9. 中国古代城市的基本形制在(   )时期就已形成了雏形。

A. 夏   B. 商   C. 周   D. 秦

10. 《国家新型城镇化规划(2014—2020 年)》明确了新型城镇化的核心是(   )。

A. 优先发展中小城市与城镇   B. 人的城镇化

C. 改革户籍制度   D. 优化城镇体系

11. 下列关于城市可持续发展的表述,不准确的是(   )。

A. 提高居民在城市发展决策中的参与程度

B. 通过车辆限行减少通勤和日常生活的出行

C. 居住、工作地点和生活环境应免遭环境危害

D. 以财政转移方式,在城市不同功能地区之间建立财政共享机制

12. 下列关于城市规划作用的表述,正确的是(   )。

A. 城市规划通过对各类开发进行管制,尽量减少新开发建设对周边地区带来的负面影响

B. 城市规划对城市建设进行管理的实质是对土地产权的控制

C. 城市规划安排城市各类公共服务设施与公共服务保障体系等“公共物品”

D. 城市规划通过预先安排的方式,按照预期经济收益最大化原则,协调各种社会需求

13. 下列关于我国城乡规划法律法规体系的表述,错误的是(   )。

A. 《中华人民共和国城乡规划法》是城乡规划法律法规体系的基本法

B. 省会城市人大及其常委会可以制定该市的城乡规划地方法规

C. 地级市人民政府可以制定本行政区的城乡规划地方法规

D. 城乡规划标准规范中的强制性条文是政府对规划执行情况实施监督的依据

14. 下列关于我国城乡规划实施管理体系的表述,准确的是(   )。

A. 城乡规划的实施完全是由政府及其部门来承担的

    B. 政府及其部门针对重点地区和领域制定各项政策的行为,属于对城市规划的实施组织

    C. 城市建设用地的规划管理按照土地所有权属性的不同进行分类管理

    D. 省级人民政府可以确定镇人民政府是否有权办理建设工程规划许可证

15. 下列关于城镇体系规划制定程序的表述,错误的是(   )。

    A. 城镇体系规划修编前,必须对现有规划的实施进行评估

    B. 城镇体系规划草案必须公告30日以上,规划编制单位必须组织征求专家与公众的意见

    C. 规划需经过本级人大常委会审议

    D. 规划审批机关组织专家和有关部门进行审查

16. 下列关于我国城乡规划编制体系的表述,正确的是(   )。

    A. 我国城乡规划编制体系由城镇体系规划、城市规划、镇规划、乡规划和村庄规划构成并分为总体规划和详细规划

    B. 乡的详细规划可以分为控制性详细规划和修建性详细规划

    C. 城镇体系规划包括全国和省域两个层面,还可以依据实际需要编制跨行政区域的城镇体系规划

    D. 镇的控制性详细规划由其上一级人民政府城乡规划行政主管部门审批

17. 下列关于城镇体系概念和演化规律的表述,不准确的是(   )。

    A. 没有中心城市就不可能形成现代意义的城镇体系

    B. 区域城镇体系一般经历"点—轴网"的演化过程

    C. 全球化时代的城市职能结构应以城市在经济活动组织中的地位分工为依据

    D. 城市连绵区无法形成城镇体系

18. 下列关于全国城镇体系规划内容的表述,不准确的是(   )。

    A. 确定国家城镇化的总体战略和分期目标

    B. 规划全国城镇体系的总体空间格局

    C. 构架全国重大基础设施支撑系统

    D. 编制跨省界城镇发展协调地区的城镇发展协调规划

19. 下列关于省域城镇体系规划的表述,不准确的是(   )。

    A. 符合全国城镇体系规划

    B. 与全国城市发展政策相符,与土地利用总体规划等相关法定规划相协调

    C. 确定区域城镇发展用地规模和控制目标

    D. 确定产业园区的布局

20. 下列不属于市域城镇体系规划内容的是(   )。

    A. 提出与相邻行政区在空间发展布局、重大基础设施等方面协调建议

    B. 在城市行政管辖范围内划定城市规划区

    C. 确定农村居民点布局

D. 原则确定交通、通信、能源等重大基础设施布局

21. 下列属于市域城镇体系规划强制性内容的是(　　)。

    A. 市域城乡统筹的发展战略

    B. 市域城镇体系空间布局

    C. 区域水利枢纽工程的布局

    D. 中心城市与相邻地域的协调发展问题

22. 下列关于市域城镇体系规划的表述,错误的是(　　)。

    A. 市域城镇聚落体系应分为中心城市—县城—镇区、乡集镇—行政村四级体系

    B. 市域城镇体系规划应划定城市规划区

    C. 市域城镇体系规划应专门对重点镇的建设规模进行研究

    D. 市域城镇体系规划应对市域交通与基础设施的布局进行协调

23. 按照《城市规划编制办法》,下列不属于城市总体规划编制内容的是(　　)。

    A. 原则确定市域重要社会服务设施的布局

    B. 确定中心城区满足中低收入人群住房需求的居住用地布局及标准

    C. 确定中心城区的交通发展战略

    D. 划定中心城区规划控制单元

24. 下列关于城市总体规划实施评估的表述,不准确的是(　　)。

    A. 城市总体规划组织编制机关,应当组织有关部门和专家不定期对规划实施情况进行评估

    B. 地方人民政府应当就规划实施情况向本级人民代表大会及其常务委员会报告

    C. 规划实施评估是修改城市总体规划的前置条件

    D. 规划实施评估应总结城市的发展方向和空间布局等规划目标落实情况

25. 下列不是影响城市空间发展方向因素的是(　　)。

    A. 地形地貌   B. 经济规模

    C. 铁路建设情况   D. 文物分布情况

26. 下列关于城市性质的表述,错误的是(　　)。

    A. 城市性质是对城市基本职能的表述

    B. 城市性质是确定城市发展方向的重要依据

    C. 城市性质采用定性分析与定量分析相结合,以定性分析为主的方法确定

    D. 城市性质要从城市在国民经济中所承担职能,及其形成与发展的基本因素中去认识

27. 下列关于规划人均城市建设用地面积指标的表述,错误的是(　　)。

    A. 规划人均城市建设用地面积指标通常控制在 $65\sim115\text{m}^2$/人范围内

    B. 规划人均城市建设用地指标应根据现状人均城市建设用地面积指标、所在气候区以及规划人口规模综合确定

C. 新建城市的规划人均城市建设用地指标宜在 85.1～105.1m²/人内确定

D. 首都的规划建设用地指标应在 95.1～105m²/人内确定

28. 下列关于规划区的表述,错误的是(   )。

A. 在城市、镇、乡、村的规划过程中,应首先划定规划区

B. 规划区划定的主体是当地人民政府

C. 水源地、生态廊道、区域重大基础设施廊道等应划入规划区

D. 已划入所属城市规划区的镇,在镇总体规划中不再划定规划区

29. 下列关于城市形态的表述,错误的是(   )。

A. 集中型城市形态一般适合于平原

B. 带型城市形态一般适合于沿河地区

C. 放射型城市形态一般适合于山区

D. 星座型城市形态一般适合于特大型城市

30. 下列关于信息社会城市空间形态演变的表述,不准确的是(   )。

A. 城乡界限变得模糊

B. 城市各功能的距离约束变弱,空间出现网络化的特征

C. 由于用地出现兼容化的特点,功能聚集体逐渐消失

D. 网络的"同时"效应使不同地段的空间区位差异缩小

31. 不宜与文化馆毗邻布置的设施是(   )。

A. 科技馆   B. 广播电视中心

C. 档案馆   D. 小学

32. 下列关于水厂厂址选择的表述,不准确的是(   )。

A. 应有较好的废水排除条件   B. 应设在水源地附近

C. 有远期发展的用地条件   D. 便于设立防护绿带

33. 下列表述中,错误的是(   )。

A. 在静风频率高的地区不应布置排放有害废气的工业

B. 铁路编组站应布置在城市郊区

C. 城市道路走向应尽量平行于城市夏季主导风向

D. 各类专业市场应尽可能统一集聚布置,以发挥联动效应

34. 下列关于液化石油气储配站规划布局的表述,错误的是(   )。

A. 应选择在所在地区全年最大频率风向的下风侧

B. 应远离居住区

C. 应远离影剧院、体育场等公共活动场所

D. 主产区和辅助区至少应各设置一个对外出入口

35. 城市固定避震疏散场所一般不包括(   )。

A. 广场   B. 大型人防工程

C. 绿化隔离   D. 高层建筑中的避难层

36. 为了改善特大城市人口与产业过于集中布局在中心城区带来的环境恶化状况，最有效的途径是（　　）。

    A. 产业向城市近郊区转移

    B. 在市域甚至更大的区域范围布置生产力

    C. 在中心城区周边建立绿化隔离带

    D. 城市布局采用组团式结构

37. 风向频率是指（　　）。

    A. 各个风向发生的次数占同时期内不同风向的总次数的百分比

    B. 各个风向发生的天数占所有风向发生的总天数的百分比

    C. 某个风向发生的次数占同时期内不同风向的总次数的百分比

    D. 某个风向发生的天数占所有风向发生的总天数的百分比

38. 下列关于民用机场选址原则的表述，错误的是（　　）。

    A. 一个特大城市可以布置多个机场

    B. 高速公路的发展有利于多座城市共用一个机场

    C. 机场与城区的距离应尽可能远

    D. 机场跑道轴线方向尽量避免穿越城市区

39. 下列关于城市交通系统子系统构成的表述，正确的是（　　）。

    A. 城市道路、铁路、公路

    B. 自行车、公共汽车、轨道交通

    C. 城市道路、城市运输、交通枢纽

    D. 城市运输、城市道路、城市交通管理

40. 下列不属于交通政策范畴的是（　　）。

    A. 优先发展公共交通   B. 限制私人小汽车数量盲目扩张

    C. 开辟公共汽车专用道   D. 建立渠化交通体系

41. 下列不属于城市道路系统布局的主要影响因素的是（　　）。

    A. 城市交通规划   B. 城市在区域中的位置

    C. 城市用地布局结构与形态   D. 城市交通运输系统

42. 下列属于城市道路的功能分类的是（　　）。

    A. 机动车路   B. 混合性路   C. 自行车路   D. 交通性路

43. 下列关于城市道路系统规划基本要求的表述，不准确的是（　　）。

    A. 城市道路应成为划分城市各组团的分界线

    B. 城市道路的功能应当与毗邻道路的用地性质相协调

    C. 城市道路系统要有适当的道路网密度

    D. 城市道路系统应当有利于实现交通分流

44. 下列关于大城市铁路客运站选址的表述，正确的是（　　）。

    A. 城市中心   B. 城市中心区边缘

    C. 市区边缘   D. 市区高速公路入口处

45. 我国历史文化名城申报、批准、规划、保护的直接依据是（　　）。
    A.《保护世界文化和自然遗产公约》
    B.《历史文化名城名镇名村保护条例》
    C.《历史文化名城保护规划规范》
    D.《北京宪章》

46. 历史文化名城保护规划的规划期限应（　　）。
    A. 不设置　　　　　　　　　　B. 与城市总体规划的规划期限一致
    C. 与城市近期规划的规划期限一致　D. 与旅游规划的规划期限一致

47. 下列属于城市紫线的是（　　）。
    A. 历史文化街区中文物保护单位的范围界线
    B. 历史文化街区的保护范围界线
    C. 历史文化街区建设控制地带的界线
    D. 历史文化街区环境协调区的界线

48. 下列关于历史文化街区的表述，不准确的是（　　）。
    A. 总用地面积一般不小于 1hm²
    B. 历史建筑和历史环境要素可以是不同时代的
    C. 需要保护的文物古迹和历史建筑的建筑用地面积占保护区用地总面积的比例应在 70% 以上
    D. 一个城市可以有多处历史文化街区

49. 城市绿地系统规划的任务不包括（　　）。
    A. 调查与评价城市发展的自然条件
    B. 参与研究城市的发展规模和布局结构
    C. 研究、协调城市绿地与其他各项建设用地的关系
    D. 基于绿色生态职能确定城市禁止建设区范围

50. 下列不属于城乡规划中城市市政公用设施规划内容的是（　　）。
    A. 水资源、给水、排水、再生水　　B. 能源、电力、燃气、供热
    C. 通信　　　　　　　　　　　　D. 环卫、环保

51. 高压送电网和高压走廊的布局,属于下列（　　）阶段城市电力工程规划的主要任务。
    A. 城市总体规划　　　　　　　　B. 城市分区规划
    C. 控制性详细规划　　　　　　　D. 修建性详细规划

52. 下列不属于城市综合防灾减灾规划主要任务的是（　　）。
    A. 确定灾害区划
    B. 确定城市各项防灾标准
    C. 合理确定各项防灾设施的布局
    D. 制定防灾设施的统筹建设、综合利用、防护管理等对策与措施

53. 城市防洪规划一般不包括（　　）。
    A. 河道综合治理规划　　　　　　B. 城市景观水体规划

C. 蓄滞洪区规划   D. 非工程的防洪措施

54. 下列不属于城市环境保护专项规划主要组成内容的是( )。

    A. 大气环境保护规划   B. 水环境保护规划

    C. 垃圾废弃物控制规划   D. 噪声污染控制规划

55. 城市各类固体废物的综合利用与处理、处置的原则不包括( )。

    A. 资源化   B. 减量化   C. 生态化   D. 无害化

56. 城市用地竖向规划工作的基本内容不包括( )。

    A. 综合解决城市规划用地的各项控制标高问题

    B. 使城市道路的纵坡度既能配合地形,又能满足交通上的要求

    C. 结合机场、通信等控制高度要求,制定城市限高规划

    D. 考虑配合地形,注意城市环境的立体空间的美观要求

57. 地下空间资源一般不包括( )。

    A. 依附于土地而存在的资源蕴藏量

    B. 依据一定的技术经济条件可合理开发利用的资源总量

    C. 采用一定工程技术措施进行地形改造后可利用的地下、半地下空间资源

    D. 一定的社会发展时期内有效开发利用的地下空间总量

58. 下列不属于城市总体规划成果图纸内容的是( )。

    A. 市域空间管制   B. 居住小区级绿地布局

    C. 主要城市道路横断面示意   D. 近期主要改建项目的位置和范围

59. 下列关于城市近期建设规划编制的表述,错误的是( )。

    A. 编制近期建设规划应对总体规划实施绩效进行全面检讨与评价

    B. 编制近期建设规划不仅要调查城市建设现状,还要了解形成现状的条件和原因

    C. 编制总体规划实施后的第二个近期建设规划,不需调整城市发展目标,仅需进行局部的微调和细化

    D. 要处理好近期建设与长远发展、经济发展与资源环境条件的关系

60. 城市规划编制办法中,不属于近期建设规划内容的是( )。

    A. 确定空间发展时序,提出规划实施步骤

    B. 确定近期交通发展策略

    C. 确定近期居住用地安排和布局

    D. 确定历史文化名城、历史文化街区的保护措施

61. 下列关于控制性详细规划中地块的表述,错误的是( )。

    A. 在规划方案的基础上进行用地细分,细分到地块

    B. 经过划分后的地块是控制性详细规划具体控制的基本单位

    C. 地块划分需要考虑用地现状、产权、开发模式、土地价值级差、行政管辖界限等因素

    D. 细分后的用地作为城市开发建设的控制地块,不得再次细分

62. 下列关于控制性详细规划指标确定的表述,正确的是(   )。

    A. 按照规划编制办法,选取综合指标体系,并根据上位规划分别赋值

    B. 综合指标体系必须包括编制办法中规定的强制性内容

    C. 指标确定必须采用经济容积率的计算方法进行

    D. 指标的确定必须采用多种方法相互印证

63. 下列关于控制性详细规划编制的表述,不准确的是(   )。

    A. 编制控制性详细规划要以总体规划为依据

    B. 编制控制性详细规划要以规划的综合性研究为基础

    C. 编制控制性详细规划要以数据控制和图纸控制为手段

    D. 编制控制性详细规划要以规划设计与空间形象相结合的方案为形式

64. 下列关于控制性详细规划的表述,正确的是(   )。

    A. 控制性详细规划为修建性详细规划提供了准确的规划依据

    B. 控制性详细规划的基本特点是"地域性"和"数据化管理"

    C. 控制性详细规划提出控制性的城市设计和建筑环境的空间设计法定要求

    D. 控制性详细规划通过量化指标对所有建设行为严格控制

65. 下列关于修建性详细规划的表述,正确的是(   )。

    A. 修建性详细规划的成果应当包括规划说明书、文本和图纸

    B. 修建性详细规划的成果不能直接指导建设项目的方案设计

    C. 修建性详细规划中的日照分析是针对住宅进行的

    D. 修建性详细规划的成果必须包括效果图

66. 下列关于修建性详细规划中室外空间和环境设计的表述,错误的是(   )。

    A. 绿化设计需要通过对乔、灌、草等绿化元素的合理设计,达到改善环境、美化空间景观形象的效果

    B. 植物配置要提出植物配置建议并应具有地方特色

    C. 室外活动场地平面设计需要规划组织广场空间,包括休息场地、步行道等人流活动空间

    D. 夜景及灯光设计需要对照明灯具进行选择

67. 下列表述中不准确的是(   )。

    A. 县以上地方人民政府确定应当制定乡规划、村规划的区域

    B. 在应当制定乡、村规划的区域外也可以制定和实施乡规划和村庄规划

    C. 非农人口很少的乡不需要制定和实施乡规划

    D. 历史文化名村应制定村庄规划

68. 下列属于村庄规划内容的是(   )。

    A. 制定村庄发展战略   B. 确定基本农田保护区

    C. 村庄的地质灾害评估   D. 村民住宅的布局

69. 下列表述正确的是(   )。

    A. 村庄规划确定村庄供、排水设施的用地布局

B. 乡规划确定乡域农田水利设施用地

C. 县(市)城市总体规划确定县域小流域综合治理方案

D. 镇规划确定镇区防洪标准

70. 在历史文化名镇中,下列( )行为不需要由城市、县人民政府城乡规划行政主管部门会同同级文物主管部门批准。

A. 对历史建筑实施原址保护的措施

B. 对历史建筑进行外部修缮装饰、添加设施

C. 改变历史建筑的结构或者使用性质

D. 在核心保护范围内,新建、扩建必要的基础设施和公共服务设施

71. 当历史文化名镇因保护需要,无法按照标准和规范设置消防设施和消防通道时,应采用的措施是( )。

A. 由城市、县人民政府公安机关消防机构会同同级城乡规划主管部门制订相应的防火安全保障方案

B. 对已经或可能对消防安全造成威胁的历史建筑提出搬迁或改造措施

C. 适当拓宽街道,使其宽度和转弯半径满足消防车通行的基本要求

D. 将木结构或砖木结构的建筑逐步更新为耐火等级较高的建筑

72. 下列关于邻里单位理论的表述,错误的是( )。

A. 外部交通不穿越邻里单位内部

B. 以小学的合理规模为基础控制邻里单位的人口规模

C. 邻里单位的中心是小学,并与其他机构的服务设施一起布置

D. 邻里单位占地约 $25hm^2$

73. 下列关于居住区规划的表述,错误的是( )。

A. 居住区由住宅、道路、绿地和配套公共服务设施等组成

B. 居住区的人口规模为 3 万~5 万人

C. 过小的地块难以满足居住区组织形式的需要

D. 居住区空间布局应结合用地条件和功能的需要

74. 在确定住宅间距时,不需要考虑的因素是( )。

A. 管线埋设   B. 防火   C. 人防   D. 视线干扰

75. 下列关于居住区道路的表述,错误的是( )。

A. 居住区级道路一般是城市的次干路或城市支路

B. 在开放的街坊式居住区中,城市支路即是小区级道路

C. 宅间小路要满足消防、救护、搬家、垃圾清运等车辆的通行

D. 在人车分流的小区中,车行道不必到达所有住宅单元

76. 下列关于住宅布局的表述,错误的是( )。

A. 我国东部地区城市的住宅日照标准是冬至日 1 小时

B. 室外风环境包括夏季通风、冬季防风

C. 行列式布局可以保证所有住宅的物理性能,但是空间较呆板

D. 周边式布置领域感强,但存在局部日照不佳和视线干扰等问题

77. 下列关于风景名胜区规划的表述,错误的是（　　）。

A. 我国已经基本建立起了具有中国特色的国家风景名胜区管理体系

B. 风景名胜区总体规划要对风景名胜资源的保护做出强制性的规定,对资源的合理利用做出引导和控制性的规定

C. 国家级风景名胜区总体规划由省、自治区建设主管部门组织编制

D. 省级风景名胜区详细规划由风景名胜区管理机构组织编制

78. 舒尔茨《场所精神》研究的核心主题是（　　）。

A. 城市不是艺术品,而是生动、复杂的生活本身

B. 行为与建筑环境之间应有的内在联系

C. 批评《雅典宪章》束缚了城市设计的实践

D. 怎样的建筑和环境设计能够更好地支持社会交往和公共生活

79. 下列关于规划实施的表述,错误的是（　　）。

A. 规划实施包括了城市所有建设性行为

B. 规划实施的作用是保证城市功能和物质设施建设之间的协调

C. 规划实施的组织应当包括促进、鼓励某类项目在某些地区的集中建设

D. 规划实施管理是对各项建设活动实行审批或许可以及监督检查的综合

80. 下列关于规划实施管理的表述,错误的是（　　）。

A. 对于以划拨方式提供国有土地使用权的建设项目,建设单位在报送有关部门批准或核准前,应当向城乡规划主管部门申请核发选址意见书

B. 以出让方式提供国有土地使用权的建设项目,城乡规划主管部门应当依据控制性详细规划提出规划条件

C. 在乡村规划区内进行建设确需占用农用地的,应当先办理乡村建设规划许可证,再办理农用地转用手续

D. 在城市规划区内进行建设的,必须先办理建设用地规划许可证,再办理土地审批手续

二、多项选择题(共20题,每题1分。每题的备选项中有2～4个符合题意。少选、错选都不得分)

81. 下列关于城市形成和发展的表述,正确的有（　　）。

A. 依据考古发现,人类历史上最早的城市出现在公元前3000年左右

B. 城市形成和发展的推动力量包括自然条件、经济作用、政治因素、社会结构、技术条件等

C. 随着资源枯竭,资源型城市不可避免地要走向衰退

D. 城市虽然是一个动态的地域空间形式,但是不同历史时期的城市其形成和发展的主要动因基本相同

E. 全球化是现代城市发展的重要动力之一

82. 下列有关欧洲古代城市的表述,正确的有(　　)。

    A. 古希腊时期的米利都城在布局上以方格网的道路系统为骨架,以城市广场为中心

    B. 中世纪城市中,教堂往往占据着城市的中心位置,是天际轮廓的主导因素

    C. 中世纪城市商业成为主导性的功能。关税厅、行业会所等成为城市活动的重要场所

    D. 文艺复兴时期的城市,大部分地区是狭小、不规则的道路网结构

    E. 文艺复兴时期的建筑师提出了大量不规则形状的理想城市方案

83. 下列关于当代城市的表述,正确的有(　　)。

    A. 制造业城市出现衰退,服务业城市快速发展

    B. 城市分散化发展趋势明显,中心城市功能向郊区及周边地区疏散

    C. 全球城市中的社会分化加剧,贫富差距扩大

    D. 电子商务成为全球城市发展的推动力量

    E. 不同地理区域的城市间联系加强

84. 下列关于现代城市规划体系的表述,正确的有(　　)。

    A. 现代城市规划融社会实践、政府职能、专门技术于一体

    B. 城市规划体系包括法律法规体系、行政体系、编制体系

    C. 城市规划法律法规体系是城市规划体系的核心

    D. 城市规划的行政体系不仅仅限于城市规划行政主管部门之间的关系,而且还涉及其与各级政府以及政府其他部门之间的关系

    E. 城市规划的文本体系是城市规划法律法规体系的重要组成部分,是城市规划法律权威性的体现

85. 城市总体规划中的城市住房调查涉及的内容包括(　　)。

    A. 城市现状居住水平　　　　　　　　B. 中低收入家庭住房状况

    C. 居民住房意愿　　　　　　　　　　D. 当地住房政策

    E. 居民受教育程度

86. 下列(　　)不宜单独作为城市人口规模预测方法,但可以用来校核。

    A. 综合平衡法　　　　　　　　　　　B. 环境容量法

    C. 比例分配法　　　　　　　　　　　D. 类比法

    E. 职工带眷系数法

87. 按照《城市规划编制办法》的规定,下列关于城市总体规划纲要成果的表述,准确的有(　　)。

    A. 城市总体规划纲要成果包括纲要文本、说明和基础资料汇编

    B. 纲要文字说明必须简要说明城市的自然、历史和现状特点

    C. 纲要阶段必须确定城市各项建设用地指标,为成果制定提供依据

    D. 区域城镇关系分析是纲要成果的组成部分

    E. 城市总体规划方案图必须标注各类主要建设用地

88. 下列关于信息化时期城市形态变化的表述,错误的有(　　)。

　　A. 在区域层面上看,城市发展更加分散

　　B. 城市中心与边缘的聚集效应差别减小

　　C. 城市各部分之间的联系减弱

　　D. 位于郊区的居住社区功能变得更加纯粹

　　E. 电子商务蓬勃发展,导致城市中心商务区衰落

89. 城市建设用地平衡表的主要作用包括(　　)。

　　A. 评价城市各项建设用地配置的合理水平

　　B. 衡量城市土地使用的经济性

　　C. 比较不同城市之间建设用地的情况

　　D. 规划管理部门审定城市建设用地规模的依据

　　E. 控制规划人均城市建设用地面积指标

90. 下列(　　)是城市道路与公路衔接的原则。

　　A. 有利于把城市对外交通迅速引出城市

　　B. 有利于把入城交通方便地引入城市中心

　　C. 有利于过境交通方便地绕过城市

　　D. 规划环城公路成为公路与城市道路的衔接路

　　E. 不同等级的公路与相应等级的城市道路衔接

91. 下列关于停车设施布置的表述,正确的有(　　)。

　　A. 城市商业中心的机动车公共停车场一般应布置在商业中心的外围

　　B. 城市商业中心的机动车公共停车场一般应布置在商业中心的核心

　　C. 城市主干路上可布置路边临时停车带

　　D. 城市次干路上可布置路边永久停车带

　　E. 在城市主要出入口附近应布置停车设施

92. 历史文化名城保护体系的层次主要包括(　　)。

　　A. 历史文化名城　　　　　　　　B. 历史文化街区

　　C. 文物保护单位　　　　　　　　D. 历史建筑

　　E. 非物质文化遗产

93. 历史文化名城保护规划的编制内容包括(　　)。

　　A. 合理调整历史城区的职能

　　B. 控制历史城区内的建筑高度

　　C. 确定历史城区的保护界线

　　D. 保护或延续历史城区原有的道路格局

　　E. 保留必要的二、三类工业

94. 城市绿地系统的功能包括(　　)。

　　A. 改善空气质量　　　　　　　　B. 改善地形条件

　　C. 承载游憩活动　　　　　　　　D. 降低城市能耗

E. 减少地表径流

95. 城市水资源规划的主要内容包括(　　)。

A. 水资源开发与利用现状分析　　　　B. 供用水现状分析

C. 供需水量预测及平衡分析　　　　　D. 水资源保障战略

E. 给水分区平衡

96. 近期建设规划发挥对城市建设活动的综合协调功能体现在(　　)。

A. 将规划成果转化为法定性的政府文件

B. 建立城市建设的项目库并完善规划跟踪机制

C. 建立项目审批的协调机制

D. 建立规划执行的监督检查机制

E. 组织编制城市建设的年度计划或规划年度报告

97. 下列表述中准确的有(　　)。

A. 在编制城市总体规划时应同步编制规划区内的乡、镇总体规划

B. 在编制城市总体规划时可同期编制与中心城区关系密切的镇总体规划

C. 城市规划区内的镇建设用地指标与中心城区建设用地指标一致

D. 城市规划区内的乡和村庄生活服务设施和公益事业由中心城区提供

E. 中心城区的市政公用设施规划也要考虑相邻镇、乡、村的需要

98. 下列关于居住区竖向规划的表述,正确的有(　　)。

A. 当平原地区道路纵坡大于 0.2% 时,应采用锯齿形街沟

B. 非机动车道纵坡宜小于 2.5%

C. 车道和人行道的横坡应为 0.1%～0.20%

D. 草皮土质护坡的坡比值为 1∶0.5～1∶1.0

E. 挡土墙高度超过 6m 时宜作退台处理

99. 风景名胜区总体规划包括(　　)。

A. 风景资源评价

B. 生态资源保护措施,重大建设项目布局,开发利用强度

C. 风景游览组织、旅游服务设施安排

D. 游客容量预测

E. 生态保护和植物景观培养

100.《新都市主义宪章》倡导的原则包括(　　)。

A. 应根据人的活动需求进行功能分区

B. 邻里在土地使用与人口构成上的多样性

C. 社区应该对步行和机动车交通同样重视

D. 城市必须由形态明确和易达的公共场所和社区设施所形成

E. 城市场所应当由反映地方历史、气候、生态和建筑传统的建筑设计、景观设计所构成

真题解析

一、单项选择题(共80题,每题1分。每题的备选项中,只有1个最符合题意)

1. B

【解析】 城市最早是政治统治、军事防御和商品交换的产物,"城"是由军事防御产生的,"市"是由商品交换(市场)产生的。归根结底,城市是由社会剩余物资的交换和争夺而产生的,也是社会分工和产业分工的产物,具体来讲是第三次社会大分工的产物,A选项错误,B选项正确,C选项错误。

城市是在"城"与"市"功能叠加的基础上,以行政和商业活动为基本职能的复杂化、多样化的客观实体,故D选项错误。

2. B

【解析】 全球城市区域是在全球化高度发展的前提下,以经济联系为基础,由全球城市及其腹地内经济实力较为雄厚的二级大中城市扩展联合而形成的一种独特空间现象,A选项中应为其腹地内的二级城市,因此错误。全球城市区域是多核心的城市扩展联合的空间结构,并非单一核心的城市区域,B选项正确。多个中心之间形成基于专业化的内在联系,各自承担着不同的角色,既相互合作,又相互竞争,在空间上形成了一个极具特色的城市区域,因此C选项错误。全球城市区域并不限于发达国家的大都市,这种发展趋势是在全球范围内发生的,包括发展中国家,因此D选项错误。

3. B

【解析】 1958—1965年是我国城镇化的波动发展阶段,故B选项符合题意。

4. A

【解析】 古希腊时期,城市布局上出现了以方格网道路系统为骨架,以城市广场为中心的希波丹姆模式,A选项中表述为古罗马城市特点错误。

5. B

【解析】 有机疏散就是把大城市目前的那一整块拥挤的区域分解成为若干个集中单元,并把这些单元组织成为"在活动上相互关联的有功能的集中点"。在这样的意义上,构架起了城市有机疏散的最显著特点,就是原先密集的城区将分裂成一个一个的集镇,它们彼此之间将由保护性的绿化地带隔离开来。因此B选项符合题意。

6. C

【解析】 柯布西埃现代城市的设想为一个300万人口的城市规划图,中央为中心区,除了必要的各种机关、商业和公共设施、文化和生活服务设施外,有将近40万人居住在24栋60层的摩天大楼中,高楼周围有大片的绿地,建筑仅占地5%。在其外围是环形居住带,有60万居民住在多层的板式住宅内。最外围是可容纳200万居民的花园住宅。整个城市的平面是严格的几何形构图,矩形的和对角线的道路交织在一起。规划的中心思想是提高市中心的密度,改善交通,全面改造城市地区,形成新的城市概念,提供充足的绿地、空间和阳光。在该项规划中,柯布西埃还特别强调了大城市交通运输的重要性。在中心区规划了一个地下铁路车站,车站上面布置直升机起降场。中心区的交通干道由三层组成:地下走重型车辆,地面用于市内交通,高架道路用于快速交通。由以上分析可知,200万人居住在花园住宅,而不居住在高层住宅,因此C选项符合题意。

7. C

【解析】 交通通信技术的发展,使得区位优势相对减弱,加强了城市郊区的服务功能,不利于城市中心区效应的发挥,故C选项符合题意。

8. C

【解析】 轨道交通、快速公交线属于快速疏散性交通型,地面公交干线属于服务性交通型,不能结合形成交通廊道,因为这样会彼此干扰,故A选项错误。居住区有不同的功能可保证居住区的协调,但不是机械的功能组合,就业与居住之间有些用地不应布置在一起,因为这样会造成污染和相互影响,故B选项错误。城市中心地区地块的地价昂贵,有些商业地块可高强度开发,但一些公益性设施,比如公园、展览馆等用地,进行高强度开发显然是不符合实际的,故D选项错误。居住区的教育设施配套,应充分考虑小学的服务范围,应减少城市交通穿越,以保证学生的安全,故C选项正确。

9. B

【解析】 影响后世数千年的城市基本形制在商代早期建设的河南偃师商城、中期建设的位于今天郑州的商城和位于今天湖北的盘龙城中已显雏形。

10. B

【解析】《国家新型城镇化规划(2014—2020年)》规定,要高举中国特色社会主义伟大旗帜,以邓小平理论、"三个代表"重要思想、科学发展观为指导,紧紧围绕全面提高城镇化质量,加快转变城镇化发展方式,以人的城镇化为核心,有序推进农业转移人口市民化,因此B选项符合题意。

11. B

【解析】 应依据可持续发展措施,优先发展公共交通,合理使用私人小汽车和自行车等个体交通工具,创造良好的步行环境,实现客运交通系统多方式的协调发展。通过车辆限行是"一刀切"直接停止的行为,而非可持续发展,合理使用才是可持续的发展方式,故B选项符合题意。

12. A

【解析】 城市规划对城市建设进行管理的实质是对开发权的控制,故B选项错误。城市规划通过对社会、经济、自然环境等的分析,结合未来发展的安排,从社会需要的角度对各类公共设施等进行安排,并通过土地使用的安排为公共利益的实现提供了基础。通过开发控制保障公共利益不受到损害,但并不能安排各类"公共产品",比如外交、社保等也属于公共保障体系的"公共品",显然,城市规划是无法安排的,故C选项错误。城市规划以预先安排的方式,在具体的建设行为发生之前对各种社会需求进行协调,从而保证各群体的利益得到体现,同时也保证社会公共利益的实现,而并非追求利益最大化,故D选项错误。

13．C

【解析】 依据《中华人民共和国立法法》，设区市地方人民政府可以制定本行政区域内有关城市管理、环境保护等方面的地方法规。只有设区市才能制定，C选项未做任何的限定，所以是错误的。

14．B

【解析】 在市场经济体制下，城乡规划的实施并不是完全由政府及其部门来承担，有相当一部分是通过私人企业来承担的，比如房地产开发，故A选项错误。根据《城乡规划法》的有关规定，城市建设用地的规划管理按照土地使用权的获得方式不同可以区分为两种情况，其管理的方式有所不同，故C选项错误。

《城乡规划法》第四十条规定，在城市、镇规划区内进行建筑物、构筑物、道路、管线和其他工程建设的，建设单位或者个人应当向城市、县人民政府城乡规划主管部门或者省、自治区、直辖市人民政府确定的镇人民政府申请办理建设工程规划许可证，故D选项错误。

15．B

【解析】 《城乡规划法》第二十四条规定，城乡规划组织编制机关应当委托具有相应资质等级的单位承担城乡规划的具体编制工作。第二十六条规定，城乡规划报送审批前，组织编制机关应当依法将城乡规划草案予以公告，并采取论证会、听证会或者其他方式征求专家和公众的意见，公告的时间不得少于30日。组织编制机关而非编制机关，因此B选项错误。

16．C

【解析】 我国城乡规划编制体系由城镇体系规划、城市规划、镇规划、乡规划和村庄规划构成。城市规划、镇规划分为总体规划和详细规划，详细规划分为控制性详细规划和修建性详细规划，故A、B选项错误。非县人民政府所在地的镇的控制性详细规划由镇人民政府组织编制，报上一级人民政府审批，故D选项错误。

17．D

【解析】 城市连绵区、城市地带和城市群内都可形成特定的城镇体系，比如：环渤海城市群、日本太平洋沿岸大都市带。

18．D

【解析】 全国城镇体系规划的主要内容是：①明确国家城镇化的总体战略与分期目标；②确立国家城镇化的道路与差别化战略；③规划全国城镇体系的总体空间格局；④构架全国重大基础设施支撑系统；⑤特定与重点地区的规划。因此D选项符合题意。

19．D

【解析】 对产业园区的布局属于城市总体规划阶段的内容，故D选项错误。

20．C

【解析】 《城市规划编制办法》第三十条规定，市域城镇体系规划应当包括下列内容：①提出市域城乡统筹的发展战略。②确定生态环境、土地和水资源、能源、自然和历史文化遗产等方面的保护与利用的综合目标和要求，提出空间管制原则和措施。③预测市域总人口及城镇化水平，确定各城镇人口规模、职能分工、空间布局和建设标准。④提出重点城镇的发展定位、用地规模和建设用地控制范围。⑤确定市域交通发展策略,原则确定市域交通、通信、能源、供水、排水、防洪、垃圾处理等重大基础设施、重要社会服务设施、危险品生产储存设施的布局。⑥根据城市建设、发展和资源管理的需要划定城市规划区。城市规划区的范围应当位于城市的行政管辖范围内。⑦提出实施规划的措施和有关建议。农村居民点的布局属于村庄规划内容,因此C选项符合题意。

21. C

【解析】 城镇体系规划的强制性内容应包括:①区域内必须控制开发的区域,包括自然保护区、退耕还林(草)地区、大型湖泊、水源保护区、分滞洪地区、基本农田保护区、地下矿产资源分布地区,以及其他生态敏感区等;②区域内的区域性重大基础设施的布局,包括高速公路、干线公路、铁路、港口、机场、区域性电厂和高压输电网、天然气门站、天然气主干管、区域性防洪、滞洪骨干工程、水利枢纽工程、区域引水工程等;③涉及相邻城市、地区的重大基础设施布局,包括取水口、污水排放口、垃圾处理场等。由以上分析可知,C选项符合题意。

22. A

【解析】 目前,市域城镇发展布局规划中可将市域城镇聚落体系分为中心城市—县城—镇区、乡集镇—中心村四级。对一些经济发达的地区,从节约资源和城乡统筹的要求出发,结合行政区划调整,实行中心城区—中心镇—新型农村社区的城市型居民点体系。因此,A选项符合题意。

23. D

【解析】 根据《城市规划编制办法》关于城市总体规划编制内容的规定,市域城镇体系规划应当包括:确定市域交通发展策略;原则确定市域交通、通信、能源、供水、排水、防洪、垃圾处理等重大基础设施、重要社会服务设施、危险品生产储存设施的布局,故A选项正确。中心城区规划应当包括:确定交通发展战略和城市公共交通的总体布局,落实公交优先政策,确定主要对外交通设施和主要道路交通设施布局;研究住房需求,确定住房政策、建设标准和居住用地布局;重点确定经济适用房、普通商品住房等满足中低收入人群住房需求的居住用地布局及标准,故B、C选项正确。所以D选项符合题意。

24. A

【解析】 《城乡规划法》第四十六条规定,省城城镇体系规划、城市总体规划、镇总体规划的组织编制机关,应当组织有关部门和专家定期对规划实施情况进行评估,并采取论证会、听证会或者其他方式征求公众意见,故A选项错误。

25. B

【解析】 影响城市发展方向的因素较多,可大致归纳为以下几种:①自然条件。地形地貌、河流水系、地质条件等土地的自然因素通常是制约城市用地发展的重要因素之一。②人工环境。高速公路、铁路、高压输电线等区域基础设施的建设状况以及区域产业布局和区域中各城市间的相对位置关系等因素均有可能成为制约或诱导城市向某一特定方向发展的重要因素。③城市建设现状与城市形态结构。④规划及政策性因素。例如,土地部门主导的土地利用总体规划中,必定体现农田保护政策,从而制约城市用地的扩展过多地占用耕地;而文物部门所制定的有关文物保护的规划或政策,则限制城市用地向地下文化遗址或地上文物古迹集中地区的扩展。⑤其他因素。除以上因素外,土地产权问题、农民土地征用补偿问题、城市建设中的城中村问题等社会问题也是需要关注和考虑的因素。

由以上分析可知,经济规模会影响城市发展速度,但是对城市发展方向影响较小,故 B 选项符合题意。

26. A

【解析】 城市性质是指城市在一定地区、国家以至更大范围内的政治、经济与社会发展中所处的地位和担负的主要职能,它由城市形成与发展的主导因素的特点所决定,由该因素组成的基本部门的主要职能所体现。城市性质关注的是城市最主要的职能,是对主要职能的高度概括,故 A 选项符合题意。

27. D

【解析】 《城市用地分类与规划建设用地标准》(GB 50137—2011)第4.2.3条规定,首都的规划人均城市建设用地面积指标应在 $105.1 \sim 115.0 m^2$/人内确定,故 D 选项符合题意。

28. A

【解析】 《城市规划编制办法》第二十条规定,编制城市总体规划,应先组织编制总体规划纲要,研究确定总体规划中的重大问题,将其作为编制规划成果的依据,因此 A 选项符合题意。

29. C

【解析】 放射型城市的建成区总平面的主体团块有 3 个以上明确的发展方向,包括指状、星状、花状等子型,这些形态的城市多位于地形较平坦,而对外交通便利的平原地区,故 C 选项符合题意。

30. C

【解析】 虽然城市用地出现兼容化的特点,但是由于城市外部效应,规模经济仍然存在,为了获取更高的集聚经济,不同阶层、不同收入水平与文化水平的城市居民可能会集聚在某个特定的地理空间,形成各种社区;功能性质类似或联系密切的经济活动,可能会根据它们的相互关系聚集成区,因此 C 选项错误。

随着信息化的发展,城市空间结构出现分散,城乡界限变动模糊,同时,网络的"同时"效应使得不同地段的空间区位差异缩小,城市各功能单位的距离约束变弱,空间出现网络化的特点,因此 A、B、D 选项正确。

31. D

【解析】 文化馆是县、市一级的群众文化事业单位,有的地方也叫文化中心、文化活动中心,其作用是开展群众文化活动,并给群众文娱活动提供场所。由于要进行排练、艺术表演等,文化馆不宜布置在靠近医院、住宅及托儿所、幼儿园、小学等建筑一侧,因此 D 选项符合题意。

32. B

【解析】 《室外给水设计规范》(GB 50013—2006)第8.0.1条规定,水厂厂址的选择,应符合城镇总体规划和相关专项规划,并根据下列要求综合确定:①给水系统布局合理;②不受洪水威胁;③有较好的废水排除条件;④有良好的工程地质条件;⑤有便于远期发展控制用地的条件;⑥有良好的卫生环境,并便于设立防护地带;⑦少拆迁,不占或少占农田;⑧施工、运行和维护方便。注:有沉沙特殊处理要求的水厂宜设在水源地附近。不是所有的水厂都要靠近水源地附近,而是有沉沙特殊处理要求的才需要。因此B选项符合题意。

33. D

【解析】 在静风频率比较高的地区,因为污染物难以扩散,不应布置排放有害废气的工业,A选项正确。铁路编组站占地面积大,且昼夜作业,噪声对城市有干扰,应该布置在城市郊区铁路干线交会处,B选项正确。城市道路又是城市的通风道,要结合城市绿地规划,把绿地中的新鲜空气通过道路引入城市,因此道路的走向要有利于通风,一般应平行于夏季主导风向,故C选项正确。有些专业市场统一集聚布置,可以发挥联动效应,但有些专业市场有自己的服务半径,不宜集聚布置,D选项错误,符合题意。

34. A

【解析】 液化石油气属于危险品,液化石油气储配站应布置于所在地区全年最小风频风向的上风向,故A选项错误,符合题意。

35. D

【解析】《城市抗震防灾规划标准》(GB 50413—2007)第2.0.6条规定,固定避震疏散场所是供避震疏散人员较长时间避震和进行集中性救援的场所。通常可选择面积较大、人员容置较多的公园、广场、体育场地/馆、大型人防工程、停车场、空地、绿化隔离带以及抗震能力强的公共设施、防灾据点等。D选项所指的场所存在二次灾害的危险。

36. A

【解析】 产业转移是优化生产力空间布局、形成合理产业分工体系的有效途径,是推进产业结构调整、加快经济发展方式转变的必然要求。产业向城市近郊区转移是改善特大城市人口与产业过于集中布局在中心城区带来的环境恶化状况的最有效的途径。

37. A

【解析】 风向频率一般是分8个或16个罗盘方位观测,累计某一时期内(一季、一年或多年)各个方位风向的次数,并以各个风向发生的次数占该时期内观测、累计各个不同风向(包括静风)的总次数的百分比来表示。

38. C

【解析】 航空港布局规划原则:①在城市分布比较密集的区域,应在各城市使用都方便的位置设置若干城市共用的航空港,高速公路的发展有利于多座城市共用一个航空港。②随着航空事业的进一步发展,一个特大城市周围可以布置若干个机场。③从净空限制的角度分析,航空港的选址应尽可能使跑道轴线方向避免穿过市区。城市规划要注意妥善处理航空港与城市的距离。必须努力争取在满足机场选址的要求前提下,尽量缩短航空港与城区的距离。

由以上分析可知,机场与城市的距离不是越远越好,C选项符合题意。

39. D

【解析】 城市交通系统包括城市道路系统(交通行为的通道)、城市运输系统(交通行为的运作)和城市交通管理系统(交通行为的控制)三个组成部分。

40. D

【解析】 建立渠化交通体系是交通工程措施,不属于交通政策范畴,因此D选项符合题意。

41. A

【解析】 影响城市道路系统布局的因素主要有三个:①城市在区域中的位置(城市外部交通联系和自然地理条件);②城市用地布局结构与形态(城市骨架关系);③城市交通运输系统(市内交通联系)。因此,A选项符合题意。

42. D

【解析】 城市道路的功能分类:交通性道路、生活性道路。城市道路的规划分类:快速路、主干路、次干路、支路。故D选项符合题意。

43. A

【解析】 城市道路系统规划的基本要求中的第一条:满足组织城市用地的"骨架"要求。城市各级道路应成为划分城市各组团、各片区地段、各类城市用地的分界线,因此不是任何等级的道路都可以划分组团的,划分的范围与道路等级具有对应关系,A选项错误。

44. B

【解析】 中、小城市客运站可以布置在城区边缘,大城市可能有多个客运站,应深入城市中心区边缘布置,因此B选项符合题意。

45. B

【解析】《历史文化名城名镇名村保护条例》第二条规定,历史文化名城、名镇、名村的申报、批准、规划、保护,适用本条例,因此,B选项符合题意。

46. B

【解析】《历史文化名城名镇名村保护条例》第十五条规定,历史文化名城、名镇保护规划的规划期限应当与城市、镇总体规划的规划期限相一致;历史文化名村保护规划的规划期限应当与村庄规划的规划期限相一致。因此,B选项符合题意。

47. B

【解析】《城市紫线管理办法》第二条规定,本法所称城市紫线,是指国家历史文化名城内的历史文化街区和省、自治区、直辖市人民政府公布的历史文化街区的保护范围界线,以及历史文化街区外经县级以上人民政府公布保护的历史建筑的保护范围界线,因此,B选项符合题意。

48. C

【解析】《历史文化名城保护规划规范》(GB 50357—2005)第4.1.1条规定,历史文化街区应具备以下条件:①有比较完整的历史风貌;②构成历史风貌的历史建筑和历史环境要素基本上是历史存留的原物;③历史文化街区用地面积不小于1hm²;④历史文化街区内文物古迹和历史建筑的用地面积宜达到保护区内建筑总用地的60%以上。

C选项的70%错误。

49. D

【解析】 城市绿地系统规划的任务是调查与评价城市发展的自然条件,参与研究城市的发展规模和布局结构,研究、协调城市绿地与其他各项建设用地的关系,确定和部署城市绿地,处理远期发展与近期建设的关系,指导城市绿地系统的合理发展。D选项属于城市总体规划的内容。

50. D

【解析】 市政公用设施主要指规划区范围内的水资源、给水、排水、再生水、能源、电力、燃气、供热、通信、环卫设施等工程。D选项的环保不属于市政公用设施。

51. A

【解析】 城市电力工程规划的主要任务和内容中,城市总体规划中的主要内容:①预测城市供电负荷;②选择城市供电电源;③确定城市电网供电电压等级和层次;④确定城市变电站容量和数量;⑤布局城市高压送电网和高压走廊;⑥提出城市高压配电网规划技术原则。从第5点可知,高压送电网和高压走廊的布局,属于城市总体规划阶段的内容,A选项符合题意。

52. A

【解析】 城市综合防灾减灾规划的主要任务是:根据城市自然环境、灾害区划和城市定位,确定城市各项防灾标准,合理确定各项防灾设施的布局、等级、规模;充分考虑防灾设施与城市常用设施的有机结合,制定防灾设施的统筹建设、综合利用、防护管理等对策与措施,因此A选项的内容不属于城市综合防灾减灾规划的任务。

53. B

【解析】 城市景观水体规划属于城市景观规划的内容,不属于防洪工程的内容,因此B选项符合题意。

54. C

【解析】 按环境要素划分,城市环境保护规划可分为大气环境保护规划、水环境保护规划、固体废物污染控制规划、噪声污染控制规划,C选项符合题意。

55. C

【解析】 固体废物污染控制规划是根据环境目标,按照资源化、减量化和无害化的原则确定各类固体废物的综合利用率与处理、处置指标体系并制定最终治理对策,因此C选项的生态化不正确。

56. C

【解析】 城市用地竖向规划工作包括下列基本内容:①结合城市用地选择,分析研究自然地形,充分利用地形,对一些需要采用工程措施后才能用于城市建设的地段提出工程措施方案;②综合解决城市规划用地的各项控制标高问题,如防洪堤、排水干管出口、桥梁和道路交叉口等;③使城市道路的纵坡度既能配合地形,又能满足交通上的要求;④合理组织城市用地的地面排水;⑤经济合理地组织好城市用地的土方工程,考虑填方和挖方的平衡;⑥考虑配合地形,注意城市环境的立体空间的美观要求。C选项不属于城市用地竖向规划的内容。

57. C

【解析】 人类社会为开拓生存与发展空间,将地下空间作为一种宝贵的空间资源。地下空间资源一般包括三方面含义:一是依附于土地而存在的资源蕴藏量;二是依据一定的技术经济条件可合理开发利用的资源总量;三是一定的社会发展时期内有效开发利用的地下空间总量。由以上分析可知,C 选项错误。

58. B

【解析】 居住小区级绿地布局属于居住区修建性详细规划的内容,因此 B 选项符合题意。

59. C

【解析】 编制第二个近期规划,必须对城市面临的许多重大问题重新进行思考和分析研究,对五年前确立的城市发展目标和策略进行必要的调整,而不仅仅是局部的微调或细节的深化,故 C 选项错误,符合题意。

60. A

【解析】 城市近期建设规划的基本内容:①确定近期人口和建设用地规模,确定近期建设用地范围和布局;②确定近期交通发展策略,确定主要对外交通设施和主要道路交通设施布局;③确定各项基础设施、公共服务和公益设施的建设规模和选址;④确定近期居住用地安排和布局;⑤确定历史文化名城、历史文化街区、风景名胜区等的保护措施,城市河湖水系、绿化、环境等保护、整治和建设措施;⑥确定控制和引导城市近期发展的原则和措施。城市人民政府可以根据本地区的实际,决定增加近期建设规划中的指导性内容。

确定空间发布时序,提出规划实施步骤是总体规划阶段的内容,因此 A 选项符合题意。

61. D

【解析】 在规划方案的基础上进行用地细分,一般细分到地块,使之成为控制性详细规划实施具体控制的基本单位。地块划分考虑用地现状、产权划分和土地使用调整意向、专业规划要求(如城市"五线"——红线、绿线、紫线、蓝线、黄线)、开发模式、土地价值区位级差、自然或人为边界、行政管辖界线等因素,结合用地功能性质不同、用地产权或使用权边界的区别等进行划分。用地细分应根据地块区位条件,综合考虑地方实际开发运作方式,对不定性质与权属的用地提出细分标准,原则上细分后的用地应作为城市开发建设的基本控制地块,不允许无限细分。由以上分析可知,细分后的用地不是不能再细分,而是不能无限细分,一般情况的细分是可以的,因此 D 选项错误。

62. B

【解析】 控制性详细规划指标的确定方法:按照规划编制办法,选取符合规划要求和规划意图的若干规划控制指标组成综合指标体系,并根据研究分析分别赋值,A 选项错误。综合控制指标体系中必须包括编制办法中规定的强制性内容,因此 B 选项正确。指标的确定一般采用四种方法,即测算法、标准法、类比法和反算法,C 选项错误。指标确定的方法依实际情况而定,也可采用多种方法相互印证,D 选项中必须采用多种方法印证不正确。

63. D

【解析】 控制性详细规划是以总体规划(或分区规划)为依据,以规划的综合性研究为基础,以数据控制和图纸控制为手段,以规划设计与管理相结合的法规为形式,对城市用地建设和设施建设实施控制性的管理,把规划研究、规划设计与规划管理结合在一起的规划方法。D选项实际为修建性详细规划的概念。

64. A

【解析】 控制性详细规划为修建性详细规划和各项专业规划设计提供准确的规划依据,A选项正确。控制性详细规划的基本特点:一是"地域性",二是"法制化管理",B选项错误。控制性详细规划从城市整体环境设计的要求上,提出意象性的城市设计和建筑环境的空间设计准则和控制要求,也为下一步修建性详细规划提供依据,同时也可作为工程建设项目规划管理的依据,C选项错误。控制性详细规划是在对用地进行细分的基础上,规定用地的性质、建筑量及有关环境、交通、绿化、空间、建筑形体等的控制要求,但并不是对所有建设行为都进行控制,D选项错误。

65. D

【解析】 修建性详细规划成果应当包括规划说明书、图纸,A选项错误。基本图纸包括位置图、现状图、场地分析图、规划总平面图、道路交通规划设计图、竖向规划图、效果表达(局部透视图、鸟瞰图、规划模型、多媒体演练等),D选项正确。成果的技术深度应该能够指导建设项目的总平面设计、建筑设计和工程施工图设计,满足委托方的规划设计要求和国家现行的相关标准、规范的技术规定,B选项错误。在修建性详细规划中,需要日照分析的有住宅、医院、学校和托幼等,因此日照分析不是针对住宅进行的,C选项错误。

66. D

【解析】 修建性详细规划中应当具有夜景灯光设计,D选项是对灯具的选择,显然是错误的。

67. C

【解析】《城乡规划法》第三条规定,县级以上地方人民政府根据本地农村经济社会发展水平,按照因地制宜、切实可行的原则,确定应当制定乡规划、村庄规划的区域。县级以上地方人民政府鼓励、指导前款规定以外的区域的乡、村庄制定和实施乡规划、村庄规划,故A、B选项正确。历史文化名村保护规划的规划期限应当与村庄规划的规划期限相一致,历史文化名村应制定村庄规划,故D选项正确。是否需要编制和实施乡规划,与农业与非农业人口的多少无关,而是与上位规划的要求有关,C选项属于根本性的认知错误。

68. D

【解析】《城乡规划法》第十八条规定,乡规划、村庄规划应当从农村实际出发,尊重村民意愿,体现地方和农村特色。乡规划、村庄规划的内容应当包括:规划区范围,住宅、道路、供水、排水、供电、垃圾收集、畜禽养殖场所等农村生产、生活服务设施、公益事业等各项建设的用地布局、建设要求,以及对耕地等自然资源和历史文化遗产保护、防灾减灾等的具体安排。乡规划还应当包括本行政区域内的村庄发展布局。因此D选项符合题意。

69. A

【解析】 参考上题的解析,可知 A 选项符合题意。

70. D

【解析】 《历史文化名城名镇名村保护条例》第三十四条规定,对历史建筑实施原址保护的,建设单位应当事先确定保护措施,报城市、县人民政府城乡规划主管部门会同同级文物主管部门批准。第三十五条规定,对历史建筑进行外部修缮装饰、添加设施以及改变历史建筑的结构或者使用性质的,应当经城市、县人民政府城乡规划主管部门会同同级文物主管部门批准,并依照有关法律、法规的规定办理相关手续,故 A、B、C 选项不正确。第二十八条规定,在历史文化街区、名镇、名村核心保护范围内,新建、扩建必要的基础设施和公共服务设施的,城市、县人民政府城乡规划主管部门核发建设工程规划许可证、乡村建设规划许可证前,应当征求同级文物主管部门的意见,D 选项的建设情况只是"征求",而非会同批准。

71. A

【解析】 《历史文化名城名镇名村保护条例》第三十一条规定,历史文化街区、名镇、名村核心保护范围内的消防设施、消防通道,应当按照有关的消防技术标准和规范设置。确因历史文化街区、名镇、名村的保护需要,无法按照标准和规范设置的,由城市、县人民政府公安机关消防机构会同同级城乡规划主管部门制订相应的防火安全保障方案。A 选项符合题意。

72. D

【解析】 依据邻里单位 6 大原则可知,邻里单位占地约 65hm^2,因此 D 选项符合题意。

73. A

【解析】 居住区用地由住宅用地、公建用地、道路用地和公共绿地组成。A 选项中的绿地不等于公共绿地,二者是包含关系,因此 A 项错误。居住区人口为 3 万~5 万人,B 项正确。居住区空间结构是根据居住组织结构、功能要求、用地条件等因素,规划所确定的住宅、公共服务设施、道路、绿地等相互关系,D 选项正确。而过小的地块应限制,难满足居住区组织形式需要,C 选项正确。

74. C

【解析】 《住宅建筑规范》(GB 50368—2005)第 4.1.1 条规定,住宅间距应以满足日照要求为基础,综合考虑采光、通风、消防、防灾、管线埋设、视觉卫生等要求确定,因此 C 选项符合题意。

75. B

【解析】 居住区级道路一般是城市的次干路或城市支路,既有组织居住区交通的作用,也具有城市交通的作用,故 A 选项正确。居住区级道路一般用以划分小区的道路,一般与城市支路同级,故 B 选项错误。宅间小路是进入庭院及住宅的道路,主要通行自行车及行人,但也要满足消防、救护、搬家、垃圾清运等汽车的通行,故 C 选项正确。在人车分流的小区中,在满足消防的情况下,车行道不必达到所有的住宅单位,故 D 选项正确。

76. A

【解析】 我国东部地区城市的日照标准是大寒日大城市不小于 2 小时,中小城市不小于 3 小时,因此 A 选项符合题意。

77. D

【解析】《风景名胜区条例》第十六条规定,国家级风景名胜区规划由省、自治区人民政府建设主管部门或者直辖市人民政府风景名胜区主管部门组织编制。省级风景名胜区规划由县级人民政府组织编制。第二十条规定,省级风景名胜区的详细规划,由省、自治区人民政府建设主管部门或者直辖市人民政府风景名胜区主管部门审批。因此,D 选项符合题意。

78. B

【解析】 舒尔茨在《场所精神》中提出了行为与建筑环境之间应有的内在联系。场所不仅具有实体空间的形式,而且还有精神上的意义,因此,B 选项符合题意。

79. A

【解析】 城市规划实施包括了城市发展和建设过程中的所有建设性行为,或者说,城市发展和建设中的所有建设性行为都应该成为城市规划实施的行为。城市规划的实施就是为了使城市的功能与物质性设施及空间组织之间不断地协调。城市规划实施的组织,还应包括制定相应的规划实施的政策,比如促进、鼓励某类项目在某些地区的集中或者限制某类项目在该地区建设等,以对城市建设进行引导,保证城市规划能够得到实施。城市规划实施的管理主要是指对城市建设项目进行规划管理,即对各项建设活动实行审批或许可、监督检查以及对违法建设行为进行查处等管理工作,因此 B、C、D 选项正确。A 选项应为城市发展和建设过程中的所有建设性行为,而不是城市所有建设性行为,因此 A 选项符合题意。

80. C

【解析】《城乡规划法》第四十一条规定,在乡、村庄规划区内进行乡镇企业、乡村公共设施和公益事业建设以及农村村民住宅建设,不得占用农用地;确需占用农用地的,应当依照《中华人民共和国土地管理法》有关规定办理农用地转用审批手续后,由城市、县人民政府城乡规划主管部门核发乡村建设规划许可证。建设单位或者个人在取得乡村建设规划许可证后,方可办理用地审批手续,故 C 项符合题意。

二、多项选择题(共 20 题,每题 1 分。每题的备选项中有 2～4 个符合题意。少选、错选都不得分)

81. ABE

【解析】 依据考古发现,人类历史上最早的城市大约出现在公元前 3000 年左右,A 选项正确。资源型城市随着资源存量的减少、枯竭或是当特色资源遭到破坏时,城市大都面临再次定位、转型的选择,否则只能走向衰退,只有转型才能避免衰退,故 C 选项错误。城市是一个动态的地域空间形式,城市形成和发展的主要动因也会随着时间和地点的不同而发生变化,现代城市的发展开始凸显出一些与以往不同的动力机制,故 D 选项错误。在全球化的今天,全球化也是城市发展的重要动力之一,故 E 选项正确。城市形成和发展的推动力量很多,主要包括了自然作用、经济作用、政治因素、社会结构、技术条件等,故 B 选项正确。因此 A、B、E 选项符合题意。

82. AB

【解析】 在中世纪,经济和社会生活中心转向农村,手工业和商业十分萧条,城市处于衰落状态,教堂占据了城市的中心位置。另外,由于中世纪战争的频繁,城市的设防要求提到较高的地位,也出现了一些以城市防御为出发点的规划模式,故 C 选项错误。文艺复兴时期,建设了一系列具有古典风格和构图严谨的广场和街道以及一些世俗的公共建筑。其中具有代表性的有威尼斯的圣马可广场,梵蒂冈的圣彼得大教堂等。文艺复兴时期,出现了一系列有关理想城市格局的讨论,故 D、E 选项错误。所以 A、B 选项符合题意。

83. ACDE

【解析】 后工业社会中的城市的性质由生产功能转向服务功能,制造业的地位明显下降,服务业的经济地位逐渐上升,故 A 选项正确。现代化交通运输网络的发展,以及信息网络对交通运输网络的补充,大大拓宽了城市的活动空间,使城市得以延伸其各种功能的地域分布,使城市化呈现扩散化趋势;另一方面,城市化发展又呈现集聚化趋势。城市空间的扩展表现为中心城市高度集聚,并向外呈非连续性用地扩展,而城市集中的地区,各城市与中心城市的联系加强,整个城市群呈融合趋势,即大分散,小集中趋势,故 B 选项错误。全球城市的经济条件分化加剧,贫富差距扩大,因此 C 选项正确。随着互联网的发展,电子商务能够更好地为全球城市中的金融活动提供支持,成为全球城市发展的推动力量,D 选项正确。在全球城市分工体系中,利用不同地理区域城市优势进行分工,让不同区域城市为全球城市服务,不同区域的城市间联系加强,E 选项正确。

84. ACD

【解析】 现代城市规划体系包括法律法规体系、行政体系、工作体系,是融合社会实践、政府职能、专门技术于一体的现代规划体系,而城市规划法律法规体系是城市规划体系的核心,是整个规划体系基础,因此 A 选项正确,B 选项错误,C 选项正确。

城市规划的行政体系包括纵向行政体系和横向行政体系,横向行政体系体现的是城乡规划主管部门与政府其他各部门之间的关系,D 选项正确。

城市规划的法规体系是城市规划体系的核心,体现权威性,E 选项错误。

85. ABCD

【解析】 城市住房及居住环境调查的内容包括:了解城市现状居住水平,中低收入家庭住房状况,居民住房意愿,居住环境,当地住房政策,因此 A、B、C、D 选项符合题意。

86. BCD

【解析】 城市总体规划采用的城市人口规模预测方法主要有综合平衡法、时间序列法、相关分析法(间接推算法)、区位法和职工带眷系数法。某些人口规模预测方法不宜单独作为预测城市人口规模的方法,但可以作为校核方法使用,例如环境容量法(门槛约束法)、比例分配法、类比法。B、C、D 选项符合题意。

87. BD

【解析】 城市总体规划纲要的成果包括文字说明、图纸和专题研究报告,故 A 项错误。城市总体规划纲要研究宏观层面的城市问题,提出城市建设用地的规模,但不确定城市各项建设用地指标,C 选项错误。城市总体规划方案图可以标注主要建设用地,但不是各类用地都要标注,E 选项错误。城市总体规划的纲要文本需要说明城市的自然、历史和现状特点,分析区域城镇体系关系,B、D 选项正确。

88. CDE

【解析】 信息化时期城市形态的变化为:城市空间结构形态将从集聚走向分散,但分散之中又有集中,呈现大分散与小集中的局面,因此 A 选项正确。分散的结果就是城市规模扩大、市中心区的聚集效应降低,城市边缘区与中心区的聚集效应差别缩小,城市密度梯度的变化曲线日趋平缓,城乡界限变得模糊,因此 B 选项正确,C 选项错误。网络化的趋势使城市空间形散而神不散,城市结构正是在网络的作用下,以前所未有的紧密程度联系着。位于郊区的社区不仅是传统的居住中心,而且还是商业中心、就业中心,具备了居住、就业、交通、游憩等功能,可以被看作多功能社区的端倪。电子商务的发展不会导致城市中心商务区的衰落,因此 D、E 选项错误。由以上分析可知,C、D、E 选项符合题意。

89. ADE

【解析】 城市建设用地平衡表罗列出各项用地在用地面积、占城市建设用地比例、人均城市建设用地方面的规划与现状的数值,用来分析城市各项用地的数量关系,用数量的概念来说明城市现状与规划方案中各项用地的内在联系,为合理分配城市用地提供必要的依据,为评价城市各项建设用地配置提供数据支持,为把控各类人均用地指标提供判断。由平衡表无法衡量城市土地使用的经济性。由以上分析可知,A、D、E 选项符合题意。

90. ACD

【解析】 城镇间道路把城市对外联络的交通引出城市,又把大量入城交通引入城市。所以城镇间道路与城市道路网的连接应有利于把城市对外交通迅速引出城市,避免入城交通对城市道路,特别是城市中心地区道路上的交通的过多冲击,还要有利于过境交通方便地绕过城市,而不应该把过境的穿越性交通引入城市和城市中心地区。在城市规划方面,规划环城公路与城市道路衔接具有较好的截留和疏散功能,但应该避免城市道路与公路直接衔接,以免对外交通直接对城市交通造成冲击。A、C、D 选项符合题意。

91. AE

【解析】 城市停车设施一般分为 6 类:①城市出入口停车设施,即外来机动车公共停车场,应设在城市外围的城市主要出入干路附近,附有车辆检查站,配备旅馆、饮食等服务设施,还可配备一定的娱乐设施;②交通枢纽性停车设施;③生活居住区停车设施,主要为自行车停放设施;④城市各级商业、文化娱乐中心附近的公共停车设施,一般布置在商业、文化娱乐的外围,步行距离以不超过 100~150m 为宜,大型公共设施的停车首选地下停车库或专用停车楼,同时考虑设置一定的地面停车场;⑤城市外围大型公共活动场所停车设施,如体育场馆、大型超级商场,停车场设置在设施的出入口附近,也可结合公共汽车首末站进行布置;⑥道路停车设施,为临时停车设施,主干路不允许路边临时停车,次干路可考虑设置少量路边临时停车带,支路在适当位置允许路边停车的横断面设计。因此 A、E 选项符合题意。

92. ABC

【解析】 历史文化名城保护规划应建立历史文化名城、历史文化街区与文物保护单位三个层次的保护体系,A、B、C 选项符合题意。

93. ABD

【解析】 有关规范规定,历史文化名城保护规划必须控制历史城区内的建筑高度。历史城区道路系统要保持或延续原有道路格局,对富有特色的街巷,应保持原有的空间尺度。历史文化名城保护规划应划定历史地段(历史文化街区)、历史建筑(群)、文物古迹和地下文物埋藏区的保护界线,并提出相应的规划控制和建设的要求。历史文化名城保护规划应合理调整历史城区的职能,控制人口容量,疏解城区交通,改善市政设施,以及提出规划的分期实施及管理的建议。A、B、D 选项符合题意。

94. ACDE

【解析】 城市绿地系统的功能有:①改善小气候;②改善空气质量;③减少地表径流,减缓暴雨积水,涵养水源,蓄水防洪;④减灾功能;⑤改善城市景观;⑥对游憩活动的承载功能;⑦城市节能,降低采暖和制冷的能耗。因此,A、C、D、E 选项符合题意。

95. ABCD

【解析】 城市水资源规划的主要内容为:①水资源开发与利用现状分析;②供用水现状分析;③供需水量预测及平衡分析;④水资源保障战略。因此,A、B、C、D 选项符合题意。

96. BCE

【解析】 要使近期建设规划真正能够发挥对城市建设活动的综合协调功能,必须从以下几个方面努力:①将规划成果转化为指导性和操作性很强的政府文件;②建立城市建设的项目库并完善规划跟踪机制;③建立建设项目审批的协调机制;④建立规划执行的责任追究机制;⑤组织编制城市建设的年度计划或规划年度报告。B、C、E 选项符合题意。

97. BE

【解析】 城市总体规划需要对规划区内的各乡、镇进行职能分工、产业定位,用于指导规划区内乡、镇总体规划的编制,因此,规划区内的很多乡、镇总体规划应在城市总体规划编制后编制,A 选项错误。在编制总体规划时,与中心城区关系密切的镇,此部分镇基本已经属于中心城区,承担了中心城区的功能,可同期研究,同期编制,B 选项正确。镇与城市具有不同的规划标准,城市采用《城市用地分类与规划建设用地标准》,而一般镇采用《镇规划标准》,因此 C 选项错误。在城市规划区内的村庄生活服务设施和公益事业由村庄提供,不由中心城区提供(比如村委会、红白喜事厅),因此 D 选项错误。一些时候,由于某些相邻镇、乡、村的需要,中心城区的市政公用设施规划也需要相应的给予考虑,E 选项正确。

98. BE

【解析】 当平原地区道路纵坡小于 0.2% 时,应采用锯齿形街沟。非机动车道纵坡宜小于 2.5%,超过时应按规定限制坡长,机动车与非机动车混行道路应按非机动车道坡度要求控制。车道和人行道的横坡应为 1.0%~2.0%。草皮土质护坡的坡比值应小于 1:0.5。对用地条件受限制或地质不良地段,可采用挡土墙,挡土墙适宜的经济高度为 1.5~3.0m,一般不超过 6m,超过 6m 时宜作退台处理。B、E 选项符合题意。

99. ABD

【解析】 风景名胜区总体规划应包括以下内容:①风景资源评价;②生态资源保护措施、重大建设项目布局、开发利用强度;③功能结构与空间布局;④禁止开发和限制开发的范围;⑤风景名胜区的游客容量;⑥有关专项规划。A、B、D 选项符合题意。

100. CDE

【解析】 1993 年新都市主义协会成立后发表了《新都市主义宪章》,倡导在下列原则下:①邻里在用途与人口构成上的多样性;②社区应该对步行和机动车交通同样重视;③城市必须由形态明确和普遍易达的公共场所和社区设施所形成;④城市场所应当由反映地方历史、气候、生态和建筑传统的建筑设计和景观设计所构成。C、D、E 选项符合题意。

2018 年度全国注册城乡规划师职业资格考试真题与解析

城乡规划原理

真　题

一、单项选择题(共80题,每题1分。每题的备选项中,只有1个最符合题意)

1. 下列关于城市概念的表述,准确的是(　　)。
   A. 城市是人类第一次社会大分工的产物
   B. 城市的本质特点是分散
   C. 城市是"城"与"市"叠加的实体
   D. 城市最早是政治统治、军事防御和商品的产物

2. 下列关于城市发展的表述,错误的是(　　)。
   A. 集聚效益是城市发展的根本动力
   B. 城市与乡村的划分越来越清晰
   C. 城市与周围广大区域保持着密切联系
   D. 信息技术的发展将改变城市的未来

3. 下列关于大都市区的表示中,错误的是(　　)。
   A. 英国最早采用大都市区概念
   B. 大都市区是为了城市统计而划定的地域单元
   C. 大都市区是城镇化发展到较高阶段的产物
   D. 日本的都市圈与大都市区内涵基本相同

4. 下列不属于城市空间环境演进基本规律的是(　　)。
   A. 从封闭的单中心到开放的多中心空间环境
   B. 从平面空间环境到立体空间环境
   C. 从生产性空间环境到生活性空间环境
   D. 从分离的均质城市空间到整合的单一城市空间

5. 下列关于城镇化进程按时间顺序排列的四个阶段的表述,准确的是(　　)。
   A. 城镇集聚化阶段、逆城镇化阶段、郊区化阶段、再城镇化阶段
   B. 城镇集聚化阶段、郊区化阶段、再城镇化阶段、逆城镇化阶段
   C. 城镇集聚化阶段、郊区化阶段、逆城镇化阶段、再城镇化阶段
   D. 城镇集聚化阶段、逆城镇化阶段、再城镇化阶段、郊区化阶段

6. 下列关于古希腊希波丹姆(Hippodamus)城市布局模式的表述,正确的是(　　)。
   A. 该模式在雅典城市布局中得到了最为完整的体现
   B. 该模式的城市空间中,一系列公共建筑围绕广场建设,成为城市生活的核心
   C. 皇宫是城市空间组织的关键性节点
   D. 城市的道路系统是城市空间组织的关键

7. 下列关于绝对君权时期欧洲城市改建的表述,准确的是(   )。

    A. 这一时期欧洲国家的首都,均发展成为封建统治与割据的中心大城市

    B. 这一时期的城市改建,以伦敦市的改建影响最为巨大

    C. 这一时期的城市改建,受到古典主义思潮的影响

    D. 这一时期的教堂是城市空间的中心和塑造城市空间的主导因素

8. 下列关于近代空想社会主义理想和实践的表述,错误的是(   )。

    A. 莫尔的"乌托邦"概念除了提出理想社会组织结构改革的设想之外,也描述了他理想中的建筑、社区和城市

    B. 欧文提出了"协和村"的方案,并进行了实践

    C. 傅里叶提出了以"法郎吉"为单位建设 5000 人左右规模的社区

    D. 戈定在法国古斯(Guise)的工厂相邻处按照傅里叶的"法郎吉"设想进行了实践

9. 下列关于近代"工业城市"设想的描述,错误的是(   )。

    A. 建筑师戈涅是"工业城市"设想的提出者

    B. "工业城市"是一个城市的实际规划方案,位于平原地区的河岸附近,便于交通运输

    C. "工业城市"的规模假定为 35000 人

    D. "工业城市"中提出了功能分区思想

10. 从城市土地使用形态出发的空间组织理论不包括(   )。

    A. 同心圆理论   B. 功能分区理论

    C. 扇形理论   D. 多核心理论

11. 按照伊萨德的观点,下列关于决定城市土地租金的各类要素的表述,准确的是(   )。

    A. 与城市几何中心的距离   B. 顾客到达该地址的可达性

    C. 距城市公园的远近   D. 竞争者的类型

12. 下列关于中国古代城市的表述,错误的是(   )。

    A. 夏代的城市建设已使用陶制的排水管及采用夯打土坯筑台技术等

    B. 西周洛邑所确立的城市形制已基本具备了此后都城建设的特征

    C. "象天法地"的理念在咸阳的规划建设中得到了运用

    D. 汉长安城的布局按照《周礼·考工记》的形制形成了贯穿全城的中轴线

13. 下列表述中,正确的是(   )。

    A. 《大上海计划》代表着近代中国城市规划的最高成就

    B. 重庆《陪都十年建设计划》将城区划分为中央政治区、市行政区、工业区、商业区、文教区、住宅区等六大功能区

    C. 《大上海都市计划》的整个中心区路网采用小方格和放射路相结合的形式,中心建筑群采用中国传统的中轴线对称的手法

    D. 1929 年南京《首都规划》的部分地区采用美国当时最为流行的方格网加对角线方式,并将古城墙改造为环城大道

14. 下列关于 1956 年《城市规划编制暂行办法》的表述,错误的是( )。

    A. 这是中华人民共和国第一部重要的城市规划法规性文件

    B. 内容包括设计文件及协议的编订办法

    C. 包括城市规划基础资料、规划设计阶段、总体规划和控制性详细规划等方面的内容

    D. 由国家建委颁布

15. 下列关于企业集群的表述,正确的是( )。

    A. 新兴产业之间具有较强的依赖性,因此要比成熟产业更容易形成企业集群

    B. 邻近大学并具有便利的交通条件,有利于企业集群的形成

    C. 以非标准化或为顾客定制产品为主的制造业,有较强的地方联系,容易形成企业集群

    D. 设立高科技园区是形成企业集群的基本条件

16. 影响居民社区归属感的因素是( )。

    A. 社区居民收入水平　　　　　　　　B. 社区内有较多的购物、娱乐设施

    C. 社区内有较多教育、医疗设施　　　　D. 居民对社区环境的满意度

17. 下列哪个选项无助于实现人居环境可持续发展目标?( )

    A. 为所有人提供足够的住房

    B. 完善供水、排水、废物处理等基础设施

    C. 控制地区人口数量和建设区扩张

    D. 推广可循环的能源系统

18. 下列关于城镇体系概念的表述,不准确的是( )。

    A. 它是以一个区域内的城镇群体为研究对象,而不是把一座城市当作一个区域系统来研究

    B. 城镇体系是由一定数量的城镇所组成的,这些城镇是通过客观的和非人为的作用而形成的区域分工产物

    C. 城镇体系最本质的特点是城镇之间是相互联系的,构成了一个有机整体

    D. 城镇体系的核心是中心城市

19. "城镇体系"一词的首次提出是出自( )。

    A. 1915 年格迪斯的《进化中的城市》

    B. 1933 年克里斯塔勒的《德国南部中心地》

    C. 1960 年邓肯的《大都市与区域》

    D. 1970 年贝里和霍顿的《城镇体系的地理学透视》

20. 下列不属于我国城镇体系规划主要基础理论的是( )。

    A. 核心-边缘理论　　　　　　　　　　B. 点-轴开发模式

    C. 扇形理论　　　　　　　　　　　　　D. 圈层结构理论

21. 下列不属于城市总体规划主要作用的是( )。

    A. 战略引领作用　　　　　　　　　　　B. 刚性控制作用

    C. 风貌提升作用　　　　　　　　　　　D. 协同平台作用

22. 下列不属于城市总体规划主要任务的是（   ）。

    A. 合理确定城市分阶级发展方向、目标、重点和时序

    B. 控制土地批租、出让，正确引导开发行为

    C. 综合确定土地、水、能源等各类资源的使用标准和控制指标

    D. 合理配置城乡基础设施和公共服务设施

23. 下列关于城乡规划实施评估的表述，错误的是（   ）。

    A. 城市总体规划实施评估的唯一目的就是监督规划的执行情况

    B. 省域城镇体系规划、城市总体规划、镇总体规划都应进行实施评估

    C. 对城乡规划实施进行评估，是修改城乡规划的前置条件

    D. 城市总体规划实施评估应全面总结现行城市总体规划各项内容的执行情况

24. 下列哪一项不是城市总体规划中城市发展目标的内容？（   ）

    A. 城市性质   B. 用地规模

    C. 人口规模   D. 基础设施和公共设施配套水平

25. 下列不属于城市总体规划中人口构成研究关注重点的是（   ）。

    A. 消费构成   B. 年龄构成   C. 职业构成   D. 劳动构成

26. 下列哪一项不是合理控制超大、特大城市人口和用地规模的举措？（   ）

    A. 在城市中心组团内推广"小街区、密路网"的街区制模式

    B. 在城市中心组团外围划定绿化隔离地区

    C. 在城市中心组团之外，合适距离的位置建立新区，疏解非核心功能

    D. 通过城市群内各城镇间的合理分工，实现核心城市的功能和人口疏解

27. 下列不属于影响城市发展方向主要因素的是（   ）。

    A. 地形地貌   B. 高速公路

    C. 城市商业中心   D. 农田保护政策

28. 下列不属于城市用地条件评价内容的是（   ）。

    A. 自然条件评价   B. 社会条件评价

    C. 建设条件评价   D. 用地经济性评价

29. 下列关于城市建设用地分类的表述，正确的是（   ）。

    A. 小学用地属于居住用地

    B. 宾馆用地属于公共管理与公共服务用地

    C. 居住小区内的停车场属于道路与交通设施用地

    D. 革命纪念建筑用地属于文物古迹用地

30. 下列不属于城市总体规划阶段公共设施布局需要研究内容的是（   ）。

    A. 公共设施的总量

    B. 公共设施的服务半径

    C. 公共设施的投资预算

    D. 公共设施与道路交通设施的统筹安排

31. 下列关于城市道路系统与城市用地协调发展关系的表述，错误的是（   ）。

    A. 水网发达地区的城市可能出现河路融合、不规则的方格网形态路网

B. 位于交通要道的小城镇,可能出现外围放射路与城区路网衔接的形态

C. 大城市按照多中心组团式布局,必然出现出行距离过长、交通过于集中的通病

D. 不同类型的城市干路网是与不同的城市用地布局形式密切相关的

32. 下列铁路客运站在城市中的布置方式,错误的是(　　)。

A. 通过式　　　　　B. 尽端式　　　　　C. 混合式　　　　　D. 集中式

33. 下列关于城市交通调查与分析的表述,不正确的是(　　)。

A. 居民出行调查对象应包括暂住人口和流动人口

B. 居民出行调查常采用随机调查方法进行

C. 货运调查的对象是工业企业、仓库、货运交通枢纽

D. 货运调查常采用深入单位访问的方法进行

34. 下列关于城市综合交通发展战略研究内容的表述,错误的是(　　)。

A. 确定城市综合交通体系总体发展方向和目标

B. 确定各交通子系统发展定位和发展目标

C. 确定航空港功能、等级规模和规划布局

D. 确定城市交通方式结构

35. 下列关于城市机场选址的表述,正确的是(　　)。

A. 跑道轴线方向尽可能避免穿过市区,且与城市主导风向垂直

B. 跑道轴线方向最好与城市侧面相切,且与城市主导风向垂直

C. 跑道轴线方向最好与城市侧面相切,且与城市主导风向一致

D. 跑道轴向方向尽可能穿过市区,且与城市主导风向一致

36. 下列关于城市道路系统的表述,错误的是(　　)。

A. 方格网式道路系统适用于地形平坦城市

B. 方格网式道路系统非直线系数小

C. 自由式道路系统适用于地形起伏变化较大的城市

D. 放射形干路容易把外围交通迅速引入市中心

37. 下列关于缓解城市中心区停车矛盾措施的表述,错误的是(　　)。

A. 设置独立的地下停车库

B. 结合公共交通枢纽设置停车设施

C. 利用城市中心区的小街巷划定自行车停车位

D. 在商业中心的步行街或广场上设置机动车停车位

38. 下列关于城市公共交通系统的表述,错误的是(　　)。

A. 减少居民到公交站点的步行距离可以提高公交的吸引力

B. 减少公交线网的密度可以提高公交的便捷性

C. 公交换乘枢纽是城市公共交通系统的核心设施

D. 公共交通方式的客运站能力应与客流需求相适应

39. 下列不属于历史文化名城、名镇、名村申报条件的是(　　)。

A. 保存文物特别丰富

B. 历史建筑集中成片

    C. 城市风貌体现传统特色

    D. 历史上建设的重大工程对本地区的发展产生过重要影响

40. 符合历史文化名城条件的没有申报的城市,国务院建设主管部门会同国务院文物主管部门可以向(　　)提出申报建议。

    A. 该城市所在地的城市人民政府

    B. 该城市所在地的省、自治区人民政府

    C. 该城市所在地的建设主管部门

    D. 该城市所在地的建设主管部门及文物主管部门

41. 下列关于历史文化名城保护的表述,错误的是(　　)。

    A. 对于格局和风貌完整的名城,要进行整体保护

    B. 对于格局和风貌犹存的名城,除保护文物古迹、历史文化街区外,要对尚存的古城格局和风貌采取综合保护措施

    C. 对于整体格局和风貌不存但是还保存着若干历史文化街区的名城,要用这些局部地段来反映城市文化延续和文化特色,用它来代表古城的传统风貌

    D. 对于难以找到一处历史文化街区的少数名城,要结合文物古迹和历史建筑,在周边复建一些古建筑,保持和延续历史地段的完整性和整体风貌

42. 下列关于历史文化名城保护规划内容的表述,错误的是(　　)。

    A. 必须分析城市的历史、社会、经济背景和现状

    B. 应建立历史城区、历史文化街区与文物保护单位三个层次的保护体系

    C. 提出继承和弘扬传统文化、保护非物质文化遗产的内容和措施

    D. 应合理调整历史城区的职能,控制人口容量,疏解城区交通,改善市政设施

43. 关于历史文化街区应当具备的条件,下列说法错误的是(　　)。

    A. 有比较完整的历史风貌

    B. 构成历史风貌的历史建筑和历史环境要素基本是历史存留的原物

    C. 历史文化街区用地面积不小于 $1hm^2$

    D. 历史文化街区内文物古迹和历史建筑的用地面积宜达到保护区内总用地面积的 60% 以上

44. 历史文化街区保护相关的内容的表述,错误的是(　　)。

    A. 历史文化街区是指保存一定数量和规模的历史建筑、构筑物且传统风貌完整的生活地域

    B. 编制城市规划时应当划定历史文化街区、文物古迹和历史建筑的紫线

    C. 2002 年修改颁布的《文物法》中提出了"历史文化街区"的法定概念

    D. 单看历史文化街区内的每一栋建筑,其价值尚不足以作为文物加以保护,但它们加在一起形成的整体风貌却能反映出城镇历史风貌的特点

45. 下列关于历史文化街区保护界限划定要求的表述,错误的是(　　)。

    A. 要考虑文物古迹或历史建筑的现状用地边界

    B. 要考虑构成历史风貌的自然景观边界

C. 历史文化街区内在街道、广场、河流等处视线所及范围内的建筑物用地边界或外界面可以划入保护界限

D. 历史文化街区的外围必须划定建设控制地带及环境协调区的边界

46. 2016年《中共中央国务院关于进一步加强城市规划建设管理工作的若干意见》提出,要用5年左右的时间,完成（　　）划定和历史建筑确定工作。

A. 国家历史文化名城

B. 国家历史文化名城、省级历史文化名城

C. 历史城镇

D. 历史文化街区

47. 根据《城市黄线管理办法》,不纳入黄线管理的是（　　）。

A. 取水构筑物 B. 取水点 C. 水厂 D. 加压泵站

48. 下列不属于能源规划内容的是（　　）。

A. 石油化工 B. 电力 C. 煤炭 D. 燃气

49. 下列不属于城市总体规划阶段供热工程规划内容的是（　　）。

A. 预测城市热负荷 B. 选择城市热源和供热方式

C. 确定热源的供热能力、数量和布局 D. 计算供热管道管径

50. 下列不属于城市生活垃圾无害化处理方式的是（　　）。

A. 卫生填埋 B. 堆肥 C. 密闭运输 D. 焚烧

51. 下列与海绵城市相关的表述,不准确的是（　　）。

A. 通过加强城市规划建设管理,有效控制雨水径流,实现自然积存、自然渗透、自然净化的城市发展方式

B. 编制供水专项规划时,要将雨水年径流总量控制率作为其刚性控制指标

C. 全国各城市新区、各类园区、成片开发区要全面落实海绵城市建设要求

D. 在建设工程施工图审查、施工许可等环节,将海绵城市相关工程措施作为重点审查内容

52. 下列属于城市总体规划强制性内容的是（　　）。

A. 用水量标准 B. 城市防洪标准

C. 环境卫生设施布置标准 D. 用气量标准

53. 下列不属于地震后易引发的次生灾害的是（　　）。

A. 水灾 B. 火灾 C. 风灾 D. 爆炸

54. 下列不属于城市抗震防灾规划基本目标的是（　　）。

A. 当遭遇多遇地震时,城市一般功能正常

B. 抗震设防区城市的各项建设必须符合城市抗震防灾规划的要求

C. 当遭受相当于抗震设防烈度的地震时,城市一般功能及生命线工程基本正常,重要工矿企业能正常或者很快恢复生产

D. 当遭遇罕见地震时,城市功能不瘫痪,要害系统和生命线不遭受严重破坏,不发生严重的次生灾害

55. 下列不属于地质灾害的是(　　　)。

    A. 地震　　　　　　　B. 泥石流　　　　　　C. 砂土液化　　　　　D. 活动断裂

56. 下列关于城市总体规划文本的表述,错误的是(　　　)。

    A. 具有法律效力的文件

    B. 包括对上版城市总体规划实施的评价

    C. 文本的编制性内容要对下位规划的编制提出要求

    D. 文本的文字要规范、准确、利于具体操作

57. 下列不属于城市总体规划强制性内容的是(　　　)。

    A. 区域内水源保护区的地域范围

    B. 城市人口规模

    C. 城市燃气储气罐站位置

    D. 重要地下文物埋藏区的保护范围和界限

58. 下列关于详细规划的表述,错误的是(　　　)。

    A. 法定的详细规划分为控制性详细规划和修建性详细规划

    B. 详细规划的规划年限与城市总体规划保持一致

    C. 控制性详细规划是 1990 年代初才正式采用的详细规划类型

    D. 修建性详细规划属于开发建设蓝图型详细规划

59. 下列关于控制性详细规划用地细分的表述,不准确的是(　　　)。

    A. 用地细分一般细分到地块,地块是控制性详细规划实施具体控制的基本单位

    B. 各类用地细分应采用一致的标准

    C. 细分后的地块可进行弹性合并

    D. 细分后的地块不允许无限细分

60. 下列关于控制性详细规划建筑后退指标的表述,不准确的是(　　　)。

    A. 指建筑控制线与规划地块边界之间的距离

    B. 应综合考虑不同道路等级的后退红线要求

    C. 日照、防灾、建筑设计规范的相关要求一般为建筑后退的直接依据

    D. 与美国区划中的建筑后退(setback)含义一致

61. 下列关于绿地率指标的表述,不准确的是(　　　)。

    A. 绿化覆盖率大于绿地率

    B. 绿地率与建筑密度之和不大于 1

    C. 绿地率是衡量地块环境质量的重要指标

    D. 绿地率是地块内各类绿地面积占地块面积的百分比

62. 修建性详细规划策划投资效益分析和综合技术经济论证的内容不包括(　　　)。

    A. 资本估算与工程成本估算　　　　　　B. 相关税费估算

    C. 投资方式与资金峰值估算　　　　　　D. 总造价估算

63. 修建性详细规划基本图纸的比例是(　　　)。

    A. 1∶3000～1∶5000　　　　　　　　B. 1∶2000～1∶10000

C. 1：500～1：2000　　　　　　　　D. 1：100～1：1000

64. 下列不属于镇规划强制性内容的是（　　）。

A. 确定镇规划区的范围

B. 明确规划区建设用地规模

C. 确定自然与历史文化遗产保护、防灾减灾等内容

D. 预测一、二、三产业的发展前景以及劳动力与人口流动趋势

65. 镇规划中用于计算人均建设用地指标的人口口径，正确的是（　　）。

A. 户籍人口　　　　　　　　　　　B. 户籍人口和暂住人口之和

C. 户籍人口和通勤人口之和　　　　D. 户籍人口和流动人口之和

66. 下列不能单独用来预测城市总体规划阶段人口规模的是（　　）。

A. 时间序列法　　　　　　　　　　B. 间接推算法

C. 综合平衡法　　　　　　　　　　D. 比例分配法

67. 下列关于一般镇镇区规划各类用地比例的表述，不准确的是（　　）。

A. 居住用地比例为 28%～38%

B. 公共服务设施用地比例为 10%～18%

C. 道路广场用地比例为 10%～17%

D. 公共绿地比例为 6%～10%

68. 下列关于村庄规划用地分类的表述，不正确的是（　　）。

A. 具有小卖铺、小超市、农家乐功能的村民住宅用地仍然属于村民住宅用地

B. 长期闲置不用的宅基地属于村庄其他建设用地

C. 村庄公共服务设施用地包括兽医站、农机站等农业生产服务设施用地

D. 田间道路（含机耕道）、林道等农用道路不属于村庄建设用地

69. 佩里提出的"邻里单位"用地规模约为 65hm²，主要目的是（　　）。

A. 为了降低建筑密度，保证良好的居住环境

B. 为了社区更加多样化

C. 为了保证上小学不穿越城市道路

D. 可以形成规模适宜的社区

70. 下列表述中，正确的是（　　）。

A. 居住区内部可以不再划分居住小区　B. 居住区不应被城市干路穿越

C. 居住小区需要较大的开发地块　　　D. 开放社区要求减小小区的规模

71. 下列关于居住区公共服务设施的表述，正确的是（　　）。

A. 临近的城市公共服务设施不能代替居住区的配套设施

B. 配建公共服务设施属于公益性设施

C. 居住小区规模越大，配套设施的服务半径越大

D. 停车楼属于配建公共服务设施

72. 我国早期小区的周边式布局没有继续采用的主要原因不包括（　　）。

A. 存在日照通风死角

B. 受交通噪声影响的沿街住宅数量较多

C. 难以解决停车问题

D. 难以适应地形变化

73. 下列关于居住区道路的表述,错误的是( )。

A. 居住区级道路可以是城市支路

B. 小区级道路是划分居住组团的道路

C. 宅间路要满足消防、救护、搬家、垃圾清运等汽车的通行

D. 小区步行路必须满足消防车通行的要求

74. 下列关于风景名胜区的表述,不准确的是( )。

A. 风景名胜区应当具备游览和科学文化活动的多重功能

B. 《风景名胜区条例》规定,国家对风景名胜区实行科学规划、统一管理、合理利用的工作原则

C. 风景名胜区按照资源的主要特征分为历史圣地类、滨海海岛类、民俗风情类、城市风景类等 14 个类型

D. 110km^2 的风景名胜区属于大型风景名胜区

75. 下列不属于风景名胜区详细规划编制内容的是( )。

A. 环境保护   B. 建设项目控制

C. 土地使用性质与规模   D. 基础工程建设安排

76. "城市设计(Urban Design)"一词首次出现于( )。

A. 19 世纪中期   B. 19 世纪末期

C. 20 世纪初期   D. 20 世纪中期

77. 根据比尔·希利尔的研究,在城市中步行活动的三元素是( )。

A. 出发点、目的地、路径上所经历的一系列空间

B. 个性、结构、意义

C. 通达性、连续性、多样性

D. 图底、场所、链接

78. 根据住房和城乡建设部《城市设计管理办法》,下列表述不准确的是( )。

A. 重点地区城市设计应当塑造城市风貌特色,并提出建筑高度、体量、风格、色彩等控制要求

B. 重点地区城市设计的内容和要求应当纳入控制详细规划,详细控制要点应纳入修建性详细规划

C. 城市、县人民政府城乡规划主管部门负责组织编制本行政区域内重点地区的城市设计

D. 城市设计重点地区范围以外地区,可依据总体城市设计,单独或者结合控制性详细规划等开展设计

79. 下列关于城乡规划实施的表述,错误的是( )。

A. 各级政府根据法律授权负责城乡规划实施的组织和管理

B. 政府部门通过对具体建设项目开发建设进行管制才能达到规划实施的目的

C. 城乡规划实施包括了城乡发展和建设过程中的公共部门和私人部门的建设

性活动

    D. 政府运用公共财政建设基础设施和公益性设施,直接参与城乡规划的实施

80. 下列哪一项目建设对周边地区的住宅开发具有较强的带动作用?(　　)

    A. 城市公园　　　　　　　　　　　B. 变电站

    C. 污水厂　　　　　　　　　　　　D. 政府办公楼

二、多项选择题(共20题,每题1分。每题的备选项中有2~4个符合题意。少选、错选都不得分)

81. 下列关于我国城镇化现状特征与发展趋势的表述,准确的有(　　)。

    A. 城镇化过程经历了大起大落阶段以后,已经开始进入了持续、健康的发展阶段

    B. 以大中城市为主体的多元城镇化道路将成为我国城镇化战略的主要选择

    C. 城镇化发展总体上东部快于西部,南方快于北方

    D. 东部沿海地区城镇化进程总体快于中西部内陆地区,但中西部地区将不断加速

    E. 城市群、都市圈等将成为城镇化的重要空间单元

82. 下列关于多核心理论的表述,正确的有(　　)。

    A. 是关于区域城镇体系分布的理论

    B. 通过对美国大部分大城市的研究,提出了影响城市中活动分布的四项原则

    C. 城市空间通过相互协调的功能在特定地点的彼此强化等,形成了地域的分化

    D. 分化的城市地区形成各自的核心,构成了整个城市的多中心

    E. 城市中有些活动对其他活动容易产生对抗或者消极影响,这些活动应该在空间上彼此分离布置

83. 下列关于邻里单位的表述,正确的有(　　)。

    A. 是一个组织家庭生活的社区计划

    B. 一个邻里单位的开发应当提供满足一所小学的服务人口所需要的住房

    C. 应该避免各类交通的穿越

    D. 邻里单位的开放空间应当提供小公园和娱乐空间的系统

    E. 邻里单位的地方商业应当布置在其中心位置,便于邻里单位内部使用

84. 下列表述中,正确的有(　　)。

    A. 1980年全国城市规划工作会议之后,各城市全面开展了城市规划的编制工作

    B. 1982年国务院批准了第一批共24个国家历史文化名城

    C. 1984年《中华人民共和国城市规划法》是中华人民共和国成立以来第一部关于城市规划的法律

    D. 1984年,为适应全国国土规划纲要编制的需要,城乡建设环境保护部组织编制了全国城镇布局规划纲要

E. 1984 年至 1988 年间,国家城市规划行政主管部门实行国家计委、城乡建设
环境保护部双重领导,以城乡建设环境保护部为主的行政体制

85. 下列关于全球化背景下城市发展的表述,正确的是( )。
A. 中小城市的发展更依赖于地区中心城市与全球网络相联系
B. 不同国家的城市间的相互作用的程度更为加强
C. 疏解特大城市人口和产业提升成为城市竞争力的重要措施
D. 制造业城市出现了较大规模的衰败
E. 城市间的职能分工越来越受到全球产业地域分工体系的影响

86. 下列表述中,正确的有( )。
A. 土地资源、水资源和森林资源是城市赖以生存和发展的三大资源
B. 土地在城乡经济、社会发展与人民生活中的作用主要表现为土地的承载功
能、生产功能和生态功能
C. 城市土地使用的环境效益和社会效益,主要与城市用地性质有关,与城市的
区位无关
D. 城市水资源开发利用的用途包含城市生产用水、生活用水等
E. 正确评价水资源承载能力是城市规划必须做的基础工作

87. 按照《城市用地分类与规划建设用地标准》(GB 50137—2011),符合规划人均建
设用地指标要求的有( )。
A. Ⅱ气候区,现状人均建设用地规模 70m²,规划人口规模 55 万人,规划人均建
设用地指标 93m²
B. Ⅲ气候区,现状人均建设用地规模 106m²,规划人口规模 70 万人,规划人均
建设用地指标 103m²
C. Ⅳ气候区,现状人均建设用地规模 92m²,规划人口规模 45 万人,规划人均建
设用地指标 107m²
D. Ⅴ气候区,现状人均建设用地规模 106m²,规划人口规模 45 万人,规划人均
建设用地指标 105m²
E. Ⅵ气候区,现状人均建设用地规模 120m²,规划人口规模 30 万人,规划人均
建设用地指标 115m²

88. 下列表述中,正确的有( )。
A. 城市与周围乡镇地区有密切联系,城乡总体布局应进行城乡统筹安排
B. 城市规划应建立清晰的空间结构,合理划分功能分区
C. 超大、特大城市的旧区应重点通过完善快速路、主干路等道路系统,增加各类
停车设施,解决交通拥堵问题
D. 城市应分别在各区设立开发区,满足各区经济发展、社会发展的需要
E. 城市总体规划划定的规划区范围内的用地都可以建设开发区

89. 下列关于道路系统规划的表述,正确的有( )。
A. 城市道路的走向应有利于通风,一般平行于夏季主导风向
B. 城市道路路线转折角较大时,转折点宜放在交叉口上

C. 城市道路应为管线的铺设留有足够的空间

D. 公路兼有过境和出入城交通功能时,应与城市内部道路功能混合布置

E. 城市干路系统应有利于组织交叉口交通

90. 下列关于城市公共交通规划的表述,正确的有(　　)。

A. 城市公共交通系统的形式要根据出行特征分析确定

B. 城市公交路线规划应首先考虑满足通勤出行的需要

C. 城市公共交通线路的走向应与主要客流流向一致

D. 城市公共交通线网规划应尽可能增加换乘系数

E. 城市公共汽(电)车线网规划应考虑与城市轨道交通线网之间的便捷换乘

91. 下列属于历史文化名城类型的有(　　)。

A. 古都型
B. 传统风貌型

C. 风景名胜型
D. 特殊史迹型

E. 一般史迹型

92. 在下列哪些层次的城市规划中,应明确城市基础设施的用地位置,并划定城市黄线?(　　)

A. 城镇体系规划
B. 城市总体规划

C. 控制性详细规划
D. 修建性详细规划

E. 历史文化名城保护规划

93. 下列应划定蓝线的有(　　)。

A. 湿地
B. 河湖
C. 水源地
D. 水渠

E. 水库

94. 下列属于可再生能源的有(　　)。

A. 太阳能
B. 天然气
C. 风能
D. 水能

E. 核能

95. 控制性详细规划编制内容一般包括(　　)。

A. 土地使用控制
B. 城市设计引导

C. 建筑建造控制
D. 市政设施配套

E. 造价与投资控制

96. 下列关于修建性详细规划的表述,正确的有(　　)。

A. 修建性详细规划属于法定规划

B. 修建性详细规划是一种城市设计类型

C. 修建性详细规划的任务是对所在地块的建设提出具体的安排和设计

D. 修建性详细规划用以指导建筑设计和各项工程施工图设计

E. 修建性详细规划侧重对土地出让的管理和控制

97. "十九大"报告对乡村振兴提出的总要求包括(　　)。

A. 产业兴旺
B. 生活富裕
C. 村容整洁
D. 治理有效

E. 生态宜居

98. 历史文化名镇、名村保护规划应当包括的内容有（　　　）。

    A. 传统格局和历史风貌的保护要求

    B. 名镇、名村的发展定位

    C. 核心保护区内重要文物保护单位及历史建筑的修缮设计方案

    D. 保护措施、开发强度和建设控制要求

    E. 保护规划分期实施方案

99. 下列关于居住区绿地率计算的表述，正确的有（　　　）。

    A. 绿地率是居住区内所有绿地面积与用地面积的比值

    B. 计算中不包括宽度小于 8m 的宅旁绿地

    C. 计算中不包括行道树

    D. 计算中不包括屋顶绿化

    E. 水面可以计入绿地率

100. 下列关于城市设计理论与其代表人物的表述，正确的是（　　　）。

    A. 简·雅各布斯在《美国大城市的生与死》中研究怎样的建筑和环境设计能够更好地支持社会交往和公共生活，提升户外空间规划设计的有效途径

    B. 西谛在《城市建筑艺术》一书中提出了现代城市空间组织的艺术原则

    C. 凯文·林奇在《城市意象》一书中提出了关于城市意象的构成要素是地标、节点、路径、边界和地区

    D. 第十小组尊重城市的有机生长，出版了《模式语言》一书，其设计思想的基本出发点是对人的关怀和对社会的关注

    E. 埃德蒙·N.培根在《小型城市空间的社会生活》中，描述了城市空间质量与城市活动之间的密切关系，证明物质环境的一些小改观，往往能显著地改善城市空间的使用情况

真题解析

一、单项选择题（共80题，每题1分。每题的备选项中，只有1个最符合题意）

1. D

【解析】 具体说城市是人类第三次社会大分工的产物，A选项错误；城市的本质特点是集聚，B选项错误；城市是在"城"与"市"功能叠加的基础上，以行政和商业活动为基本职能的复杂化、多样化的客观实体，城市并不是简单地实体叠加，因此C选项错误；城市最早是政治统治、军事防御和商品交换的产物，"城"是由军事防御产生的，"市"是由商品交换（市场）产生的，因此D选项正确。

2. B

【解析】 随着乡村的发展，在一些人口密集、经济发达的地区，城乡之间已经越来越难进行截然的划分，因此B选项错误。

3. A

【解析】 大都市区是一个大的城市人口核心，以及与其有着密切社会经济联系的、具有一体化倾向的邻接地域的组合，它是国际上进行城市统计和研究的基本地域单元，是城镇化发展到较高阶段时产生的城市空间组织形式。美国是最早采用大都市区概念的国家，加拿大的"国情调查大都市区"，英国的"标准大都市劳动区"和"大都市经济劳动区"，澳大利亚的"国情调查扩展城市区"，瑞典的"劳动——市场区"以及日本的都市圈等均与美国的大都市圈有相同的内涵。从以上分析可知，A选项错误，B、C、D选项正确。

4. D

【解析】 城市空间环境演进的基本规律为：（1）从封闭的单中心到开放的多中心空间环境；（2）从平面空间环境到立体空间环境；（3）从生产性空间环境到生活性空间环境；（4）从分离的均质城市空间到连续多样城市空间。因此D选项符合题意。

5. C

【解析】 依据时间序列，城镇化进程可以分为四个基本阶段：城镇集聚化阶段、郊区化阶段、逆城镇化阶段、再城镇化阶段，C选项正确。

6. B

【解析】 古希腊希波丹姆（Hippodamus）城市布局模式在米利都城得到了最为完整的体现，A选项错误。在这些城市中，广场是市民集聚的空间，围绕着广场建设的一系列的公共建筑成为城市生活的核心，同时，在城市空间组织中，神庙、市政厅、露天剧院和市场是市民生活的重要场所，也是城市空间组织的关键性节点。因此B选项正确，C、D选项错误。

7. C

【解析】 在绝对君权时期建立的一批中央集权的国家，形成了现在国家的基础，这些国家的首都,如巴黎、柏林、维也纳等,均发展成为政治、经济、文化中心型的大城市,指的是这一批均成为中心大城市,而非封建统治与割据的中心城市,A 选项错误。这一时期的城市改建以巴黎改建影响最大,B 选项错误。这一时期的宏伟宫殿和公共广场成为城市空间的主导因素,D 选项错误。

8. C

【解析】 傅里叶在 1829 年提出了以"法朗吉"为单位建设由 1500～2000 人组成的社区,废除家庭小生产,以社会大生产替代,因此 C 选项错误,符合题意。

9. B

【解析】 "工业城市"是法国建筑师戈涅的设想提出的方案,假想位于山岭起伏地带的河岸的斜坡上,人口规模为 35000 人的城市方案,在城市内部的布局中,强调按功能划分为工业、居住、城市中心等,各项功能之间是相互分离的,以便于今后各自的扩展需要。因此 B 选项错误,符合题意。

10. B

【解析】 从城市土地使用形态出发的空间组织理论包括同心圆理论、扇形理论、多核心理论,B 功能分区理论是从城市功能组织出发的空间组织理论,因此 B 选项符合题意。

11. B

【解析】 伊萨德认为决定城市土地租金的要素主要有:①与中央商务区(CBD)的距离;②顾客到该址的可达性;③竞争者的数目和他们的位置;④降低其他成本的外部效果。综上判断,B 选项正确。

12. D

【解析】 汉武帝时期,执行"废黜百家,独尊儒术"的封建礼制思想,但根据汉代国都长安遗址的发掘,表明其布局尚未完全按照《周礼·考工记》的形制进行,没有贯穿全城的对称轴线,宫殿与居民区相互穿插,城市整体的布局并不规则,因此 D 选项错误,符合题意。

13. D

【解析】 1946 年开始编制的《大上海都市计划总图》代表了近代中国城市规划的最高成就,A 选项中的 1929 年公布的《大上海计划》错误。1929 年的南京"首都计划",对南京进行功能分区,共计分为中央政治区、市行政区、工业区、商业区、文教区、住宅区等六大功能。中央政治区是建设重点。道路系统规划拓宽原有部分道路,部分地区采用美国当时最为流行的方格网加对角线方式,并将古城墙改造为环城大道,因此 B 选项错误,D选项正确。1929 年公布的《大上海计划》避开已经发展起来的租界地区,以建设和振兴华界为核心,选址在黄浦江下游毗邻吴淞口的吴淞和江湾之间开辟一个新市区,新市区内有市中心区,北为商业区,东为进出口机构,其他为住宅区。整个中心区的规划路网采用小方格和放射路相结合的形式,中心建筑群采取中国传统的中轴线对称的手法,因此 C选项不符合题意。

14. B

【解析】 国家建委颁布的《城市规划编制暂行办法》,是中华人民共和国成立以来第一部重要的城市规划立法。该《办法》分 7 章 44 条,包括城市规划基础资料、规划设计阶段、总体规划和详细规划等方面的内容以及设计文件及协议的编订办法,因此 B 选项错误,符合题意。

15. C

【解析】 所谓的企业集群,主要是指地方企业集群,是一组在地理上靠近的相互联系的公司和关联的机构,它们同处在一个特定的产业领域,由于具有共性和互补性而联系在一起。以非标准化或为顾客制定产品为主的制造业,需要与顾客面对面地信息交流,地方联系相对较强,容易形成地方企业集群,所以 C 选项符合题意。

16. D

【解析】 影响居民社区归属感的主要原因包括:(1)居民对社区生活条件的满意程度;(2)居民的社区认同程度;(3)居民在社区内的社会关系;(4)居民在社区内的居住年限;(5)居民对社区活动的参与,因此 D 选项符合题意。

17. C

【解析】 有助于实现人居环境可持续发展的具体规定:(1)为所有人提供足够的住房;(2)改善人类住区的管理,其中尤其强调了城市管理,并要求通过种种手段采取有创新的城市规划解决环境和社会问题;(3)促进可持续土地使用的规划和管理;(4)促进供水、下水、排水和固体废物管理等环境基础设施的统一建设,并认为"城市开发的可持续性通常由供水和空气质量,并由下水和废物管理等环境基础设计状况等参数界定";(5)在人类居住中推广循环的能源和运输系统;(6)加强多灾地区的人类居住规划和管理;(7)促进可持久的建筑工业活动行动的依据;(8)鼓励开发人力资源和增强人类住区开发的能力。

18. B

【解析】 城镇体系是由一定数量的城镇所组成的。城镇之间存在着职能、规模和功能方面的差别,即各城镇都有自己的特色,而这些差别和特色则是依据各城镇在区域发展条件的影响和制约下,通过客观的和人为的作用而形成的区域分工产物。B 选项符合题意。

19. C

【解析】 该概念的正式提出是 20 世纪 60 年代。1960 年邓肯所著的《大都市和区域》,首次使用了城镇体系这一词,因此 C 选项正确。

20. C

【解析】 核心-边缘理论、点-轴开发模式、圈层结构理论是城镇体系规划的主要理论,研究的是整个城市和城市之间的关系。在城市内部,各类土地使用之间的配置具有一定的模式。为此,许多学者对此进行了研究,提出了许多的理论,其中最为基础的是同心圆理论、扇形理论和多核心理论。扇形理论研究的是城市内部的土地形态理论。从以上分析可知,C 选项符合题意。

21. C

【解析】 城市总体规划是城市规划的重要组成部分。经法定程序批准的城市总体规划文件,是编制城市近期建设规划、详细规划、专项规划和实施城市规划行政管理的法定依据,各类涉及城乡发展和建设的行业发展规划,都应符合城市总体规划的要求。由于具有全局性和综合性,我国的城市总体规划不仅是专业基础,同时更重要的是引导和调控城市建设、保护和管理城市空间资源的重要依据和手段,因此也是城市规划参与城市综合性战略部署的工作平台,因此 A、B、D 选项正确。风貌控制属于控制性详细规划内容,属于控制性详细规划的作用,因此 C 选项符合题意。

22．B

【解析】 控制土地批租、出让,正确引导开发行为属于控制性详细规划的内容。B 选项符合题意。

23．A

【解析】 一方面,在城乡规划实施期间,需要结合当地经济社会发展的情况,定期对规划目标实现的情况进行跟踪评估,及时监督规划的执行情况,及时调整规划实施的保障措施,提高规划灾害的严肃性;另一方面,对城乡规划进行全面、科学的评估,也有利于及时研究规划实施中出现的新问题,及时总结和发现城乡规划的优点和不足,为继续贯彻实施规划或者对其进行修改提供可靠的依据。监督规划的执行是其中一个目的而不是唯一目的,因此 A 选项错误。

24．A

【解析】 城市发展目标包括:(1)经济发展目标:国内生产总值、人均国民收入等;(2)社会发展目标:人口规模、年龄结构等人口构成指标;(3)城市建设目标:建设规模、用地结构、基础设施和社会公共设施配套水平等指标;(4)环境保护目标:城市形象与生态环境水平等方面的指标。从以上分析可知,城市性质不属于城市发展目标,A 选项符合题意。

25．A

【解析】 城市人口的状态是在不断变化的,可以通过对一定时期内城市人口的年龄、寿命、性别、家庭、婚姻、劳动、职业、文化程度、健康状况等方面的构成情况加以分析,反映城市人口构成的特征。A 选项符合题意。

26．C

【解析】 在城市核心区之外建设新区,增加了城市用地规模,因超大、特大城市具有的吸引力,会导致城市规模继续增大,因此 C 选项符合题意。

27．C

【解析】 影响城市发展方向的因素较多:(1)自然条件:地形地貌、河流水系等;(2)人工环境:高速公路等;(3)城市建设现状与城市形态结构;(4)规划及政策性因素;(5)其他因素:土地产权问题、农民土地征用补偿问题等。城市商业中心是城市内部的用地,随城市的发展方向而发展,因此不属于影响城市发展方向的因素,其受城市发展方向的影响,C 选项符合题意。

28．B

【解析】 城市用地的评价包括多方面的内容,主要体现在三个方面,分别是自然条件评价、建设条件评价和用地经济性评价,因此 B 选项符合题意。

29．D

【解析】 小学用地属于教育科研用地;宾馆属于商业用地;居住小区内的停车场属于居住用地,D 选项符合题意。

30. C

【解析】 总体规划阶段,在研究确定城市公共设施总量指标和分类分项指标的基础上,进行公共设施用地的总体布局:(1)公共设施项目要合理地配置;(2)公共设施需按照与居民生活的密切程度确定合理的服务半径;(3)公共设施的布局要结合城市道路与交通规划考虑;(4)根据公共设施本身的特点及其对环境的要求进行布置;(5)公共设施布置要考虑城市景观组织的要求;(6)公共设施的布局要考虑合理的建设顺序,并留有余地;(7)公共设施的布置要充分利用城市原有基础。从以上分析可知,C选项符合题意。

31. C

【解析】 城市发展到大城市,如果仍然按照单中心集中式的布局,必然出现出行距离过长、交通过于集中、交通拥挤阻塞,导致生产生活不便、城市效率低下等一系列的大城市通病。因此规划一定要引导城市逐渐形成相对分散的、多中心组团式布局,中心组团(可以以原中等城市为主体构成)相对紧凑、相对独立,若干外围组团相对分散的结构。从以上分析可知,C选项的描述是单中心集中式布局的特点而不是多中心组团式布局的特点,因此C选项符合题意。

32. D

【解析】 铁路客运站在城市的布置方式有:通过式、尽端式、混合式,因此D选项符合题意。

33. B

【解析】 居民出行OD调查的对象包括年满6岁以上的城市居民、暂住人口和流动人口,一般都采用抽样家庭访问的方法进行调查,为了保证调查质量,建议采用专业调查人员家庭访问法,故A选项正确,B选项错误。货运调查常采用抽样发调查表或深入单位访问的方法,调查各工业企业、仓库、批发部、货运交通枢纽,专业运输单位的土地使用特征、产销储运情况、货物种类、运输方式、运输能力、吞吐情况、货运车种、出行时间、路线、空驶率以及发展趋势等情况,C、D选项正确。

34. C

【解析】 确定航空港功能、等级规模和规划布局是城市对外交通规划的内容。

35. C

【解析】 航空港的选址应尽可能使跑道轴线方向避免穿过市区,最好位于与城市侧面相切的位置,机场跑道中心与城区边缘的最小距离为5~7km为宜;方便飞机的起飞,跑道应与城市主导风向一致。C选项符合题意。

36. B

【解析】 方格网式道路系统非直线系数大,B选项符合题意。

37. D

【解析】 设置独立式停车库增加了停车位,可以减少停车矛盾,A选项正确。结合公共交通枢纽设置停车位可以方便交通方式的周转,可以截流前去中心区的车辆,减少停车矛盾,B选项正确。利用城市中心的小街巷划定自行车停车位,既能增加自行车的出行量,又能减少非机动车对机动车停车位的侵占,相对增加了机动车位,因此可以缓解城市中心区的停车矛盾,C选项正确。商业中心区的步行街和广场上设置机动车停车位不但没有截流,反而会吸引更多的车辆驶入中心区,无法缓解停车矛盾,因此 D 选项错误,符合题意。

38. B

【解析】 "方便"就是要少走路、少换乘、少等候,城市主要活动中心住地均有车可乘,因此要求其交通要合理布线提高公交线网覆盖率,缩短行车间隔,所以 B 选项错误,符合题意。

39. C

【解析】《历史文化名城名镇名村保护条例》规定具备下列条件的城市、镇、村庄,可以申报历史文化名城、名镇、名村:(一)保存文物特别丰富;(二)历史建筑集中成片;(三)保留着传统格局和历史风貌;(四)历史上曾经作为政治、经济、文化、交通中心或者军事要地,或者发生过重要历史事件,或者其传统产业、历史上建设的重大工程对本地区的发展产生过重要影响,或者能够集中反映本地区建筑的文化特色、民族特色。申报历史文化名城的,在所申报的历史文化名城保护范围内还应当有 2 个以上的历史文化街区。C 选项符合题意。

40. B

【解析】《历史文化名城名镇名村保护条例》第十条:对符合本条例第七条规定的条件而没有申报历史文化名城的城市,国务院建设主管部门会同国务院文物主管部门可以向该城市所在地的省、自治区人民政府提出申报建议;仍不申报的,可以直接向国务院提出确定该城市为历史文化名城的建议。B 选项符合题意。

41. D

【解析】 少数历史文化名城,目前已难以找到一处值得保护的历史文化街区。对它们来讲,重要的不是去再造一条仿古街道,而是要全力保护好文物古迹周围的环境,否则和其他一般城市就没什么区别了。要整治周围环境,拆除一些违章建筑,把保护文物古迹的历史环境提高到新水平,表现出这些文物建筑的历史功能和当时达到的艺术成就。

42. C

【解析】 提出继承和弘扬传统文化、保护非物质文化遗产的内容和措施不属于历史文化名城保护规划的内容。这是物质文化遗产和非物质文化遗产的差别,因此肯定不属于历史文化名城的保护规划的内容。因此 C 选项错误,符合题意。

43. C

【解析】《历史文化名城保护规划规范》第 4.1.1 条规定历史文化街区应具备下列条件:(1)应有比较完整的历史风貌;(2)构成历史风貌的历史建筑和历史环境要素基本上是历史存留的原物;(3)历史文化街区核心保护范围面积不应小于 $1hm^2$;(4)历史文化街区核心保护范围内的文物保护单位、历史建筑、传统风貌建筑的总用地面积不应小于核心保护范围内建筑总用地面积的 60%。从以上分析可知,C 选项错误,符合题意。

44. A

【解析】 历史文化街区是指经省、自治区、直辖市人民政府核定公布的保存文物特别丰富、历史建筑集中成片、能够较完整和真实地体现传统格局和历史风貌,并具有一定规模的历史地段。2002 年修改颁布的《文物法》采用了"历史文化街区"这一专有名词。需要经省级单位核定公布才能称为历史文化街区,因此 A 选项符合题意。

45. D

【解析】 《历史文化名城保护规划规范》第 3.2.1 条规定历史文化街区应划定保护区和建设控制地带的具体界线,也可根据实际需要划定环境协调区的界线,因此 D 选项符合题意。

46. D

【解析】 2016 年《中共中央国务院关于进一步加强城市规划建设管理工作的若干意见》提出用 5 年左右时间,完成所有城市历史文化街区划定和历史建筑确定工作。

47. D

【解析】 《城市黄线管理办法》第二条第二款规定:取水工程设施(取水点、取水构筑物及一级泵站)和水处理工程设施等城市供水设施。只有一级泵站才划入,D 选项错误,D 选项符合题意。

48. A

【解析】 在城市规划中,石油化工不属于城市能源的供能品,因此不属于能源规划的内容,A 选项符合题意。

49. D

【解析】 城市总体规划中的主要内容:(1)预测城市热负荷;(2)选择城市热源和供热方式;(3)确定热源的供热能力、数量和布局;(4)布局城市供热重要设施和供热干线管网。

计算供热管道管径属于详细规划阶段的内容,因此 D 选项符合题意。

50. C

【解析】 密闭运输只是运输,不属于处理方式。

51. B

【解析】 本题考查的是国办发〔2015〕75 号(海绵城市)。通过加强城市规划建设管理,有效控制雨水径流,实现自然积存、自然渗透、自然净化的城市发展方式,A 选项正确。全国各城市新区、各类园区、成片开发区要全面落实海绵城市建设要求,C 选项正确。在建设工程施工图审查、施工许可等环节,要将海绵城市相关工程措施作为重点审查内容,D 选项正确。编制城市总体规划、控制性详细规划以及道路、绿地、水等相关专项规划时,要将雨水年径流总量控制率作为其刚性控制指标,B 选项不准确。

52. B

【解析】 依据《编制办法》城市总体规划强制性内容,城市防洪标准是城市总体规划强制性内容中城市防灾减灾包含的内容,B 选项符合题意。

53. C

【解析】 本题考查的是城市综合防灾减灾规划。地震后因为可能影响水库、高压输电网、危险品仓库等的安全,易形成水灾、火灾和爆炸,因此 A、B、D 选项正确。风灾是属于自然天气影响,与地震没关系,C 选项符合题意。

54. B

【解析】 根据《城市抗震防灾规划管理规定》第八条,城市抗震防灾规划编制应当达到下列基本目标:(1)当遭遇多遇地震时,城市一般功能正常;(2)当遭受相当于抗震设防烈度的地震时,城市一般功能及生命系统基本正常,重要工矿企业能正常或者很快恢复生产;(3)当遭受罕遇地震时,城市功能不瘫痪,要害系统和生命线工程不遭受破坏,不发生严重的次生灾害。因此,B选项符合题意。

55. A

【解析】 城市地质灾害主要有崩塌滑坡、泥石流、矿山踩空塌陷、地面沉降、土地沙化、地裂缝、沙土液化以及活动断裂等,A选项符合题意。

56. B

【解析】 城市总体规划文本是对规划的各项目标和内容提出规定性要求的文件,采用条文形式。文本格式和文字应规范、准确,利于具体操作。在规划文本中应当明确表述规划的强制性内容。文本附则中需要说明文本的法律效力、规划的生效日期、修改的规定以及规划的解释权,因此 A、D 选项正确。强制性内容必须落实上级政府规划管理的约束性要求,因此 C 选项正确。城市总体规划文本是对规划的各项目标和内容提出规定性要求的文件,不涉及对上版规划的实施评价,B 选项错误,符合题意。

57. B

【解析】 城市人口规模属于预测性数据,无法作为总体规划强制性内容,B选项符合题意。

58. B

【解析】 详细规划分为控制性详细规划和修建性详细规划,显然,修建性详细规划没有明确和固定的目标年限,因此一般来说,详细规划没有明确的目标年限,B选项符合题意。

59. B

【解析】 本题考查的是控制性详细规划的编制方法与要求。在规划方案的基础上进行用地细分,一般细分到地块,成为控制性详细规划实施具体控制的基本单位。用地细分应根据地块区位条件,综合考虑地方实际开发运作方式,对不同性质与权属的用地提出细分标准,原则上细分的用地应当作为城市开发建设的基本控制地块,不允许无限细分,因此 B 选项符合题意。

60. D

【解析】 建筑后退指建筑控制线与规划地块边界之间的距离,控制线指建筑主体不应超越的控制线,其内涵应与国家相关建筑规范一致,A 选项正确,D 选项错误。建筑后退的确定应综合考虑不同道路等级、相邻地块性质、建筑间距要求、历史保护、城市设计与空间景观要求、公共空间控制要求等因素,B 选项正确。城市设计中的街道景观与街道尺度控制要求,日照、防灾、建筑设计规范的相关要求一般为确定建筑后退指标的直接依据,C 选项正确。

61. A

【解析】 绿地率是衡量地块环境质量的重要指标,是指地块内各类绿地面积总和与地块用地面积的百分比。因为有道路等占地,绿地率与建筑密度之和不大于 1.0。一般情况下,绿化覆盖率大于绿地率,但不能说一定大于,A 选项符合题意。

62. C

【解析】 投资效益分析和综合技术经济论证包括：(1)土地成本估算；(2)工程成本估算；(3)相关税费估算；(4)总造价估计；(5)综合技术经济论证。从以上分析可知，毫不涉及投资方式和资金峰值估算，C 选项符合题意。

63. C

【解析】 修建性详细规划基本图纸比例为 1∶500～1∶2000。

64. D

【解析】 镇规划的强制性内容：规划区范围、规划区建设用地规模、基础设施和公共服务设施用地、水源地和水系、基本农田和绿化用地、环境保护、自然与历史文化遗产保护、防灾减灾等。

65. B

【解析】《镇规划标准》第 3.2.1 条规定镇域总人口应为其行政地域内常住人口，常住人口应为户籍、寄住人口数之和，因此 B 选项正确。

66. D

【解析】 时间序列法、间接推算法、综合平衡法、区位法可以单独预测城市人口；环境容量法、比例分配法、类比法作为校核的方法，不能单独预测人口规模。因此 D 选项符合题意。

67. A

【解析】 一般镇镇区规划建设用地比例为：居住用地比为 33%～43%；公共服务设施用地比例为 10%～18%；道路广场用地比例为 10%～17%；公共绿地比例为 6%～10%。因此 A 选项符合题意。

68. B

【解析】《村庄规划用地分类指南》规定：兼具小卖部、小超市、农家乐等功能的村民住宅用地属于村民住宅用地，A 选项正确。公共管理、文体、教育、医疗卫生、社会福利、宗教、文物古迹等设施用地以及兽医站、农机站等农业生产服务设施用地，考虑到多数村庄公共服务设施通常集中设置，为了强调其综合性，将其统一归为"村庄公共服务设施用地"，C 选项正确。田间道路(含机耕道)、林道等属于非建设用地中的农用道路，D 选项正确。长期闲置的宅基地，既然用地功能明确为宅基地，那么就属于村庄建设用地，B 选项错误。

69. C

【解析】 邻里单位周边为城市道路所包围，城市交通不穿越邻里单位内部；邻里单位内部道路系统应限制外部车辆穿越，一般采用尽端式道路，以保持内部的安全和安静；以小学的合理规模为基础控制邻里单位的人口规模，使小学生不必穿过城市道路，一般邻里单位的规模为 5000 人左右，规模小的邻里单位 3000～4000 人；邻里单位的中心是小学，与其他服务设施一起布置在中心广场或绿地中；邻里单位占地约 160 英亩(约合 65hm²)，每英亩 10 户，保证儿童上学距离不超过半英里(0.8km)；邻里单位内小学周边没有商店、教堂、图书馆和公共活动中心，因此 C 选项符合题意。

70. A

【解析】 居住小区的基本特征为:(1)以城市道路或自然界限(如河流)划分,不为城市交通干路所穿越的完整地段;(2)小区具有完整的居民日常使用的配套设施;(3)小区规模与配套设施相对应。居住区级道路一般是城市的次干道或城市支路,用于划分居住小区,所以,居住小区不应被城市干路穿越,选项 B 中的居住区不应被干路穿越错误。居住区的规模大于居住小区的规模,居住区需要较大的开发地块,选项 C 错误。开放型居住区布局一般是用地规模较大的居住区在城市路网规划的条件要求下,形成的有若干居住地块组合的布局形态,是否满足居住小区的规模是由规范规定的,与是否开放无关,选项 D 错误。现实中,也存在仅仅超过居住小区一点规模的居住区,此时没必要划分居住小区,A 项符合题意。

71. A

【解析】 按投资管理的属性可分为公益性、准公益性和经营性设施三种,例如中小学校属于公益性设施,医院和文化活动中心属于准公益性设施,幼儿园属于经营性设施,因此 B 选项错误。配套设施的服务半径有其自身的规定,比如小学 500m,与小区规模无关,C 选项错误。停车场(楼)属于居住区四大用地中的道路用地,不属于公建用地,因此 D 项错误。居住区的配套设施属于依据规划条件和千人指标要求配建的,是为本居住区配套服务的,城市公共服务设施不能代替居住区的配套设施,A 项符合题意。

72. B

【解析】 周边式布置由于存在日照通风死角、过于形式化、不利于利用地形等问题,在此后的居住区规划中没有继续采用。周边式是住宅四面围合的布局形式,其特点是内部空间安静、领域感强,并且容易形成较好的街景,但也存在东西向住宅的日照条件不佳和局部的视线干扰等问题,因此 B 选项符合题意。

73. D

【解析】 居住区级道路一般用以划分小区的道路,在大城市中通常与城市支路同级,A 选项正确。小区级道路一般用以划分组团的道路,B 选项正确。宅间小路是进出庭院及住宅的道路,主要通行自行车及行人,但也要满足消防、救护、搬家、垃圾清运等汽车的通行,C 选项正确。小区步行道不一定要满足消防车的通行,有些步行道因为高差或者景观要求,根本通行不了车辆,因此 D 选项符合题意。

74. B

【解析】《风景名胜区条例》第三条:国家对风景名胜区实行科学规划、统一管理、严格保护、永续利用的原则,因此 B 选项错误。

75. A

【解析】 风景名胜区详细规划编制应当依据总体规划确定的要求,对详细规划地段的景观与生态资源进行评价与分析,对风景游览组织、旅游服务设施安排、生态保护和植物景观培育、建设项目控制、土地使用性质与规模、基础工程建设安排等做出明确要求与规定,能够直接用于具体操作与项目实施。从上面可知,A 选项符合题意。

76. D

【解析】 "城市设计(Urban Design)"一词于 20 世纪 50 年代后期出现于北美。

77. A

【解析】 根据比尔·希利尔的研究,在城市中的步行活动具有三个元素:出发点、目的地、路径上所经历的一系列空间,因此 A 选项符合题意。

78. B

【解析】《城市设计管理办法》第十四条:重点地区城市设计的内容和要求应当纳入控制性详细规划,并落实到控制性详细规划的相关指标中。重点地区的控制性详细规划未体现城市设计内容和要求的,应当及时修改完善,因此 B 选项符合题意。

79. B

【解析】 政府根据法律授权通过对开发项目的规划管理,保证城市规划所确定的目标、原则和具体内容在城市开发和建设行为中得到贯彻。这种管理实质上是通过对具体建设项目的开发建设进行控制来达到规划实施的目的,但实现规划实施目的的手段不局限于管理手段,还有规划手段、政府手段,以及财政手段等,因此 B 选项符合题意。

80. D

【解析】 政府办公大楼与城市公园、变电站、污水处理厂相比,具有明显的人流驻留和吸引人流交通作用,因此对周边住宅开发具有带动作用。这就是很多地方新城建设中经常采用迁居政府办公楼和大学的原因。

二、多项选择题(共 20 题,每题 1 分。每题的备选项中有 2~4 个符合题意。少选、错选都不得分)

81. CDE

【解析】 本题考查的是我国城镇化的历程与现状。城镇化过程中经历了大起大落阶段以后,已经进入了持续、加速和健康发展阶段,并非"开始进入",A 选项不符合题意。以大城市为主体的多元化的城镇化道路将成为我国城镇化战略的主要选择,B 选项中的大中城市为主体不准确,因此 B 选项不符合题意。城市群、都市圈等将成为城镇化的重要空间单元,因此 E 选项正确。城镇化发展的区域重点经历了由西向东的转移过程,总体上东部快于西部,南方快于北方,C 选项正确。东部沿海地区城镇化总体快于西部内陆地区,但中国西部地区将不断加速,D 选项正确。因此 C、D、E 符合题意。

82. BDE

【解析】 多核心理论由哈里斯和乌尔曼于 1945 年提出,他们通过对美国大部分大城市的研究,提出了影响城市中活动分布的四项原则,在这四个因素的相互作用下,再加上历史遗留习惯的影响和局部地区的特征,通过相互协调的功能在特定地点的彼此强化,不相协调的功能在空间上的彼此分离,由此形成了地域的分化,使一定的地区范围内保持了相对的独特性,具有明确的性质,这些分化了的地区又形成各自的核心,从而构成了整个城市的多中心。因此,城市并非是由单一中心而是由多个中心构成。从以上分析可知,B、D、E 选项正确。多核心理论研究的是城市内部的土地形态,与区域城镇体系无关,A 选项错误。C 选项应该是不相协调的功能在空间上的分离造成了地域的分化,因此 C 选项错误。故 B、D、E 选项符合题意。

83. ABD

【解析】 邻里单位就是"一个组织家庭生活的社区计划",因此这个计划不仅要包括住房,而且要包括它们的环境,还要有相应的公共设施,这些设施至少要包括一所小学、零售商店和娱乐设施等,A选项正确。邻里单位由6个原则组成:(1)规模上,一个邻里单位的开发应当提供满足一所小学的服务人口所需要的住房,因此B选项正确。(2)边界:邻里单位应当以城市的主要交通干道为边界,这些道路应当足够宽以满足交通通行的需要,避免汽车从居住单位内穿越。(3)开放空间:应当提供小公园和娱乐空间的系统,它们被计划用来满足特定邻里的需要。(4)机构用地:学校和其他机构的服务范围应当对应于邻里单位的界限,它们应该适当地围绕着一个中心或公地进行成组布置。(5)地方商业:与服务人口相适应的一个或更多的商业区应当布置在邻里单位的周边,最好是处于道路的交叉处或与相邻邻里的商业设施共同组成商业区。(6)内部道路系统:邻里单位应当提供特别的街道系统,每一条道路都要与它可能承载的交通量相适应,整个街道网要设计得便于单位内的运行同时又能阻止过境交通的使用。从以上分析可知,A、B、D选项正确。

84. BDE

【解析】 1980年全国城市规划工作会议之后,各城市即逐步开展了城市规划的编制工作,A选项错误。1982年1月15日国务院批准了第一批共24个国家历史文化名城,此后分别于1986年、1994年相继公布了第二、第三批共75个国家级历史文化名城,所以B选项正确。1989年12月26日全国人大常委会通过了《中华人民共和国城市规划法》,是中华人民共和国成立以来第一部关于城市规划的法律,故C选项错误。1984年,为适应全国国土规划纲要编制的需要,建设部组织编制了全国城镇布局规划纲要,由国家计委纳入全国国土规划纲要,同时作为各省编制省城城镇体系规划和修改、调整城市总体规划的依据,因此D选项正确。1984年至1988年间,国家城市规划行政主管部门实行国家计委、建设部双重领导、以建设部为主的行政体制,适应了改革开放初期政府主导下的城市快速建设时期的需要,促进了城市建设投资和城市建设之间的协同,故E选项正确。

拓展:城乡建设环境保护部是中华人民共和国国务院曾设置的一个单位,1982年5月4日,由国家城市建设总局、国家建筑工程总局、国家测绘总局和国家基本建设委员会的部分机构,与国务院环境保护领导小组办公室合并,成立城乡建设环境保护部;1988年城乡建设环境保护部撤销,改为建设部。环境保护部门分出成立国家环境保护总局,直属国务院。

85. BCE

【解析】 由于各类城市生产的产品和提供的服务是全球性的,都是以国际市场为导向的,其联系的范围极为广泛,但在相当程度上并不以地域性的周边联系为主,即使是一个非常小的城市,它也可以在全球城市网络中建立与其他城市和地区的跨地区甚至是跨国的联系,它不再需要依赖于附近的大城市而对外发生作用,因此A选项错误。在全球化的进程中,且随着空间经济结构重组,城市与城市之间的相互作用与相互依存程度更为加强,城市的体系也发生了结构性的变化,B选项正确。由于特大城市的人口的大量集聚,出现了通勤半径几小时的消耗,大大降低了城市的生产效率,因此疏解特大城市人口和产业提升,是提升此类城市竞争力的重要举措,C选项正确。全球化发展中,大城市产业需求和劳动力需求,仍然需要大量的人口,在经济全球化的影响下,发达国家的一些工业城市经历了衰败的过程,但新兴发展中国家的制造业城市仍在发展,D选项错误。全球整体的城市体系结构的改变,由原来的城市与城市之间相对独立的以经济活动的部类为特征的水平结构改变为紧密联系且相互依赖的以经济活动的层面为特征的垂直结构,城市与城市之间构成了垂直性的地域分工体系在全球经济影响下越来越大,E选项正确,因此B、C、E选项符合题意。

86. BDE

【解析】 土地资源、水资源和矿产资源影响到城市的产生和发展的全过程,决定城市的选址、城市性质和规模、城市空间结构及城市特色,是城市赖以生存和发展的三大资源,所以A选项错误。土地在城乡经济、社会发展与人民生活中的作用主要表现为土地的承载功能、生产功能和生态功能,这三大功能缺一不可,B选项正确。城市用地的空间位置不同,不仅造成用地间的级差收益不同,也使土地使用的环境效益与社会效益发生联动变化,因此C选项错误。我国城市的水资源开发利用几乎包括了人类水资源开发利用的全部内容,既有城市工业用水、居民消费用水,还有无土栽培的农业用水和绿地用水,因此D选项正确。城市总体规划要对城市水资源的可靠性进行分析,保障城市生产和人民生活的基础性工作,因此正确评价水资源供应量是城市规划必须做的基础工作,E选项正确。

87. DE

【解析】 (1) Ⅱ气候区,现状人均建设用地规模70m²,规划人口规模55万人,允许调整幅度为+0.1~+20m²,调整后为70.1~90m²,允许采用人均建设用地指标65~95m²,因此最后范围为70.1~90m²,A选项的93m²错误。

(2) Ⅲ气候区,现状人均建设用地规模106m²,规划人口规模70万人,允许调整幅度为-25~-5m²。调整后为81~101m²。允许采用的人均建设用地指标为90~110m²,因此最后范围为90~101m²,因此B选项的103m²错误。

(3) Ⅳ气候区,现状人均建设用地规模92m²,规划人口规模45万人,允许调整幅度为-10~+15m²,因此调整后为82~107m²,允许采用的人均建设用地指标为80~105m²,因此最后范围为82~105m²,因此C选项的107m²错误。

(4) Ⅴ气候区,现状人均建设用地规模106m²,规划人口规模45万人,允许调整的幅度为-20~0.1m²,调整后为86~105.9m²,允许采用的人均建设用地指标为90~110m²,因此最后范围为90~105.9m²,因此D选项的105m²正确。

(5) Ⅵ气候区,现状人均建设用地规模120m²,规划人口规模30万人,允许调整幅度为<0m²,允许采用的人均建设用地规模≤115m²,因此E选项正确。

88. ABC

【解析】 城市与周围乡镇地区有密切联系,城乡总体布局应进行城乡统筹安排,把密切联系的乡镇划入规划区,A 选项正确。城市规划应当明确清晰的空间结构,合理划分功能分区,B 选项正确。在超大、特大城市旧区改造过程中,应重点完善快速路、主干路等道路系统,增加停车设施,着重解决交通拥堵的问题,C 选项正确。开发区的设立应根据城市经济发展水平,在城市设立,D 选项中分别在各区设立不符合要求,是一个城市依据经济社会发展水平设立,D 选项错误。根据《城乡规划法》,在规划区范围内的非建设用地不得设立各类开发区,E 选项错误。因此 A、B、C 选项符合题意。

89. ACE

【解析】 城市道路的走向应有利于通风,一般平行于夏季主导风向,A 选项正确。道路路线转折角大时,转折点宜放在路段上,不宜设在交叉组织,既有益于丰富道路景观,又有利于交通安全,因此 B 选项错误。公路兼有为过境和出入城交通服务的两种作用,不能和城市内部的道路系统相混淆,故 D 选项错误。城市道路系统应有利于组织交叉口交通,且满足敷设管线的足够空间,C、E 选项正确。

90. ABCE

【解析】 在主要客流的集散点设置不同交通方式的换乘枢纽,方便乘客停车与换乘,尽可能减少居民乘车出行的换乘次数,因此 E 选项正确,D 选项错误。在公交线网规划中,要依据出行特征来确定交通的形式,且线路网的走向应与主要客流流向一致,优先满足城市居民上下班乘车的需求,同时满足生活出行、旅游等乘车需求,A、B、C 选项正确。

91. ABCE

【解析】 根据历史文化名城的形成历史、自然和人文地理以及它们的城市物质要素和功能结构等方面过行对比分析,归纳为七大类型:古都型、传统风貌型、风景名胜型、地方及民族特型、近现代史痕迹型、特殊职能型、一般史迹型。

92. BCD

【解析】 本题考查的是《城市黄线管理办法》。其中第七条规定:编制城市总体规划,应当根据规划内容和深度要求,合理布置城市基础设施,确定城市基础设施的用地位置和范围,划定其用地控制界线;第八条规定:控制性详细规划应当依据城市总体规划,落实城市总体规划确定的城市基础设施的用地位置和面积,划定城市基础设施用地界线,规定城市黄线范围内的控制指标和要求,并明确城市黄线的地理坐标;修建性详细规划应当依据控制性详细规划按不同项目具体落实城市基础设施用地界线,提出城市基础设施用地配置原则或者方案,并标明城市黄线的地理坐标和相应的界址地形图。

93. ABDE

【解析】《城市蓝线管理办法》第二条规定:本办法所称城市蓝线,是指城市规划确定的江、河、湖、库、渠和湿地等城市地表水体保护和控制的地域界限。水源地不是一种水体,其肯定属于江、河、湖、库等一种,因此不属于需要划定蓝线的。

94. ACD

【解析】《中华人民共和国可再生能源法》第二条:本法所称可再生能源,是指风能、太阳能、水能、生物质能、地热能、海洋能等非化石能源。

95. ABCD

【解析】 根据规划编制办法、规划管理需要和现行的规划控制实践,控制指标体系由土地使用、建筑建造、配套设施控制、行为活动、其他控制要求等五方面的内容组成。市政设施配套属于设施配套控制,城市设计引导属于建筑建造控制。

96. ACD

【解析】 依据《城乡规划法》,修建性详细规划属于法定规划,因此 A 选项正确。根据《城市规划编制办法》的要求,修建性详细规划的任务是依据已批准的控制性详细规划及城乡规划主管部门提出的规划条件,对所在地块的建设提出具体的安排和设计,用以指导建筑设计和各项工程设施设计,C、D 选项正确。相对于控制性详细规划侧重于对城市开发建设活动的管理与控制,修建性详细规划则侧重于具体开发建设项目的安排和直观表达,同时也受控制性详细规划的控制和指导。相对于城市设计强调方法的运用和创新,修建性详细规划则更注重实施的技术经济条件及其具体的工程施工设计,因此 B、E 选项错误。

97. ABDE

【解析】 “十九大”报告对乡村振兴战略指出:要坚持农业农村优先发展,按照产业兴旺、生态宜居、乡风文明、治理有效、生活富裕的总要求,建立健全城乡融合发展体制机制和政策体系,加快推进农业农村现代化。

98. ADE

【解析】 《历史文化名城名镇名村保护条例》第十四条规定,保护规划应当包括下列内容:(1)保护原则、保护内容和保护范围;(2)保护措施、开发强度和建设控制要求;(3)传统格局和历史风貌保护要求;(4)历史文化街区、名镇、名村的核心保护范围和建设控制地带;(5)保护规划分期实施方案。

99. DE

【解析】 绿地率指居住区用地范围内各类绿地面积的总和占居住区用地面积的比率。居住区内绿地应包括:公共绿地、宅旁绿地、公共服务设施所属绿地和道路绿地(即道路红线内的绿地),其中包括满足当地植树绿化覆土要求、方便居民出入的地下或半地下建筑的屋顶绿地,不应包括其他屋顶、晒台的人工绿地。

100. ABC

【解析】 《模式语言》是克里斯托弗亚历山大于 1977 年出版的,从城镇、邻里、住宅、花园和房间等多种尺度描述了 253 个模式,通过模式的组合,使用者可以创造出很多变化。模式的意义在于为设计师提供一种有用的行为与空间之间的关系序列,体现了空间的社会用途。《小型城市空间的社会生活》作者为威廉怀特。

2019 年度全国注册城乡规划师职业资格考试模拟题与解析

城乡规划原理

模 拟 题 一

一、单项选择题(共80题,每题1分。每题的备选项中,只有1个最符合题意)

1. 城市的本质特点是集聚,但集聚的要素中不包含( )。
   A. 空间　　　　　　　　B. 建筑　　　　　　　C. 人口　　　　　　　D. 信息

2. 基于可持续发展原则的规划思考,现代城市规划的核心是( )。
   A. 协调城市与乡村的关系　　　　　　　　B. 合理地架构城市空间
   C. 土地资源的配置　　　　　　　　　　　D. 促进区域与城市的共同发展

3. 在确定城市用地发展方向时,起到决定性作用的是( )。
   A. 优势区位应优先开发
   B. 沿着交通轴线延伸发展
   C. 中心城市的发展方向应与区域内其他城镇的发展方向相呼应
   D. 考虑城市有利的发展空间及影响城市发展方向的制约因素

4. 根据国家统计局的指标体系,不属于第二产业的是( )。
   A. 采掘业　　　　　　　　　　　　　　　B. 物流仓储业
   C. 建筑业　　　　　　　　　　　　　　　D. 煤气的生产与供应业

5. 区域是城市发展的基础,下列受区域因素影响最大的是( )。
   A. 城市性质与规模　　　　　　　　　　　B. 城市用地布局结构
   C. 城市用地功能组织　　　　　　　　　　D. 城市人口的劳动构成

6. 关于工业时期的城市发展主要动因中"农村的推力"的说法不正确的是( )。
   A. 农村耕地面积的减少
   B. 农业剩余劳动力的出现
   C. 农业人口向城市的集中与转移成为可能
   D. 工业技术使农业生产力得到空前提高

7. 《马丘比丘宪章》的主要贡献是( )。
   A. 强调物质空间对城市发展的影响　　　　B. 强调人与人之间的相互关系
   C. 突出城市功能分区的重要作用　　　　　D. 提出建立生态城市的思想

8. 下列有关《雅典宪章》的描述中,不正确的是( )。
   A. 功能分区对解决当时的城市问题具有重要作用
   B. 功能分区是现代城市规划的一个里程碑
   C. 功能分区是建立在理性主义思想基础之上的
   D. 功能分区解决了城市和区域的有机联系

9. 在城市化的过程中,我们可将人口向城市的集中、城镇规模的扩大等称作( )。
   A. 空间的城镇化　　　　　　　　　　　　B. 人口的城镇化

C. 有形的城镇化　　　　　　　　　D. 地域的城镇化

10. 宏伟壮观的凡尔赛宫所采用的轴线对称和放射的形式,是西方哪个时期的典型代表?(　　　)
    A. 古希腊时期　　　　　　　　　　B. 古罗马时期
    C. 中世纪时期　　　　　　　　　　D. 绝对君权时期

11. 中国城市的街巷制,于何时、何地形成?(　　　)
    A. 唐朝长安城　　　　　　　　　　B. 唐朝东都洛阳
    C. 北宋汴梁　　　　　　　　　　　D. 南宋临安

12. 三国时期的邺城与汉长安城相比,其特点主要是(　　　)。
    A. 规模宏大,布局灵活
    B. 功能分区明确,结构严谨,城市交通干道与城门对齐,道路等级明确
    C. 分区明确,充分体现了以宫城为中心、"官民不相参"和便于管制的规划指导思想
    D. 中轴线对称格局,方格式路网

13. 城市规划是通过(　　　)来实现对城市建设和发展中的市场行为进行干预的。
    A. 合理的城市布局　　　　　　　　B. 土地和空间使用的分配
    C. 控制城市规模　　　　　　　　　D. 确定适宜的城市性质

14. 政府部门的规划师应起到的作用是(　　　)。
    A. 发挥城市规划在城市建设和发展中的作用,并运用城市规划的专业技术手段,执行国家和政府的宏观政策,保证城市的有序发展
    B. 编制经法定程序批准后可以操作的城市规划成果
    C. 为决策者提供咨询和参谋,承担着社会利益协调者的角色
    D. 工作的重点在于提出合理的建议和进行技术储备

15. 关于建设项目的规划管理,下列说法不准确的是(　　　)。
    A. 以划拨方式获得国有土地使用权的建设项目,须经政府部门批准或者核准,并向城乡规划主管部门申请核发选址意见书
    B. 以出让方式获得国有土地使用权的建设项目,城乡规划主管部门依据控制性详细规划提出出让地块的位置、使用性质、开发强度等规划条件
    C. 建设单位或者个人应当向当地城乡规划主管部门或者省、自治区、直辖市人民政府确定的镇人民政府申请办理建设工程规划许可证
    D. 建设单位或者个人的建设项目,须经政府部门批准或者核准,并向城乡规划主管部门申请核发选址意见书

16. 奥斯曼的巴黎改造规划与建设的特点是(　　　)。
    A. 以政府直接组织与管理为主的大规模城市更新活动
    B. 以基础设施建设为引导的新城(区)建设运动
    C. 以街道景观整治与建设为主的美化运动

D. 以增加公共空间的面积与配置为主的"公园运动"

17. 下列哪项不是城市规划的基本特征？（　　）

  A. 综合性   B. 战略性   C. 政策性   D. 实践性

18. 下列说法不正确的是（　　）。

  A. 城市规划法律法规是城市规划行政体系和工作体系的基础

  B. 《城乡规划法》是我国城市规划法律法规体系的主干法

  C. 城市规划标准规范是城市规划法律法规体系的组成部分

  D. 作为法定规划的控制性详细规划是城市规划法律法规体系的组成部分

19. 下列说法不准确的是（　　）。

  A. 城市规划制定和城市规划实施构成了城市规划的过程

  B. 城市规划编制的成果是城市规划实施的依据

  C. 城市规划编制的成果之间必须互相衔接，下层次规划依据上层次规划

  D. 城市规划实施包括规划实施的组织、建设项目的规划管理和规划实施的监督检查

20. 依据《城乡规划法》，下列不属于省域城镇体系规划内容的是（　　）。

  A. 城镇空间布局   B. 城镇规模控制

  C. 重大基础设施布局   D. 城市公共服务设施布局

21. 当编制某个与其他省相邻的县城市总体规划时，在资料收集时应作（　　）。

  A. 社会环境调查   B. 上位规划调查

  C. 广域规划调查   D. 自然环境调查

22. 城市建设用地选择时，以下哪项因素是较少考虑的？（　　）

  A. 自然风光   B. 自然条件   C. 农田良田   D. 城市发展

23. 下列关于带型城市形态的描述，正确的是（　　）。

  A. 城市没有明确的主体团块，各自基本团块在较大区域内呈散点状分布

  B. 城市建成区主轮廓长短轴之比小于 4：1

  C. 城市建成区由两个以上相对独立的主体团块和若干个基本团块组成

  D. 城市建成区主体平面的长短轴之比大于 4：1

24. 下列说法不正确的是（　　）。

  A. 以划拨方式提供国有土地使用权的项目，先向土地主管部门申请用地后办理建设用地规划许可证

  B. 对未取得建设用地规划许可证的建设单位批准用地的，由县级以上人民政府撤销有关批准文件

  C. 土地主管部门不得在国有土地使用权出让合同中擅自改变建设用地规划许可证中所规定的规划条件

  D. 规划条件未纳入国有土地使用权出让合同的，该国有土地使用权出让合同无效

25. 关于城市控制性详细规划的修改，下列表述中不正确的是（　　）。

  A. 修改内容不符合城市总体规划内容的，应先按法定程序修改总体规划

B. 由城市人民政府城乡规划主管部门组织修改,由本级人民政府审批

C. 组织编制机关应征求规划地段内利害关系人的意见

D. 规划草案应予以公告,公告时间不得少于 30 日

26. 下列关于省域城镇体系规划的表述,不准确的是(　　　)。

    A. 省域城镇体系规划是促进省域内各级各类城镇协调发展的综合性规划

    B. 省域城镇体系规划由省、自治区人民政府城乡规划主管部门编制

    C. 省域城镇体系规划在上报国务院审批前,须经本级人民代表大会常务委员会审议

    D. 省域城镇体系规划编制需有公众参与的环节

27. 下列不属于省域城镇体系规划内容的是(　　　)。

    A. 研究本区域的资源和生态环境承载能力

    B. 明确重点地区的城镇发展

    C. 明确需要由省、自治区政府协调的重点地区和重点项目及其协调要求

    D. 划定优先开发区域、重点开发区域、限制开发区域、禁止开发区域

28. 在城市规划分析中,下列用来反映数据离散程度的是(　　　)。

    A. 平均数　　　　　B. 众数　　　　　C. 标准差　　　　　D. 频数分布

29. 城市总体规划用地现状调查可以不涉及的内容是(　　　)。

    A. 用地规模　　　　　B. 用地性质　　　　　C. 用地范围　　　　　D. 用地权属

30. 根据《城市规划编制办法》,下列不属于城市总体规划纲要编制内容的是(　　　)。

    A. 确定市域各城镇建设标准

    B. 原则确定市域交通发展策略

    C. 确定中心城区用地布局

    D. 提出建立综合防灾体系的原则和建设方针

31. 下列哪项不属于划定规划区时需考虑的主要原则?(　　　)

    A. 统筹城乡发展的需要

    B. 区域重大基础设施廊道的保护要求

    C. 中心城区未来空间拓展的方向

    D. 利用山体、河流等自然界线

32. 盆地或峡谷地区的城市在布置工业用地和居住用地时,应重点考虑(　　　)的影响。

    A. 静风频率　　　　　　　　　　　B. 最小风频风向

    C. 温度　　　　　　　　　　　　　D. 太阳辐射

33. 根据《城市用地分类与规划建设用地标准》(GB 50137—2011),下列表述正确的是(　　　)。

    A. 中小学属于居住用地

    B. 交通指挥中心属于行政办公用地

    C. 公交保养场属于市政公用设施用地

    D. 货物运输公司站场属于对外交通用地

34. 根据《城市用地分类与规划建设用地标准》(GB 50137—2011),下列表述不正确的是( )。

    A. 规划人均单项建设用地指标的控制是为了保证城市基本的生产、生活要求

    B. 新建城市规划人均建设用地指标最高是 $120m^2$

    C. 规划人均公园绿地指标一般不小于 $8m^2$

    D. 《国家生态园林城市标准》提出的公共绿地是以每人 $12m^2$ 为目标

35. 下列关于仓库规划布局的表述中,不正确的是( )。

    A. 油库应靠近重要的交通枢纽布置,以方便运输

    B. 供应仓库可布置在使用仓库的地区内或附近地段

    C. 建筑材料仓库常设于城郊对外交通运输线附近

    D. 储备仓库应设在城市郊区或远郊,并有专用的独立地段

36. 工业用地选择时考虑的主要因素不包括( )。

    A. 工业用地应避开水利枢纽

    B. 有易燃易爆危险性的工业企业应该远离公路干线布置

    C. 工业用地的地下水位最好低于工业厂房的基础

    D. 工业用地应选择地形平坦的区域

37. 关于城市综合交通内容的完整表述,正确的是( )。

    A. 城市中及与城市相关的各种交通形式

    B. 市区及市区以外的道路网络

    C. 城市道路交通、城市轨道交通、水上交通

    D. 公路交通、铁路交通、航空交通、水上交通

38. 城市规划应通过对土地和空间的使用及调节,来取得各社团、企业以及各团体的信任与认可。这段文字内容应属于城市规划公共政策属性的哪方面?( )

    A. 宏观经济调控的手段   B. 保障社会公共利益

    C. 协调社会利益,维护公平   D. 改善人居环境

39. 下列关于城市交通政策的表述,正确的是( )。

    A. 城市交通政策是交通执法的依据

    B. 城市交通政策是关于交通技术、交通经济和交通管理的政策

    C. 城市交通政策是制定交通法规的唯一依据

    D. 城市交通政策应随城市交通状况变化而随时修订

40. 下列关于地震设防城市的道路规划设计的表述,错误的是( )。

    A. 城市主要道路与对外公路保持畅通

    B. 干路两侧的高层建筑应由道路红线向后退 10～15m

    C. 在立体交叉口与对外公路衔接的城市道路,宜采用上跨式

    D. 宜采用柔性路面

41. 下列哪项是城市道路红线的正确定义?( )

    A. 道路两侧建筑物之间的距离

    B. 道路用地与两侧其他用地的分界线

C. 车道与人行道宽度之和

D. 快车道与慢车道宽度之和

42. 公共交通车站服务面积,以300m半径计算,不得小于城市用地面积的(　　)。

A. 30%　　　　　　B. 50%　　　　　　C. 70%　　　　　　D. 90%

43. 根据我国有关法规确定保护的城市历史文化遗产的三个层次是(　　)。

A. 历史文化名城、历史文化街区、文物保护单位

B. 历史文化名城、历史文化保护区、历史建筑

C. 历史文化城市、历史文化名镇、历史文化村落

D. 历史文化遗产、国家文化遗产、地方文化遗产

44. 下列哪种情况不属于公众参与的城市规划?(　　)

A. 李老师了解本城市的规划,将其以获得批准的城市总体规划的成果制成出版物在书店销售

B. 某城市在规划方案编制的过程中,召集相关单位开研讨会,听取意见

C. 某城市将城市中的一条干道的规划草案的图纸在某机构大楼上进行展示

D. 某城市拟对一片旧区进行改造,而组织人力在该区域开展了民意调研活动,王助理参加了调研

45. 下列关于城市供电工程规划的表述,不正确的是(　　)。

A. 城市电源工程主要有城市电厂和区域变电所(站)等电源设施

B. 我国城市电网供电采用统一的电压等级

C. 预测供电负荷是各阶段城市供电规划的重要任务之一

D. 预测供电负荷必须满足节能减排的要求

46. 下列不能作为城镇体系规划编制基本原则的是(　　)。

A. 城镇综合发展的原则

B. 经济社会发展与城镇化战略互相促进的原则

C. 区域空间整体协调发展的原则

D. 可持续发展的原则

47. 下列哪项不属于详细规划阶段的燃气工程规划工作内容?(　　)

A. 计算燃气管网管径　　　　　　B. 规划布局燃气输配管网

C. 预测用户燃气用量　　　　　　D. 选择气源种类

48. 为满足城市经济可持续发展的需要,需扩充城市水源,应该优先考虑的方式是(　　)。

A. 开采深层地下水　　　　　　　B. 中水回用

C. 跨流域引水　　　　　　　　　D. 在过境的河道上修筑截流坝

49. 城市用水一般可以分为(　　)。

A. 市政用水、企业自备水

B. 生产用水、生活用水、绿化用水

C. 生产用水、生活用水、市政用水、消防用水

D. 饮用水、循环水、冷却水、市政用水

50. 城市土地的基本特征不包括(　　)。

    A. 承载性　　　　　B. 区位　　　　　C. 地租与地价　　　　D. 地质构造

51. 下列哪项不是城市总体规划阶段用地竖向规划的基本工作内容?(　　)

    A. 确定城市干路的控制纵坡度

    B. 确定城市建设用地的控制高程

    C. 平整土地,改造地形

    D. 分析地面坡向、分水岭、汇水沟、地面排水走向

52. 根据《城市规划编制办法》,城市总体规划强制性内容中不包括(　　)。

    A. 禁建区、限建区、适建区范围及空间管制措施

    B. 规划期限内城市建设用地的发展规模

    C. 城市地下空间开发布局

    D. 城市人防设施布局

53. 下列关于近期建设规划的基本概念的表述,正确的是(　　)。

    A. 近期建设规划是我国城乡规划编制体系中的一个组成部分

    B. 近期建设规划是我国城乡规划实施的内容之一

    C. 近期建设规划是规划行政主管部门的工作计划

    D. 近期建设规划是规范城市实体开发的技术文件

54. 根据《城乡规划法》,在城市、镇规划区内,核发建设用地规划许可证的依据是(　　)。

    A. 总体规划　　　　　　　　　　　B. 近期建设规划

    C. 控制性详细规划　　　　　　　　D. 修建性详细规划

55. 下列哪项指标更能综合反映土地的使用强度?(　　)

    A. 建筑密度　　　　B. 容积率　　　　C. 建筑高度　　　　D. 绿地率

56. 一般大城市道路网的密度应是(　　)。

    A. $6\sim8\text{km/km}^2$　　　　　　　　　B. $5\sim7\text{km/km}^2$

    C. $4\sim7\text{km/km}^2$　　　　　　　　　D. $4\sim6\text{km/km}^2$

57. 《村庄整治技术导则》中,对于"空心村",在住房制度上提出的政策是(　　)。

    A. 拆除已坍塌的房屋　　　　　　　B. 一户一宅

    C. 迁村并点　　　　　　　　　　　D. 宅基地向村中心集中

58. 《村镇规划编制办法》中规定,镇区近期建设规划图不与建设规划图合并时,比例尺采用(　　)。

    A. 1:100~1:500　　　　　　　　　B. 1:100~1:1000

    C. 1:200~1:500　　　　　　　　　D. 1:200~1:1000

59. 以下哪一选项是城镇体系规划的主要工作程序?(　　)

    A. ①收集分析资料;②人口城市化水平预测;③城镇布局;④安排区域基础设施

    B. ①收集分析资料;②城镇布局;③人口城市化水平预测;④安排区域基础设施

C. ①收集分析资料;②安排区域基础设施;③城镇布局;④人口城市化水平预测

D. ①收集分析资料;②安排区域基础设施;③人口城市化水平预测;④城镇布局

60. (　　)是建立城市艺术骨架和组织城市空间的重要手段之一,它可以把城市空间组织成一个有秩序、有韵律的整体。

　　A. 城市绿化　　　　B. 城市水面　　　　C. 城市制高点　　　　D. 城市轴线

61. 建设单位在竣工验收后(　　)个月内向城乡规划主管部门报送有关竣工验收的资料。

　　A. 3　　　　　　　B. 4　　　　　　　C. 5　　　　　　　D. 6

62. 现代城市的发展开始显示出一些与以往不同的动力机制,这些动力机制不包括(　　)。

　　A. 自然资源开发和保护　　　　　　B. 工业社会的城市

　　C. 全球化与新经济　　　　　　　　D. 科技革命与创新

63. 城市规划常用的分析方法中不包括(　　)。

　　A. 空间模型分析方法　　　　　　　B. 类推分析方法

　　C. 定量分析方法　　　　　　　　　D. 定性分析方法

64. 城市自然资源条件中,决定城市的地域结构和空间形态的是(　　)。

　　A. 开发经营的集约性　　　　　　　B. 矿产资源的开采

　　C. 土地使用功能的固定性　　　　　D. 丰富的水资源

65. 城市性质是指(　　)。

　　A. 城市在一定地区、国家以至更大范围内的政治、经济与社会发展中所处的地位和所担负的主要职能

　　B. 以城市人口和城市用地总量表示的城市大小

　　C. 城市在一定地域内的经济、社会发展中所发挥的作用和承担的分工

　　D. 一定时期内城市经济、社会、环境的发展所达到的目标和指标

66. 下列不能单独来预测城市总体规划阶段人口规模的是(　　)。

　　A. 时间序列法　　　　　　　　　　B. 间接推算法

　　C. 综合平衡法　　　　　　　　　　D. 比例分配法

67. 下列不属于城市空间环境演进的基本规律的是(　　)。

　　A. 从生活性城市空间到生产性城市空间

　　B. 从平面空间环境到立体空间环境

　　C. 从封闭的单中心到开放的多中心空间环境

　　D. 从分离的均质城市空间到连续的多样城市空间

68. 以下不属于欧洲古代不同社会和政治体制下城市的典型格局的是(　　)。

　　A. 中世纪的城堡以及教堂的空间主导地位

　　B. 君主专制时期的古典风格及构图严谨的广场

　　C. 古希腊城邦的城市公共场所

D. 古罗马城市的炫耀和享乐特征

69. 城市总体规划编制的基本要求中不包括（　　）。

    A. 因地制宜

    B. 科学性

    C. 规划编制的针对性

    D. 综合性

70. 我国城乡规划实施管理体系构成中不包括（　　）。

    A. 城乡规划的实施组织

    B. 建设项目的规划管理

    C. 城乡规划实施的监督检查

    D. 城镇体系规划

71. 立足于生态敏感性分析和未来区域开发态判断，进行分类，以下不属于该分类的是（　　）。

    A. 鼓励开发区

    B. 控制开发区

    C. 禁止开发区

    D. 重点开发区

72. 定性分析方法常用于城市规划中复杂问题的判断，主要有（　　）。

    A. 因果分析法

    B. 多元回归分析法

    C. 定量分析法

    D. 集中量数分析法

73. 以下不属于铁路客运站布置方式的是（　　）。

    A. 通过式

    B. 尽端式

    C. 分散式

    D. 混合式

74. 独立编制的近期建设规划成果中不包括（　　）。

    A. 规划图纸

    B. 规划文本

    C. 附件

    D. 规划说明

75. 以下关于控制性详细规划编制的内容，叙述错误的是（　　）。

    A. 控制性详细规划以总体规划（或分区规划）为手段

    B. 控制性详细规划以规划的综合性研究为基础

    C. 控制性详细规划是对城市用地建设和设施建设实施控制性的管理，把规划研究、规划设计与规划管理结合在一起的规划方法

    D. 控制性详细规划以规划设计与管理相结合的法规为形式

76. 以下关于城市规划的作用的说法，错误的是（　　）。

    A. 协调社会利益，维护公平

    B. 宏观经济调控的手段

    C. 保障社会公共利益

    D. 保障社会经济稳定持续地发展

77. 以下对现代城市规划的主要特点的概括错误的是（　　）。

    A. 政策性

    B. 综合性

    C. 经济性

    D. 实践性

78. 下列不属于城镇体系规划编制的基本原则的是（　　）。

    A. 区域空间整体协调发展的原则

    B. 可持续发展的原则

    C. 经济社会协调发展原则

    D. 因地制宜的原则

79. 城市总体规划编制基本工作程序中不包括（　　）。

    A. 现状调研

    B. 基础研究与方案构思

    C. 编制城市总体规划纲要

    D. 规划与城市建设协调

80. 城市总体规划中，现状调查的主要方法中不包括（　　）。

    A. 文献资料搜集

    B. 访谈和座谈会调查

    C. 现场踏勘

    D. 质性研究

二、**多项选择题**(共20题,每题1分。每题的备选项中有2~4个符合题意。少选、错选都不得分)

81.《国家新型城镇化规划(2014—2020)》所提及的加快培育的城镇群是( )。

A. 成渝城镇群　　　　　　　　　　B. 关中城镇群

C. 中原城镇群　　　　　　　　　　D. 长江中游城镇群

E. 哈长城镇群

82.《国家新型城镇化规划(2014—2020)》所提及的创新城市理念是( )。

A. 因地制宜　　B. 以人为本　　C. 尊重自然　　D. 传承历史

E. 绿色低碳

83. 城市规划是通过( )来实现对城市建设和发展中的市场行为进行干预的。

A. 改善人居环境　　　　　　　　　B. 保障社会公共利益

C. 协调社会利益　　　　　　　　　D. 维护生态平衡

E. 调控宏观经济

84. 城镇体系规划是通过( )来实现对城市建设和发展中的市场行为进行干预的。

A. 合理控制城市规模

B. 促进城市之间形成有序竞争与合作的关系

C. 发挥资源保护和利用的统筹功能

D. 对重大开发建设项目及重大基础设施布局的综合指导

E. 实现区域层面的规划与城市总体规划的有效衔接

85. 城镇体系规划的强制性内容涉及以下哪些方面?( )

A. 相邻城市、地区的生产与协作

B. 区域内的区域性重大基础设施的布局

C. 相邻城市、地区的重大基础设施布局

D. 区域内必须控制开发的区域

E. 区域内资源的配置与利用

86.《全国主体功能区规划》将主体功能区划分为( )。

A. 提供生态产品的区域　　　　　　B. 提供工业品和服务产品的区域

C. 城市地区　　　　　　　　　　　D. 提供农产品的区域

E. 农产品主产区

87. 下列哪些选项是合理布置消防站的基本要求?( )

A. 选择本消防站责任区的中心地段

B. 位于城市主要干道上

C. 尽量接近生产和储存易燃易爆物品的建筑

D. 不得毗邻医院和学校建筑

E. 接近城市水源

88. 下列哪些内容是城市总体规划的强制性内容？（   ）

    A. 城市建设用地开发强度   B. 城市主干道走向

    C. 城市人防设施布局   D. 高压走廊位置

    E. 城市防洪标准

89. 下列哪些选项是城市道路与公路衔接的原则？（   ）

    A. 有利于把城市对外交通迅速引出城市

    B. 有利于把入城交通方便地引入城市中心

    C. 有利于过境交通方便地绕过城市

    D. 规划环城公路成为公路与城市道路的衔接路

    E. 不同等级的公路与相应等级的城市道路衔接

90. 居住区的配建设施标准与下列哪些因素相关？（   ）

    A. 城市规模   B. 居住区人口规模

    C. "千人指标"   D. 区位条件

    E. 建筑气候分区

91. 在居住区规划中，为了达到卫生要求，须考虑哪些方面？（   ）

    A. 卫生视线   B. 日照

    C. 通风   D. 防空气污染

    E. 防噪

92. 下列表述中哪些是正确的？（   ）

    A. 组团式城市是小城市最佳的空间布局

    B. 组团式城市应当在每个组团内安排适宜的居住和就业岗位，就近组织生产和生活

    C. 组团式城市与集中式城市相比，市政工程设施建设和日常运营成本较高

    D. 组团式城市的每个组团之间必须保持一定的距离

    E. 组团式城市的每个组团应在各方向上都有一条以上的道路与其他组团相联系

93. 镇（乡）域规划的任务是（   ）。

    A. 综合研究和确定城镇的性质、规模和空间发展形态

    B. 落实市"县"社会经济发展战略及城镇体系规划提出的要求

    C. 指导城镇合理发展

    D. 指导镇区、村庄规划编制

    E. 合理配置城镇各项基础设施

94. 属于城市用地评定的三类用地的情况是（   ）。

    A. 有严重的不良地质现象，若采取防治措施需花费很大工程量和工程费用

    B. 土质较差，在修建建筑物时，地基需要采取人工加固措施

    C. 农业生产价值很高的丰产农田

    D. 军事设施用地

    E. 有已开采过的矿藏

95. 产业结构与职业构成的分析可以反映城市的（　　　）。
    A. 劳动力潜力　　　　　　　　　　B. 性质
    C. 社会结构的合理协调程度　　　　D. 经济发展水平
    E. 特色

96. 村庄规划要提出景观规划设计的地段有（　　　）。
    A. 四旁绿化　　　B. 主要水体　　　C. 特色建筑　　　D. 村口
    E. 道路

97. 控制性详细规划中对于道路的控制内容有（　　　）。
    A. 红线　　　　　　　　　　　　　B. 断面形式
    C. 交叉口形式　　　　　　　　　　D. 控制点坐标和标高
    E. 道路走向

98. 城市交通调查包括（　　　）。
    A. 城市交通基础资料调查　　　　　B. 城市道路与交通出行调查
    C. 城市景观调查　　　　　　　　　D. 城市风貌调查
    E. 交通流量调查

99. 关于我国城市设计项目的类型和特点，以下说法正确的是（　　　）。
    A. 城市设计项目可分为政策引导型和经济引导型
    B. 根据城市设计工作范围的尺度可分为宏观、中观、微观三个类型
    C. 根据我国城市规划的几个工作阶段又分为对应的总体城市设计、城市片区城市设计、重点地区城市设计、地段城市设计
    D. 在城市设计的实践中，城市规划师一般通过公共部门对私人领域进行控制并且直接参与建筑的设计和建造过程
    E. 城市设计策略、城市开发意向、研究辅助型设计、修建性详细规划、城市环境改善这五种类型在我国近年来的城市设计实践中比较常见

100. 在公共性设施项目可行性研究阶段（　　　）。
    A. 政府部门应当根据所确定的公共性设施项目分步骤地纳入到各自的建设计划之中
    B. 城市规划必须为这些项目的开发建设进行选址
    C. 确定项目建设用地的位置和范围，提出在特定地点进行建设的规划设计条件
    D. 办理《建设用地规划许可证》和《建设工程规划许可证》
    E. 城市规划管理部门必须对项目可行性研究进行监督管理

模拟题一解析

一、单项选择题(共80题,每题1分。每题的备选项中,只有1个最符合题意)

1. A

【解析】 城市的本质特点是集聚,高密度的人口、建筑和信息是城市的普遍特征,故A选项符合题意。

2. C

【解析】 基于可持续发展原则的规划思考,现代城市规划的核心是土地资源配置,目的是控制人类的土地利用活动可能产生的消极外部效应(特别是环境影响)。所以,城市规划将在可持续发展的行动过程中发挥特殊作用,可持续发展也引起了各国规划师的广泛关注,C选项符合题意。

3. D

【解析】 在进行城市总体规划时,对于城市用地发展方向的选择要有利于城市空间的发展,D选项符合题意。

4. B

【解析】 英国经济学家费希尔和克拉克将经济活动分为三种部类,产品直接来源于自然界的部类称为第一产业,对初级产品进行加工的部类称为第二产业,为生产和消费提供服务的部类称为第三产业。物流仓储业是为生产和消费提供服务的,因此不属于第二产业。

5. A

【解析】 城市的性质是指城市在一定地区、国家以至更大范围内的政治、经济与社会发展中所处的地位和担负的主要职能。城市的性质与规模受城市在区域中地位和作用影响最大,因此A选项符合题意。

6. A

【解析】 "农村的推力",是指工业技术使农业生产力得到空前提高,导致越来越多的农业剩余劳动力出现,农业人口向城市的集中与转移成为可能,所以A选项符合题意。

7. B

【解析】《马丘比丘宪章》首先强调了人与人的相互关系对于城市和城市规划的重要性,并将理解和贯彻这一关系视为城市规划的基本任务,B选项符合题意。

8. D

【解析】《雅典宪章》认为,城市活动可划分为居住、工作、游憩和交通四大功能,并提出城市规划的四大主要功能要求各自都有其最适宜的发展条件,以便给生活、工作和文化以秩序化。《雅典宪章》不涉及区域的内容,因此D选项错误。

9. C

【解析】 城镇化分为有形的城镇化和无形的城镇化,人口向城市集中、城镇规模的扩大称为有形的城镇化,因此 C 选项符合题意。

10. D

【解析】 绝对君权时期的典型代表:巴黎的香榭丽舍大街和凡尔赛宫。路易十四要求将卢浮宫、凡尔赛宫等与城市秩序不可分离地联系到一起,对着卢浮宫构筑起一条巨大壮观而具有强烈视线进深的轴线,这条轴线后来一直作为巴黎城市的中轴线,也形成了壮丽、秩序的整体空间体系,无处不体现着王权至上的唯理主义思想,因此 D 选项符合题意。

11. C

【解析】 北宋东京(汴梁)城有规划的改建与扩建,奠定了宋代开封城的基本格局,由此也开始了城市中居住区组织模式的改变,体现了宋代的城市规划建设的思想。随着商品经济的发展,中国城市建设中绵延了千年的里坊制度逐渐被废除,到北宋中叶,开封城中已建立较为完善的街巷制,C 选项符合题意。

12. B

【解析】 三国时期,邺城的规划继承了战国时以宫城为核心的规划思想,改进了汉长安城布局松散、宫城与坊里混杂的状况,其功能分区明确,结构严谨,城市交通干道与城门对齐,道路等级明确,因此 B 选项符合题意。

13. B

【解析】 城市规划通过对城市土地和空间使用配置的调控,来对城市建设和发展中的市场行为进行干预,从而保证城市的有序发展,B 选项符合题意。

14. A

【解析】 政府部门的规划师的角色与地位:①作为政府公务员所担当的行政管理职责,是国家和政府的法律法规和方针政策的执行者;②担当了城市规划领域的专业技术管理职责,是城市规划领域和运用城市规划对各类建设行为进行管理的管理者;③政府部门的规划师的角色,就是要发挥城市规划在城市建设和发展中的作用,并运用城市规划的专业技术手段,执行国家和政府的宏观政策,保证城市的有序发展。

15. D

【解析】 根据《城乡规划法》的有关规定,城市建设用地的规划管理按照土地使用权的获得方式不同可以区分为以下两种情况:一种情况是由国家以划拨方式提供国有土地使用权的建设项目,须经政府部门批准或者核准,在向政府有关部门报送批准或者核准文件前先向城乡规划主管部门申请核发选址意见书;另一种情况是以出让方式提供国有土地使用权的建设项目。因此不是所有建设项目都要申请选址意见书,所以 D 选项符合题意。

16. A

【解析】 巴黎改建是现代城市规划形成的行政实践的典范,是通过政府直接参与和组织,对巴黎进行全面的改建,A 选项符合题意。

17. B

【解析】 现代城市规划的基本特点：①综合性；②政策性；③民主性；④实践性。B选项符合题意。

18. D

【解析】 我国已形成由城乡规划方面的法律、法规、规章、规范性文件和标准规范组成的城乡规划法规体系。法定的控制性详细规划不属于城乡规划法律法规体系的组成部分，因此D选项符合题意。

19. B

【解析】 依法编制和批准的城乡规划成果是城市规划实施的依据，B选项符合题意。

20. D

【解析】《城乡规划法》第十三条规定，省、自治区人民政府组织编制省域城镇体系规划，报国务院审批。省域城镇体系规划的内容应当包括：城镇空间布局和规模控制，重大基础设施的布局，为保护生态环境、资源等需要严格控制的区域。D选项符合题意。

21. C

【解析】 广域规划及上位规划调查：任何一个城市都不是孤立存在的，是存在于区域中的一个点，对城市的认识来自广泛的区域，尤其是相邻区域，因此，需做出相邻地域城镇的资料调查，上位规范仍不涉及相邻区域，所以必须作广域规划调查。C选项符合题意。

22. A

【解析】 城市建设用地选择考虑的因素：①选择有利的自然条件，一般是指地势较为平坦、地基承载力良好、不受洪水威胁、工程建设投资省，而且能够保证城市日常功能的正常运转等。②尽量少占农田。保护耕地是我国的一项基本国策，城市建设用地尽可能利用劣地、荒地、坡地，少占农田，不占良田。③保护古迹和矿藏。城市用地选择应避开有价值的历史文物古迹和已探明有开采价值的矿藏的分布地段。④满足主要建设项目的要求。⑤为城市合理布局创造条件。由以上分析可知，A选项符合题意。

23. D

【解析】 城市结构与形态大体上可以分为以下两种。①集中型形态：城市建成区主轮廓长短轴之比小于4∶1，是长期集中紧凑全方位发展状态，其中包括若干子类型，如方形、圆形、扇形等。②带形形态：城市建成区主体平面的长短轴之比大于4∶1，并明显呈单向或双向发展，其子形态有U形、S形等。D选项符合题意。

24. A

【解析】 以划拨方式提供国有土地使用权的建设项目，根据国家有关规定，需经政府部门批准或者核准，在向政府有关部门报送批准或者核准文件前先向城乡规划主管部门申请核发选址意见书。建设项目经有关部门批准、核准、备案后，由城市、县城乡规划主管部门依据控制性详细规划核定建设用地的位置、面积、允许建设的范围，核定建设用地规划许可证。取得建设用地规划许可证后，方可向县级以上地方政府土地管理部门申请用地，经县级以上政府审批后，由土地主管部门划拨土地。因此A选项说反了。

25. A

【解析】《城乡规划法》规定：修改控制性详细规划的,组织编制机关应当对修改的必要性进行论证,征求规划地段内利害关系人的意见,并向原审批机关提出专题报告,经原审批机关同意后,方可编制修改方案。修改后的控制性详细规划,应当依照《城乡规划法》第十九条、第二十条规定的审批程序报批。控制性详细规划修改涉及城市总体规划、镇总体规划的强制性内容的,应当先修改总体规划。违反总体规划强制性内容的才需要修改城市总体规划,因此 A 选项符合题意。

26. B

【解析】《城乡规划法》规定：省、自治区人民政府组织编制省域城镇体系规划,报国务院审批。B 选项符合题意。

27. A

【解析】省域城镇体系规划的核心内容是：①制定全省(自治区)城镇化和城镇发展战略。包括确定城镇化方针和目标,确定城市发展与布局战略。②确立区域城镇发展用地规模的控制目标。③协调和部署影响省域城镇化与城市发展的全局性和整体性事项。④确定乡村地区非农业产业布局和居民点建设的原则。⑤确定区域开发管制区划。⑥按照规划提出的城镇化和城镇发展战略和整体部署,充分利用产业政策、税收和金融政策、土地开发政策等手段,制定相应的调控政策和措施,引导人口有序流动,促进经济活动和建设活动健康、合理、有序地发展。划定优先开发区域、重点开发区域、限制开发区域、禁止开发区域。因此 A 选项符合题意。

28. C

【解析】离散程度分析是用来反映数据离散程度的,常见的指标有极差、标准差、离散系数。C 选项符合题意。

29. D

【解析】关于城市土地使用的调查涉及各类土地使用的范围、界限、用地性质等在地图上进行标注,完成土地使用的现状图和用地平衡表。用地权属属于可以不涉及的内容,D 选项符合题意。

30. C

【解析】城市总体规划纲要的主要内容：①市域城镇体系规划纲要；②提出城市规划区范围；③分析城市职能,提出城市性质和发展目标；④提出禁建区、限建区、适建区范围；⑤预测城市人口规模；⑥研究中心城区空间增长边界,提出建设用地规模和建设用地范围；⑦提出交通发展战略及主要对外交通设施布局原则；⑧提出重大基础设施和公共服务设施的发展目标；⑨提出建立综合防灾体系的原则和建设方针。确定中心城区用地布局属于中心城区规划的内容,因此 C 选项符合题意。

31. D

【解析】划定规划区应当遵循的主要原则包括：①坚持科学发展观的原则；②坚持城乡统筹发展的原则；③坚持因地制宜、实事求是的原则；④坚持可操作性的原则。A 项属于坚持城乡统筹的原则；B、C 项属于实事求是的原则；可操作性原则强调规划区范围的封闭性,并且最好是一个行政管辖区范围,D 项不是主要考虑的原则。

32．A

【解析】 由于盆地或谷地静风频率较高,通风不畅,对环境质量的影响较大。A选项符合题意。

33．B

【解析】 中小学属于教育科研用地,交通指挥中心属于行政办公用地,公交保养场属于公共交通场站用地,货物运输公司的站场属于物流仓储用地。B选项符合题意。

34．B

【解析】《城市用地分类与规划建设用地标准》第4.2.1条规定,新建城市的规划人均城市建设用地指标应在$85.1\sim105.0$m²/人内确定。

35．A

【解析】 油库要尽量布置在独立地段,应避开重要的交通枢纽,因此A选项符合题意。

36．C

【解析】 工业用地选择时主要考虑:①用地规模与形状;②地形要求;③水源要求;④能源、地质要求;⑤需要避开铁路、公路、高压电网等安全要求;⑥其他要求。C选项的内容是仓储物流用地的选择要求,因此符合题意。

37．A

【解析】 城市综合交通包括存在于城市中及与城市有关的各种交通形式。城市综合交通可分为城市对外交通和城市交通两大部分,因此A选项符合题意。

38．C

【解析】 利用对土地和空间的管控,通过协调社会各方的利益,维护社会公平,达到各方信任,C选项符合题意。

39．D

【解析】 城市交通政策的稳定性与可变性,是由现代城市交通发展方向的一致性、调控各种基本关系的连续性和具体的技术经济条件的多样性与多变性所决定的。高层次的交通政策具有较高的稳定性,低层次的技术经济政策有较大的可变性。正确把握交通政策的稳定性与可变性,避免基本政策执行中的摆动和具体政策上的僵化,是保证多快好省地发展城市交通的关键。由以上分析可知,D选项符合题意。

40．C

【解析】《城市道路交通规划设计规范》第7.3.5.1条规定,立体交叉口采用上跨式,有可能在地震时造成道路的毁坏,而影响生命线,因此C选项错误。

41．B

【解析】 道路红线是道路用地和两侧建筑用地的分界线,即道路横断面中各种用地总宽度的边界线,B选项符合题意。

42．B

【解析】 公共交通站点服务面积,以半径300m计算,不得小于城市用地面积的50%;以半径500m计算,不得小于城市用地面积的90%。B选项符合题意。

43．A

【解析】 历史文化名城保护分为三个层次:①历史文化名城;②历史文化保护区

（历史文化街区）；③文物保护单位。A 选项符合题意。

44．A

【解析】 公众参与城市规划的形式,主要包括城市规划展览系统,规划方案听证会、研讨会,规划过程中的民意调查,规划成果网上咨询等。B 选项的参与研讨会属于公众参与；C 选项的草案图纸进行展示属于公众参与的公示行为,属于公众参与；D 选项王助理参与规划过程中的调研为民意调查,属于公众参与。A 选项李老师属于对成果的销售,不存在规划过程的公众参与,且涉嫌违法,因此符合题意。

45．B

【解析】 我国城市供电网分为高、中、低电压供电,不是统一的电压等级,因此 B 选项符合题意。

46．A

【解析】 城镇规划体系是一个综合的多目标的规划。在规划过程中应贯彻以空间整体协调发展为重点,促进社会、经济、环境持续协调发展的原则,具体包括：①因地制宜的原则；②经济社会发展与城镇化战略互相促进的原则；③区域空间整体协调发展的原则；④可持续发展的原则。A 选项符合题意。

47．D

【解析】 选择气源是总体规划阶段的工作内容,故 D 选项符合题意。

48．B

【解析】 开采深层地下水、跨流域引水、在过境的河道上修筑截流坝都是掠夺式的发展,只有中水回用符合可持续发展的战略思想,所以 B 选项符合题意。

49．C

【解析】 从城市的职能分析,其用水包括生产用水、生活用水、市政用水和消防用水,C 选项符合题意。

50．D

【解析】 城市土地的基本特征有：①承载性。它是城市土地最基本的自然属性。②区位。由于城市土地具有不可移动性,导致了区位的极端重要性。③地租与地价。地租意指报酬或收益,其本质是土地供给者凭借土地所有权向土地需求者让渡土地使用权时所索取的利润。D 选项显然不是土地的基本特征。

51．C

【解析】 城市总体规划阶段竖向规划的内容及标注的内容：①城市用地组成及城市干路网；②城市干路交叉点的控制标高,干路的控制纵坡度；③城市其他一些主要控制点的控制标高,包括铁路与城市干路的交叉点、防洪堤、桥梁等标高；④分析地面坡向、分水岭、汇水沟、地面排水走向。

竖向规划首先要配合利用地形,而不应把改造地形、土地平整看作是主要方式,因此 C 选项符合题意。

52．A

【解析】 城市总体规划的强制性内容：①城市规划区范围；②市域内应当控制开发的地域,包括基本农田保护区,风景名胜区,湿地、水源保护区等生态敏感区,地下矿产资源分布地区;③城市建设用地,包括规划期限内城市建设用地的发展规模,土地使用强度管制区划和相应的控制指标(建设用地面积、容积率、人口容量等),城市各类绿地的具体布局,城市地下空间开发布局;④城市基础设施和公共服务设施,包括城市干道系统网络、城市轨道交通网络、交通枢纽布局,城市水源地及其保护区范围和其他重大市政基础设施,文化、教育、卫生、体育等方面主要公共服务设施的布局;⑤城市历史文化遗产保护,包括历史文化保护的具体控制指标和规定,历史文化街区、历史建筑、重要地下文物埋藏区的具体位置和界线;⑥生态环境保护与建设目标,污染控制与治理措施;⑦城市防灾工程,包括城市防洪标准、防洪堤走向,城市抗震与消防疏散通道,城市人防设施布局,地质灾害防护规定。由以上分析可知,A选项符合题意。

53. B

【解析】 近期建设规划是城市总体规划的内容,不属于我国城乡规划编制体系的一部分,A选项错误;近期建设规划是规划内容,不属于规划部门的工作计划,也不属于技术文件,C、D选项错误;近期建设规划是城市总体规划分阶段实施的步骤,因此,是城乡规划实施的内容之一,B选项正确。

54. C

【解析】 《城乡规划法》规定,在城市、镇规划区内以出让方式提供国有土地使用权的,在国有土地使用权出让前,城市、县人民政府城乡规划主管部门应当依据控制性详细规划,提出出让地块的位置、使用性质、开发强度等规划条件,作为国有土地使用权出让合同的组成部分。因此C选项的控制性详细规划是直接依据。

55. B

【解析】 容积率是指地块中建设量的多少,因此相比较而言,其更能反映土地使用的强度,B选项符合题意。

56. B

【解析】 规范规定大城市的道路网密度一般为 $5\sim7km/km^2$,中等城市为 $5\sim6km/km^2$。

57. B

【解析】 《村庄整治技术导则》中提出,在村庄整治中,通过“一户一宅”的合理住房制度,改造“空心村”。

58. D

【解析】 《村镇规划编制办法》中规定,当镇区近期建设规划图不与建设规划图合并时,比例尺采用 $1:200\sim1:1000$。

59. A

【解析】 城镇体系规划步骤一般为:资料收集—城镇化水平预测—城镇布局—安排区域基础设施。城镇化和人口预测应该在城镇布局之前,因为需要知道人口规模和城镇化水平才能预测需要多少用地,才能对城镇化布局,因此A项符合题意。

60. D

【解析】 这是城市轴线所具有的重要特性,D选项符合题意。

61. D

【解析】 《城乡规划法》规定,建设单位应在竣工验收后6个月内向城乡规划主管部门报送有关竣工验收资料,因此 D 选项符合题意。

62. B

【解析】 现代城市开始凸显一些与以往不同的动力机制:①自然资源开发与保护;②科技革命与创新;③全球化与新经济;④城市文化特质。因此 B 选项符合题意。

63. B

【解析】 定性分析、定量分析、空间模型分析是城市规划常用的分析方法,因此 B 选项错误。

64. B

【解析】 矿产资源的开采决定城市的地域结构和空间形态。

65. A

【解析】 城市性质是指城市在一定地区、国家以至更大范围内的政治、经济与社会发展中所处的地位和所担负的主要职能,是城市在国家或地区政治、经济、社会和文化生活中所处的地位、作用及其发展方向。城市性质由城市主要职能所决定,A 选项符合题意。

66. D

【解析】 比例分配法不能单独进行总体规划人口预测,因此 D 选项符合题意。

67. A

【解析】 城市空间演进规律:①从封闭的单中心到开放的多中心空间环境;②从平面空间环境到立体空间环境;③从生产性城市空间到生活性城市空间;④从分离的均质城市空间到连续的多样城市空间。因此 A 选项符合题意。

68. B

【解析】 古典风格及构图严谨的广场是文艺复兴时期的城市特点,B 选项符合题意。

69. A

【解析】 城市总体规划编制基本要求:①规划编制规范化;②规划编制的针对性;③科学性;④综合性。A 选项符合题意。

70. D

【解析】 我国城乡规划实施管理体系的构成为:①城乡规划实施组织;②建设项目的规划管理;③城乡规划实施的监督检查。D 选项符合题意。

71. D

【解析】 立足于生态敏感性分析和未来区域开发态势的判断,一般来说分为鼓励开发区、控制开发区、禁止开发区,D 选项符合题意。

72. A

【解析】 定性分析方法常用于城市规划中复杂问题的判断,主要有因果分析法和比较法,A 选项符合题意。

73. C

【解析】 铁路客运站的布置方式有通过式、尽端式、混合式,C 选项符合题意。

74. C

【解析】 独立编制的近期建设规划成果包括规划文本、图纸和说明,C 选项符合题意。

75. A

【解析】 控制性详细规划是以总体规划(或分区规划)为依据,以规划的综合性研究为基础,以数据控制和图纸控制为手段,以规划设计与管理相结合的法规为形式,对城市用地建设和设施建设实施控制性的管理,把规划研究、规划设计与规划管理结合在一起的规划方法。由以上分析可知,A选项错误。

76. D

【解析】 城市规划的作用:①宏观经济调控的手段;②保障社会公共利益;③协调社会利益,维护公平;④改善人居环境。D选项符合题意。

77. C

【解析】 现代城市规划的主要特点为:政策性、综合性、民主性、实践性,C选项符合题意。

78. C

【解析】 城镇规划体系是一个综合的多目标的规划。在规划过程中应贯彻以空间整体协调发展为重点,促进社会、经济、环境的持续协调发展的原则,具体包括:①因地制宜的原则;②经济社会发展与城镇化战略互相促进的原则;③区域空间整体协调发展的原则;④可持续发展的原则。C选项符合题意。

79. D

【解析】 规划与城市建设相协调是总体规划方案构思的内容,D选项符合题意。

80. D

【解析】 城市规划的现状调查方法主要有:①现场踏勘;②抽样和问卷调查;③访谈和座谈会调查;④文献资料搜集。D选项符合题意。

二、多项选择题(共20题,每题1分。每题的备选项中有2~4个符合题意。少选、错选都不得分)

81. ACDE

【解析】 《国家新型城镇化规划(2014—2020)》提出,加快培育成渝、中原、长江中游、哈长等城市群,使之成为推动国土空间均衡开发、引领区域经济发展的重要增长极。

82. BCDE

【解析】 认为应该把以人为本、尊重自然、传承历史、绿色低碳理念融入城市规划全过程。B、C、D、E选项符合题意。

83. ABCE

【解析】 城市规划的作用:①宏观经济调控的手段。②保障社会公共利益。③协调社会利益,维护公平。④改善人居环境。生态平衡是远远大于城市规划的一种平衡,城市规划无法做到通过其来实施市场的干预,因此D选项错误。

84. BCDE

【解析】 城镇体系规划的主要作用:城镇体系规划一方面需要合理地解决体系内部

各要素之间的相互联系及相互关系,另一方面又需要协调体系与外部环境之间的关系。作为致力于追求体系整体最佳效益的城镇体系规划,其作用主要体现在区域统筹协调发展上:①指导总体规划的编制,发挥上下衔接的功能,对实现区域层面的规划与城市总体规划的有效衔接意义重大;②全面考察区域发展态势,发挥对重大开发建设项目及重大基础设施布局的综合指导功能,避免"就城市论城市"的思想,从区域整体效益最优化的角度实现重大基础设施的合理布局;③综合评价区域发展基础,发挥资源保护和利用的统筹功能;④协调区域城市间的发展,促进城市之间形成有序竞争与合作的关系。B、C、D、E选项符合题意。

85. BCD

【解析】 城镇体系规划的强制性内容:①区域内必须控制开发的区域,包括自然保护区、退耕还林(草)地区、大型湖泊、水源保护区、分滞洪地区、基本农田保护区、地下矿产资源分布地区以及其他生态敏感区等;②区域内的区域性重大基础设施的布局,包括高速公路、干线公路、铁路、港口、机场、区域性电厂和高压输电网、天然气门站、天然气主干管、区域性防洪、滞洪骨干工程、水利枢纽工程、区域引水工程等;③涉及相邻城市、地区的重大基础设施布局,包括取水口、污水排放口、垃圾处理厂等。由以上规定可知,B、C、D选项符合题意。

86. ABD

【解析】 《全国主体功能区规划》中按主体功能划分为:提供工业品和服务产品的区域、提供农产品的区域和提供生态产品的区域。A、B、D选项符合题意。

87. ABCD

【解析】 A、B、C、D四个选项符合消防站布置的要求,详见《城市规划相关知识》消防站布局的内容。

88. BCDE

【解析】 城市总体规划的强制性内容包括:①城市规划区范围。②市域内应当控制开发的地域。包括基本农田保护区,风景名胜区,湿地、水源保护区等生态敏感区,地下矿产资源分布地区。③城市建设用地。包括规划期限内城市建设用地的发展规模,土地使用强度管制区划和相应的控制指标(建设用地面积、容积率、人口容量等),城市各类绿地的具体布局,城市地下空间开发布局。④城市基础设施和公共服务设施。包括城市干道系统网络、城市轨道交通网络、交通枢纽布局、城市水源地及其保护区范围和其他重大市政基础设施,文化、教育、卫生、体育等方面主要公共服务设施的布局。⑤城市历史文化遗产保护。包括历史文化保护的具体控制指标和规定,历史文化街区、历史建筑、重要地下文物埋藏区的具体位置和界线。⑥生态环境保护与建设目标,污染控制与治理措施。⑦城市防灾工程。包括城市防洪标准、防洪堤走向,城市抗震与消防疏散通道,城市人防设施布局,地质灾害防护规定。建设用地开发强度属于控制性详细规划的强制性内容,因此A选项错误。

89. ACD

【解析】 A、C、D选项符合城市道路与公路衔接的原则。B选项的把外部交通导入城市显然是错误的。公路与城市道路一般不能直接衔接,E选项错误。

90. BCD

【解析】 居住区的配建设施标准要考虑的因素有居住区人口规模、"千人指标"、区位条件等。建筑气候分区是区位的结果,故不选,因此 B、C、D 选项符合题意。

91. ABC

【解析】 为居民创造卫生、安静的居住环境,要求居住区有良好的日照、通风、卫生视距等条件,以防止噪声干扰和空气污染等。D、E 两选项属于卫生要求的目的,而不是预防前的考虑因素。

92. BC

【解析】 集中式布局是小城市较适合的城市布局,A 选项错误。组团式城市应当在每个组团内安排适宜的居住和就业岗位,就近组织生产和生活,减少出行成本,B 选项正确。组团式城市与集中式城市相比,因为城市较分散,市政工程设施建设和日常运营成本较高,C 选项正确。组团式城市的每个组团之间可能因为地形限制保持一定的距离,但也可能是高速公路等人工设施的隔离,因此必须保持一定距离不准确,D 选项错误。组团式城市的每个组团应在各方向上都至少 2 条以上的道路与其他组团相联系,E 选项错误。

93. BD

【解析】 镇(乡)域规划的任务:落实市"县"社会经济发展战略及城镇体系规划提出的要求,指导镇区、村庄规划编制。

94. ACD

【解析】 三类用地即不适于修建的用地。其具体情况是:①地基承载力小于 60kPa 和厚度在 2m 以上的泥炭层或流沙层的土壤,需要采取很复杂的人工地基和加固措施才能修建;②地形坡度超过 20%,布置建筑物很困难;③经常被洪水淹没,且淹没深度超过 1.5m;④有严重的活动性冲沟、滑坡等不良地质现象,若采取防治措施需花费很大工程量和工程费用;⑤农业生产价值很高的丰产农田,具有开采价值的矿藏埋藏,属给水水源卫生防护地段,存在其他永久性设施和军事设施等。A、C、D 选项符合题意。

95. BC

【解析】 产业结构与职业构成的分析可以反映城市的性质、经济结构、现代化水平、城市设施社会化程度、社会结构的合理协调程度,是制定城市发展政策与调整规划定额指标的重要依据。在城市规划中,应提出合理的职业构成与产业结构建议,协调城市各项事业的发展,达到生产与生活设施配套建设,提高城市的综合效益。B、C 选项符合题意。

96. BCDE

【解析】 村庄规划要对村口、主要水体、特色建筑、街景、道路以及其他重点地区的景观提出规划设计。

97. ABCD

【解析】 根据《城市规划编制办法》规定:规定各级道路的红线、断面、交叉口形式及渠化措施、控制点坐标和标高。

98. AB

【解析】 城市交通调查包括城市交通基础资料调查、城市道路交通调查和交通出行

OD调查。

99．BCD

【解析】　在城市设计的实践中,城市规划师一般都是指导或协调其他人的建设活动,通过总体设计塑造长远的城市空间形态,一般都通过公共部门对私人领域进行控制,而建筑师则较多地直接参与建筑的设计和建造过程。根据这一特点可以把城市设计分为政策引导型和建设实施型,A项错误,D项正确。根据城市设计工作的范围分为宏观、中观、微观三个类型,B项正确。我国城市设计阶段分为总体城市设计、城市片区城市设计、重点地区城市设计、地段城市设计,C项正确。修建性详细规划不属于城市设计,E项错误。

100．BC

【解析】　在项目可行性研究阶段,城市规划必须为这些项目的开发建设进行选址,确定项目建设用地的位置和范围,提出在特定地点进行建设的规划设计条件。只有这样,项目的可行性研究才能开展下去,所得出的结论才是可靠的。我国《城乡规划法》规定"建设项目选址意见书"是项目决策的依据之一。B、C选项符合题意。

模拟题二

一、单项选择题(共 80 题,每题 1 分。每题的备选项中,只有 1 个最符合题意)

1. 1949—1957 年是我国城镇化的启动阶段,下列不能反映物质形态上的变化的是(   )。

    A. 乡村形态的减少   B. 城市人口的骤增

    C. 工人新村崛起   D. 城市基础设施加快

2. 人口从农村向城市迁移是(   )的特征。

    A. 工业化初期   B. 工业化进入成熟期

    C. 后工业化初期   D. 后工业化成熟期

3. 影响城市发展规律的主要理论有哪些?(   )

    ① 城市发展与区域理论;②城市发展的经济学理论;③政治经济学理论;④城市发展的人文生态学理论;⑤城市发展与经济全球化理论;⑥区位理论;⑦城市发展与交通通信理论;⑧城市社会学理论;⑨城市进化理论

    A. ②④⑥⑧   B. ①②④⑤⑦⑨

    C. ①③⑤⑦⑨   D. ③④⑥⑦⑧

4. 发展中国家从原料产地转变为跨国公司的生产、装配基地,是基于什么因素?(   )

    A. 国家的经济能力的增长   B. 区域经济的发展

    C. 全球经济一体化   D. 生产技术水平的提高

5. 城市物质环境的演化与城市的发展阶段关系密切,处于成熟期的城市物质环境演化形式主要是(   )。

    A. 向外扩张   B. 内部重组   C. 更新   D. 增加基础设施

6. 在我国,城市居民的恩格尔系数逐年下降,文化、娱乐、旅游等消费逐年上涨,假日的增多等现象,表明了城市社会演化过程的哪种特性?(   )

    A. 文明度提高   B. 社会和谐

    C. 生活闲暇   D. 经济发达

7. 元大都是唐长安后中国古代都城的又一典范,它在继承了古代都城传统的基础上,城市格局还受到(   )的影响。

    A. 佛教的轮回观念   B. 商品经济和世俗观念

    C. 管子的自然至上理念   D. 道家的阴阳五行思想

8. 关于乡村,下列说法较适宜的是(   )。

    A. 当今社会发展的影响下,乡村的同质性已得到改变

    B. 由于土地资源的紧缺,乡村的建设也向高密度发展

    C. 近年来,乡村的变化是显而易见的

D. 由于发展的需要,乡村的人口、建筑的区域也不断集中

9. 一般情况下,在影响城镇体系发展的因素中,将文化、社会心理、习俗、政策等称为( )。

    A. 社会因素   B. 物质因素   C. 非物质因素   D. 人为因素

10. 罗马城的君权化特征最为集中体现的地方不包括( )。

    A. 重要公共建筑的布局   B. 城市中心的广场群

    C. 城市的轴线体系   D. 城市的宏大尺度

11. 英国的《工人阶级住宅法》颁布于( )。

    A. 1842 年   B. 1844 年   C. 1868 年   D. 1890 年

12. 下列哪种说法是格迪斯在他的著作《进化中的城市》中表达的对城市的认识?( )

    A. 应把自然地区作为城市规划研究的基本框架

    B. 对城市展开生态学的研究

    C. 城市是生存基础的研究

    D. 布局形式与经济体系的研究

13. 关于《雅典宪章》,下列哪种说法是不适宜的?( )

    A. 是由现代建筑运动的主要建筑师所制定的

    B. 反映的是现代建筑运动中现代城市规划发展的基本认识与思想观点

    C. 反映了经济发展与城市功能的关系

    D. 是把城市当作一种功能秩序,对土地使用和土地分配的政策要求有根本性的变革

14. 对于城市与区域的关系,下列哪种说法是不妥当的?( )

    A. 每个城市都有相对应的区域

    B. 从城市在区域中的作用方面研究城市性质

    C. 对城市的研究不受到区域的影响

    D. 城市的发展对区域有促进作用

15. 法国巴黎的香榭丽舍大街是哪个时期的城市特征?( )

    A. 文艺复兴时期   B. 中世纪时期

    C. 绝对君权时期   D. 古罗马时期

16. 在城市规划的调查工作中,一般不会采用的方法是( )。

    A. 全面调查   B. 观察调查   C. 抽样调查   D. 问卷调查

17. 地形图所采用的方法是( )。

    A. 几何图形法   B. 图表法   C. 线性分析法   D. 等值线法

18. 就城市发展理论而言,对于城市分散发展和集中发展的关系,下列说法中不准确的是( )。

    A. 城市分散发展和集中发展是城市发展的两种形式

    B. 城市的分散发展和集中发展只是城市发展过程的不同方面

    C. 城市的分散发展和集中发展在城市发展中是不可调和的

D. 任何城市的发展都是这两种发展方式对抗的暂时平衡状态

19. 各国城市的标准各有不同,设市的标准大致一致,可以不考虑的是(　　)。

　　A. 人口密度
　　B. 非农人口的比重
　　C. 就业人口的比重
　　D. 政治、经济因素

20. 城市总体规划纲要不需提供的图纸是(　　)。

　　A. 区域城镇关系示意图
　　B. 市域空间管制示意图
　　C. 城市现状图
　　D. 各项专业规划图

21. 太阳辐射的强度与日照率在不同纬度和地区存在着差异,反映在对建筑的影响上尤为明显,但影响较小的是(　　)。

　　A. 建筑的形式
　　B. 建筑的朝向
　　C. 建筑的日照间距
　　D. 建筑的标准

22. 在同一条大街上有两块地,一块位于街角,另一块位于街道的内部,两块地相距12m,但两块地的出租价格不同,前者要大于后者。对这种现象从哪种角度评价更适合?(　　)

　　A. 城市用地经济评价
　　B. 城市用地宏观区位评价
　　C. 城市用地中观区位评价
　　D. 城市用地微观区位评价

23.《省域城镇体系规划编制审批办法》的规划成果中,关于资源利用与资源生态环境保护的目标、要求和措施的内容中,不包括的是(　　)。

　　A. 历史文化遗产
　　B. 地域传统文化
　　C. 民族宗教
　　D. 生态环境

24. 根据描述,判断该用地为哪一类。该地块一般在城市中心地段,公共交通较发达,人口流动较大,人们的生活对它有一定的依赖性。(　　)

　　A. 商业用地
　　B. 商务用地
　　C. 娱乐用地
　　D. 文化活动用地

25. 依据《城市用地分类与规划建设用地标准》,其规划人均公共管理与公共服务用地面积指标不应少于(　　)。

　　A. 5.0m²/人　　B. 5.5m²/人　　C. 6.0m²/人　　D. 6.5m²/人

26. 影响城市土地经济评价的基本因素是(　　)。

　　A. 繁华度　　B. 土地区位　　C. 社会条件　　D. 自然条件

27. 城镇体系等级规模结构的确立应建立在(　　)的基础上。

　　A. 区域环境条件分析
　　B. 分析现状城镇规模及分布
　　C. 区域整体规划
　　D. 地域经济结构分析

28. 下列关于度量城镇化水平的说法,比较准确的是(　　)。

　　A. PU＝U/P 是准确的城镇化计算公式,既能反映城镇化的数量水平,又能反映质量水平

　　B. 城镇化的测算是以英国的城镇划分为标准的

　　C. 各国家和地区城镇化进程不一,对城镇的标准与定义也不一致

　　D. 思想观念、生活方式也需纳入城镇化率的测算

29. 以下不是城镇体系特征的是(　　)。

    A. 群体性 　　　　　B. 网络性 　　　　　C. 开放性 　　　　　D. 层次性

30. 下列哪项最符合有机疏散理论的思想?(　　)

    A. 在中心城周围建设新城,疏散中心城市人口

    B. 在城市向外拓展的过程中,按组团组织新建地区

    C. 通过城市功能的置换和疏散,重新组织城市空间结构

    D. 在城市的各组团之间建设保护性的绿化地带

31. 《雅典宪章》产生的时代背景是(　　)。

    A. 现代城市规划学科孕育产生的时期 　　B. 城市改良的时期

    C. 现代建筑运动蓬勃发展的时期 　　　　D. 现代建筑运动走向衰落的时期

32. 《雅典宪章》的思想方法是基于(　　)基础之上的。

    A. 以人为本,功能分区理论 　　　　　B. 动态规划理论

    C. 物质空间决定论 　　　　　　　　　D. 公众参与

33. 《马丘比丘宪章》和《雅典宪章》在内容上存在着较大的差异,下述分析不正确的是(　　)。

    A. 《雅典宪章》是对《马丘比丘宪章》的发展与完善

    B. 《雅典宪章》的主导思想是把城市和城市的建筑分成若干组成部分;《马丘比丘宪章》的目标是将这些部分重新有机统一起来,强调它们之间的相互依赖性和关联性

    C. 《雅典宪章》的思想基石是机械主义和物质空间决定论;《马丘比丘宪章》宣扬社会文化论,认为物质空间只是影响城市生活的一项变量,并不能起决定性作用,而起决定性作用的应该是城市中各人类群体的文化、社会交往模式和政治结构

    D. 《雅典宪章》将城市规划视作对终极状态的描述;《马丘比丘宪章》更强调城市规划的过程性和动态性

34. 下列控制指标中属于控制性详细规划强制性内容的是(　　)。

①道路坐标;②容积率;③主要用途;④人口容量;⑤绿地率;⑥建筑高度;⑦建筑面积

    A. ①④⑦ 　　　　　　　　　　　　B. ②③⑤⑥

    C. ①②③④ 　　　　　　　　　　　D. ①②③④⑤⑥⑦

35. 在城市规划设计成果中没有文本要求的规划层次是(　　)。

    A. 总体规划 　　　　　　　　　　　B. 分区规划

    C. 控制性详细规划 　　　　　　　　D. 修建性详细规划

36. 下列有关公共设施布局的表述中,哪项是不正确的?(　　)

    A. 服务半径是检验公共设施分布合理与否的指标之一

    B. 公共设施必须集中成套配置

    C. 小学不宜与幼儿园、托儿所相邻布置

    D. 有大量人车流集散的公共设施不宜集中设置

37. 下列哪项是城市用地布局模式的核心要素?（　　）
    A. 路网形式　　　　　　　　　　　B. 城市形态
    C. 空间结构　　　　　　　　　　　D. 城市意象

38. 在城市总体规划（　　）中应当明确表述规划的强制性内容。
    A. 文本　　　　　B. 文件　　　　　C. 说明书　　　　　D. 图纸

39. 大城市铁路客运站的位置一般应选在何处?（　　）
    A. 城市中心　　　　　　　　　　　B. 城市中心区边缘
    C. 市区边缘　　　　　　　　　　　D. 市区高速公路入口处

40. 在进行城市给水工程规划时,一般将城市用水分为三大类,以下哪种分类是正确的?（　　）
    A. 工业用水、生活用水和绿化用水　　B. 生产用水、生活用水和公共用水
    C. 工业用水、生活用水和消防用水　　D. 企业用水、居民用水和郊区用水

41. 以下哪项不属于城市排水系统常用的布置形式?（　　）
    A. 扇形布置　　　B. 环形布置　　　C. 分散布置　　　D. 分区布置

42. 以下哪项表述是错误的?（　　）
    A. 集中供热具有节能、污染较小的优点
    B. 集中供热有区域锅炉房供热和热电厂供热两种形式
    C. 水作为载热体的优势在于热效率高,容易调节
    D. 以蒸汽作为载热体的优势在于传热系数高,可减少散热器传热面积,降低设备造价

43. 以下哪项有关城市供电工程规划的表述是错误的?（　　）
    A. 电力负荷的计算需考虑工业用电、农业用电、市政用电和居民用电
    B. 城市电源工程主要有城市电厂和区域变电所等电源设施,城市电厂可以是火电厂、水电厂或地热电厂
    C. 城市输送电网负责连接城市电源与城市配电网
    D. 城市配电网可分为高压配电网和低压配电网,前者提供动力用电,后者提供照明用电

44. 在管线综合中,管线之间或管线与建、构筑物之间的水平距离除要符合技术、卫生、安全等要求外,还须符合哪项有关规定?（　　）
    A. 国防　　　　　B. 人防　　　　　C. 消防　　　　　D. 防灾

45. 工程管线分类反映了管线特性,是进行工程管线综合时的管线避让依据之一。自来水管道不属于下列哪项分类?（　　）
    A. 给水管道　　　B. 压力管线　　　C. 地铺管线　　　D. 可弯曲管线

46. 在平整的平原地区编制竖向规划应着重处理下列哪项问题?（　　）
    A. 利用地形,满足城市环境和空间美观要求
    B. 尽量少占或不占良田
    C. 地面排水
    D. 满足管线敷设要求

47. 下列哪项不属于城市防洪设施？（　　）

    A. 行洪区　　　　　　B. 截洪沟　　　　　　C. 排涝泵站　　　　　　D. 排洪沟

48. 一般认为干道的适当间距在（　　）m，相当于干道网密度为（　　）km/km²。

    A. 500～800，1.8～1.5

    B. 600～800，2.4～1.5

    C. 700～1100，2.8～1.8

    D. 700～1200，2.8～1.8

49. 依据规范规定，城市道路用地面积应占城市建设用地面积的（　　），当城市的规划人口在 200 万以上时，宜为（　　）。

    A. 8%～15%，15%～20%

    B. 8%～15%，10%～20%

    C. 10%～15%，15%～20%

    D. 8%～17%，12%～25%

50. 两块板形式的道路横断面的交通组织考虑较少的情况是（　　）。

    A. 解决对向机动车流的相互干扰

    B. 同向机动车可以较方便地使用非机动车道

    C. 有较高的景观和绿化要求

    D. 地形起伏变化较大的地段

51. 城乡规划实施的主要影响因素不包括（　　）。

    A. 城市规划者的专业水准　　　　　　B. 城市发展状况

    C. 社会意愿与公众参与　　　　　　　D. 法律保障

52. 下列哪项不能算作长途汽车站？（　　）

    A. 技术站　　　　　　B. 混合站　　　　　　C. 起点站　　　　　　D. 转运站

53. 某道路交叉口为立体交叉口，在该交叉口设置车站，其换乘距离不宜大于（　　）。

    A. 120m　　　　　　B. 150m　　　　　　C. 180m　　　　　　D. 200m

54. 按照现行《地面水环境质量标准》，作为城市市政用水，包括绿化用水、清洒道路用水、一般性景观用水的水质可以是（　　）。

    A. Ⅲ类　　　　　　B. Ⅴ类　　　　　　C. Ⅱ类　　　　　　D. Ⅳ类

55. 下列关于雨水利用的叙述，不正确的是（　　）。

    A. 雨水利用系统通常包括雨水收集、雨水处理和雨水处理水利用三大部分。雨水收集必须考虑地表的径流系数。城市雨水利用系统可结合城市中水系统建设

    B. 西北干旱地区应当建大型水库和城市人工湖进行雨水收集利用

    C. 水窖是西北干旱地区应当积极推广的一种雨水利用形式

    D. 在西北干旱地区，为了充分利用雨水，可以使道路绿化带的设计标高低于机动车道路面的标高

56. 下列关于城市近期建设规划编制对于用地范围和布局的论述错误的是（　　）。

    A. 制定城市近期建设用地总量，明确新增建设用地和利用存量土地的数量

    B. 制定城市近期建设用地实施细则，估算建设投资总额

    C. 确定城市近期建设中用地空间分布，重点安排公益性用地，并确定经营性房地产用地的区位和空间布局

    D. 提出城市近期建设用地的实施时序，制定实施城市近期建设用地计划的相关政策

57. 下列哪项不是城市近期建设规划的强制性内容？（   ）
    A. 确定城市近期建设重点和发展规模
    B. 确定各项基础设施、公共服务和公益设施的建设规模和选址
    C. 依据城市近期建设重点和发展规模，确定城市近期发展区域
    D. 根据城市近期建设重点，提出对历史文化名城、历史文化保护区、风景名胜区、生态环境保护区等相应的保护措施

58. 《村庄整治技术导则》中，对于"空心村"，在住房制度上提出的政策是（   ）。
    A. 拆除已坍塌的房屋   B. 一户一宅
    C. 迁村并点   D. 宅基地向村中心集中

59. 《村镇规划编制办法》中规定，镇区近期建设规划图不与建设规划图合并时，比例尺采用（   ）。
    A. 1：100～1：500   B. 1：100～1：1000
    C. 1：200～1：500   D. 1：200～1：1000

60. 在控制性详细规划中，对需要配置的公共服务设施，以下哪项的表述是不正确的？（   ）
    A. 燃气设施（煤气调压站）
    B. 电信设施（电话局、邮政局）
    C. 环卫设施（垃圾转运站）
    D. 小区服务设施（居委会、派出所、商店）

61. 以下哪一选项是城镇体系规划的主要工作程序？（   ）
    A. ①收集分析资料；②人口城市化水平预测；③城镇布局；④安排区域基础设施
    B. ①收集分析资料；②城镇布局；③人口城市化水平预测；④安排区域基础设施
    C. ①收集分析资料；②安排区域基础设施；③城镇布局；④人口城市化水平预测
    D. ①收集分析资料；②安排区域基础设施；③人口城市化水平预测；④城镇布局

62. （   ）是建立城市艺术骨架和组织城市空间的重要手段之一，它可以把城市空间组织成一个有秩序、有韵律的整体。
    A. 城市绿化   B. 城市水面   C. 城市制高点   D. 城市轴线

63. 城市用地布局的主要模式大体可以分为（   ）。
    A. 网格状、环状、环形放射状、混合状
    B. 居住地区、居住区、居住小区、组团
    C. 同心圆、扇形、多核心
    D. 集中式、分散式、集中与分散相结合式

64. 下列哪项不是城市道路系统规划的依据？（   ）
    A. 城市交通规划   B. 城市现状道路交通问题分析

C. 城市用地布局规划方案   D. 城市交通发展战略

65. 公共汽车与电车的站距为（   ）。

    A. 市区线 500～800m,郊区线 800～1000m

    B. 市区线 1500～2000m,郊区线 1500～2500m

    C. 市区线 800～1200m,郊区线 1000～1500m

    D. 市区线 1000～2000m,郊区线 1500～2000m

66. 下列哪项不属于城市公共交通换乘枢纽？（   ）

    A. 各类城市公共交通线路的换乘枢纽

    B. 各类城市公共交通线路与城市大型公共设施人流的换乘枢纽

    C. 各类城市公共交通线路与城市对外客运交通的换乘枢纽

    D. 各类城市公共交通线路与转换公共交通的其他交通工具的换乘枢纽

67. 下列哪项是一般中、小城市干道网密度的建议值？（   ）

    A. 1.5～2.5km/km²   B. 2～3km/km²

    C. 2.5～4km/km²   D. 5～6km/km²

68. 城市中心地区机动车公共停车场可以按下列哪项指标规划？（   ）

    A. 市域机动车辆数的 15%～20%

    B. 市区机动车辆数的 15%～21%

    C. 规划城区机动车辆数的 15%～20%

    D. 社会拥有客运车辆数的 15%～20%

69. 一般,战时留城市人口占城市总人口的（   ）,按人均（   ）m² 的人防工程面积标准进行人防工程面积设计。

    A. 20%～30%,1.0   B. 40%～50%,2.0

    C. 30%～40%,1～1.5   D. 50%～60%,1.5～2.5

70. 在布置居住组团绿地时,只有当绿地的（   ）在标准建筑日照阴影范围以外,才可以计入绿化用地。

    A. 1/5   B. 1/4   C. 1/3   D. 1/2

71. 小城市的出租车拥有量的推荐指标是（   ）。

    A. 2.5 辆/千人   B. 2.0 辆/千人

    C. 1.0 辆/千人   D. 0.5 辆/千人

72. 居住综合体的设置,对于城市来说其优点较突出的应是（   ）。

    A. 用地集约、高效   B. 工作生活联系便捷

    C. 减轻城市交通压力   D: 方便照顾家庭

73. 在划定的风景名胜区的生态保护区,对游人的规定原则是（   ）。

    A. 禁止进入   B. 限制进入   C. 定点进入   D. 完全开放

74. 在现代城市规划体系中,城市设计的主要作用是（   ）。

    A. 一个规划层次   B. 规划程序中的一个环节

    C. 一种工作方法   D. 一种技术方法

75. 商业性开发是指( )。

    A. 以盈利为目的的开发建设活动

    B. 除了公共设施开发之外的开发建设活动

    C. 除了政府投资之外的开发建设活动

    D. 以私人利益为出发点,社会公众所共享的开发建设活动

76. 下列哪一项不是城市政府实施城市规划的控制和引导的对象?( )

    A. 基础设施建设的项目　　　　　　B. 建设项目选址的监督检查

    C. 对建设用地的使用方式的监督检查　　D. 组织编制分区规划和详细规划

77. 镇规划所划的规划区的含义中不包括( )。

    A. 镇区范围为镇人民政府驻地的建成区

    B. 镇区范围为镇人民政府驻地的规划建设发展区

    C. 镇域范围为镇人民政府行政的地域

    D. 镇域规划发展区

78. 城市设计将"可识别性"作为目标,指的是( )。

    A. 场所有清晰的意象并易于认识与熟悉

    B. 场所的功能应该富于变化和提供选择

    C. 场所中公共与私人的部分应该清晰地区别

    D. 公共场所应易于到达并可以穿行

79. 私人部门的开发行为是私人部门实现自身利益的手段,( )。

    A. 必然会损害到城市的公共利益

    B. 同样也可以是实施城市规划的手段

    C. 主要为了满足城市居民生产和生活的需求

    D. 是政府应予严格管制的领域

80. 下列表述不准确的是( )。

    A. 编制近期建设规划是城市规划实施的重要手段

    B. 城市总体规划确定的建设用地范围以外,不得设立城市新区

    C. 城市建设用地的规划条件和规划许可必须按照控制性详细规划做出

    D. 在各类城市规划中必须安排城市中低收入居民住房的建设

二、多项选择题(共20题,每题1分。每题的备选项中有2～4个符合题意。少选、错选都不得分)

81.《商君书》是一部记载我国城市规划理论的书籍,该书中主要从哪几个角度对城市的发展以及城市管理制度等问题进行了阐述?( )

    A. 城市布局　　B. 城乡关系　　　C. 城市选址　　　D. 区域经济

    E. 交通布局

82. 在城市总体规划编制中,需要有关专家领衔进行研究的领域有( )。

    A. 资源与环境保护　　　　　　　　B. 人口与城市布局

C. 区域统筹与城乡统筹　　　　　　D. 城市发展目标与空间布局

E. 城市历史文化遗产保护

83. 控制性详细规划中需要提出指导原则的有（　　）。

A. 建筑体量　　B. 建筑形式　　C. 建筑体型　　D. 建筑层数

E. 建筑色彩

84. 住宅间距,除了要满足日照要求以外,以下哪些因素也是需要考虑的?（　　）

A. 采光　　　　B. 通风　　　　C. 防灾　　　　D. 绿化种植

E. 管线埋设

85. 下列哪些不属于交通政策的范畴?（　　）

A. 优先发展公共交通　　　　　　B. 限制私人小汽车盲目发展

C. 开辟公共汽车专用道　　　　　D. 建立渠化交通体系

E. 合理布局交通枢纽

86. 商业性开发的主要特征有（　　）。

A. 以营利为目的

B. 以私人利益为出发点

C. 公共性设施不包括在内

D. 商业性开发的决策都是在对项目的经济效益进行评估的基础上做出的

E. 为促进城市建设的快速发展

87. 市域城镇空间组合的基本类型可分为（　　）。

A. 均衡式　　　　　　　　　　　B. 分片组团式

C. 单中心集核式　　　　　　　　D. 点轴式

E. 轴带式

88. 信息社会城市空间结构形态的演变发展趋势主要有（　　）。

A. 城市布局多元化　　　　　　　B. 城市空间大分散小集中

C. 城市形态从圈层走向网络　　　D. 城市出现新型集聚体

E. 城市结构生态立体

89. 控制性详细规划的基本特点包括（　　）。

A. 法制化管理　　　　　　　　　B. 地域性

C. 整体性　　　　　　　　　　　D. 人性化管理

E. 技术化管理

90. 修建性详细规划的特点包括（　　）。

A. 侧重于对城市开发建设活动的管理与控制

B. 是规划与管理的结合,是由技术管理向法制管理的转变

C. 以具体、详细的建设项目为对象,实时性较强

D. 通过形象的方式表达城市空间与环境

E. 多元化的编制主体

91. 编制近期建设规划必须遵循的原则包括（　　）。

A. 处理好近期建设与长远发展、经济发展与资源环境条件的关系,注重生态环

243

境与历史文化遗产的保护,实施可持续发展战略

B. 与城市国民经济和社会发展规划相协调,符合资源、环境、财力的实际条件,并能适应市场经济发展的要求

C. 坚持为最广大人民群众服务,维护公共利益,改善人居环境

D. 严格依据城市总体规划,不得违背总体规划的强制性内容

E. 确定近期交通发展策略,确定主要对外交通设施和主要道路交通设施布局

92. 下列选项中,属于镇的性质确定方法中定量分析的有(   )。

A. 分析主要生产部门在其所在地区的地位和作用

B. 分析主要生产部门在经济结构中的比重

C. 分析主要生产部门在镇用地结构中的比重

D. 分析镇在一定区域内政治、经济、文化生活中的地位作用

E. 分析镇在一定区域内的产业特征

93. 村庄分类的影响因素包括(   )。

A. 资源性生态要素

B. 村庄发展模式

C. 村庄规模和管理体制

D. 风险性生态要素

E. 历史文化资源保护

94. 居住小区的基本特征有(   )。

A. 以城市道路或自然界限(如河流)划分,不被城市交通干路所穿越的完整地段

B. 小区内有一套完善的居民日常使用的配套设施,包括服务设施、绿地、道路等

C. 小区规模与配套设施相对应

D. 与邻里单位十分相似,在住宅的布局上更强调所谓周边式布局

E. 小区的规模为5000人左右,规模小的小区为3000~4000人

95. 目前常见的居住区规划空间结构的类型主要有(   )。

A. 内向型   B. 开放型   C. 自由型   D. 分离型

E. 内聚型

96. 周边式住宅布局形式的特点有(   )。

A. 内部空间安静、领域感强,并且容易形成较好的街景

B. 东西向住宅的日照条件不佳,且有局部的视线干扰

C. 可以保证所有住宅的物理性能

D. 通风条件好,对地形的适应性强

E. 外墙多,不利于保温

97. 现代城市设计主要理论的发展历程为(   )。

A. 强调建筑与空间的视觉质量

B. 与人、空间和行为的社会特征密切相关

C. 创造场所

D. 脱离建筑学

E. 现代城市规划学科独立形成

98. 公共设施开发的过程包括(   )。

    A. 项目设想阶段   B. 项目投融资阶段

    C. 可行性研究阶段   D. 建设用地的获得

    E. 项目决策阶段

99. 在我国的城乡规划编制体系中,城镇体系规划事实上长期扮演着区域性规划的角色,具有的特点包括(   )。

    A. 专业性   B. 区域性   C. 宏观性   D. 总体性

    E. 前瞻性

100. 2005 年 9 月 29 日,胡锦涛总书记在中共中央政治局第二十五次集体学习时指出,城镇化是经济社会发展的必然趋势,也是(   )的重要标志。

    A. 规范化   B. 工业化   C. 现代化   D. 集中化

    E. 整体化

模拟题二解析

1. A

【解析】 1949—1957年是我国城镇化的启动阶段，这一阶段形成了以工业化为基本内容和动力的城镇化。随着工业化水平的提高，城市人口骤增，工人新村迅速崛起，城市基础设施建设加快，产生了许多新型工矿城市。A选项符合题意。

2. A

【解析】 从工业化社会到后工业化社会，城市发展可以分为四个阶段。①"绝对集中"时期：工业化初期，农村人口不断向城市集中。②"相对集中"时期：工业化的成熟期，人口仍向城市集中，但开始向郊区扩展。③"相对分散"时期：进入后工业初期，第三产业的比重开始超过第二产业，郊区人口增长超过城市人口增长。④"绝对分散"：后工业化进入成熟期，第三产业占主导地位，人口的逆城市化现象显著增加。由以上分析可知，A选项符合题意。

3. B

【解析】 影响城市发展规律的主要理论有：①城市发展与区域理论；②城市发展的经济学理论；③城市发展的人文生态学理论；④城市发展与经济全球化理论；⑤城市发展与交通通信理论；⑥城市进化理论。B选项符合题意。

4. C

【解析】 在旧的世界格局中，发展中国家作为原料基地，发达国家则从事成品制造。在新一轮的全球经济一体化国际劳动分工中，发展中国家不再只是原料基地，而且成为西方跨国公司的生产、装配基地。因此C选项符合题意。

5. B

【解析】 城市物质环境的演化与城市发展的周期有关。当城市处于生长期时，人口和产业都处于急剧扩大状态，需要新空间的开发来满足其需求，城市物质空间环境演化以向外扩展为主。城市进入成熟期后，尽管新开发仍有发生，但城市物质环境的功能失调和物质老化问题日益突出，再开发成为满足空间需求的主要方式，城市物质空间演化以内部重组为主。B选项符合题意。

6. C

【解析】 城市居民的恩格尔系数逐年下降，文化、娱乐、旅游等消费逐年上涨，假日的增多等现象，是生活闲暇化趋势的重要表现，故C选项符合题意。

7. D

【解析】 元大都的城市格局受到了道家的回归自然的阴阳五行思想的影响，表现为自然山水融入城市和各边城门数的奇偶关系，D选项符合题意。

8. C

【解析】 因城市与乡村是相对而言的,故乡村的基本特征与城市也是相对的,主要表现为:①人口、建筑的区域、生产地等相对分散的基本特征;②有明显的同质性;③建筑密度低;④社会结构较单一;⑤如同城市的变化一样,在经济发展和社会变革的驱使之下,乡村在各地也发生着程度不同的变化。C选项符合题意。

9. C

【解析】 将文化、社会心理、习俗、政策等称为影响城镇体系发展的非物质因素,因此C选项符合题意。

10. D

【解析】 罗马城是君权化特征最为集中体现的地方,主要体现在重要公共建筑的布局、城市中心的广场群乃至整个城市的轴线体系,所以D选项符合题意。

11. D

【解析】 英国通过了一系列的法规建立起一整套对卫生问题的控制手段,在1890年通过了《工人阶级住宅法》。

12. A

【解析】 格迪斯在他的著作《进化中的城市》中,突破了当时的常规概念,提出把自然地区作为规划研究的基本框架,因此A选项符合题意。

13. C

【解析】 《雅典宪章》是由现代建筑运动的主要建筑师所制定的,反映的是现代建筑运动中现代城市规划发展的基本认识与思想观点,认为城市的实质是一种功能秩序,对土地使用和土地分配的政策要求有根本性的变革。C选项符合题意。

14. C

【解析】 一个城市总是和它相对应的一定区域范围相联系,一定的地域范围必然有其相对应的地域中心,区域与城市是相互关联、互相促进的。C选项显然错误。

15. C

【解析】 绝对君权时期的社会与城市特征:当时最为强盛的法国的巴黎的城市改建体现了古典主义思潮,轴线放射的街道、宏伟壮观的宫殿花园和公共广场都是那个时期的典范。典型代表为巴黎的香榭丽舍大街和凡尔赛宫。C选项符合题意。

16. A

【解析】 通常,在城市规划调查中采用的方法主要有现场踏勘调查、观察调查、抽样调查(问卷调查)、访谈调查、座谈会调查以及文献资料的运用等,A选项符合题意。

17. D

【解析】 地形图是根据地表的变化,按照等值线来表达的,D选项正确。

18. C

【解析】 (1)城市的分散发展和集中发展只是城市发展过程的不同方面,任何城市的发展都是这两种发展方式对抗的暂时平衡状态。

(2)就宏观整体来看,广大的区域范围内存在向城市集中的趋势,而每个城市尤其是大城市又存在向外扩展的趋势。

（3）就区域层次来看,城市体系理论较好地综合了城市分散发展和集中发展的基本取向,城市并非孤立存在和发展的。

（4）贝利等人结合城市功能的相互依赖性、城市区域的观点,对城市经济行为的分析和中心地理论,逐步形成了城市体系理论。

由以上分析可知,C选项符合题意。

19. C

【解析】 设市的标准一般根据人口规模、人口密度、非农业人口比重和政治、经济因素等来确定,因此C选项的内容可以不考虑。

20. D

【解析】 城市总体规划纲要图纸包括：①区域城镇关系示意图；②市域城镇分布现状图；③市域城镇体系规划方案图；④市域空间管制示意图；⑤城市现状图；⑥城市总体规划方案图；⑦其他必要的分析图纸。D选项符合题意。

21. A

【解析】 太阳辐射的强度与日照率在不同纬度和地区存在差异,这可以为建筑的日照标准、建筑朝向、建筑日照间距的确定提供依据,对建筑的形式影响较小,因此A选项符合题意。

22. D

【解析】 城市用地微观区位评价所评价的是地块在城市中的具体位置及周边条件带来的影响,因此D选项符合题意。

23. C

【解析】《省域城镇体系规划编制审批办法》的规划成果,明确资源利用与资源生态环境保护的目标、要求和措施,包括土地资源、水资源、能源等的合理利用与保护,历史文化遗产的保护,地域传统文化特色的体现,生态环境保护。C选项符合题意。

24. A

【解析】 根据城市生活的特征和《城市用地分类与规划建设用地标准》中的规定,可知该地块应为商业用地。

25. B

【解析】《城市用地分类与规划建设用地标准》第4.3.2条规定,规划人均公共管理与公共服务设施用地面积不应少于 $5.5m^2/$ 人。

26. B

【解析】 影响城市土地经济评价的因素不仅多样复杂,而且具有不同的层次。一般而言,可以分为三个层次：①基本因素层,包括土地区位、城市设施、环境优劣度及其他因素等；②派生因素层,即由基本因素派生出来的子因素,包括繁华度、交通通达度、城市基础设施、社会服务设施、环境质量、自然条件、人口密度、建筑容积率和城市规划等子因素,它们从不同方面反映基本因素的作用；③因子层,它们从更小的侧面具体地对土地的使用产生影响,包括商业服务中心等级、道路功能与宽度、道路网密度、供水设施、排水设施、供电设施、文化教育设施、医疗卫生设施、公园绿地、大气污染、地形坡度、绿化覆盖率等具体因子。土地区位是影响城市土地经济评价的基本因素,因此B选项正确。

27. B

【解析】 城镇体系等级规模结构的确立应建立在分析现状城镇规模及分布的基础上,通过城镇人口规模趋势和相对地位的变化分析,以及确定规划期内可能出现的新城镇,对新老城镇做出规模预测,制定出合理的城镇等级规模结构。城镇体系的规模等级结构规划应当建立在地域城市化水平的预测以及城镇合理发展规模的预测的基础之上。B 选项符合题意。

28. C

【解析】 各国家和地区城市化进程不一,对城镇的标准与定义也不一致,测度、衡量城镇化是一个广泛涉及经济、社会与景观变化的过程,并非一件容易的事。在现行工作中,通常采用的国际通行方法是:将城镇常住人口占区域总人口的比重作为反映城市化过程的最重要指标。计算公式为 $PU=U/P$,式中,PU 为城镇化率,U 为城镇常住人口,P 为区域总人口。城镇化指标只能用来测度人口、土地、产业等有形的城镇化过程,无形的城镇化过程,如思想观念、生活方式等是无法测量的,可以反映城镇化数量水平,不能反映质量水平,A 项的准确计算有错误。因此 C 选项正确。

29. B

【解析】 城镇体系是指在一个国家或地区相对完整的区域中,由不同职能分工、不同等级规模、空间分布有序的联系密切、相互依存的城镇组成的城镇群体。城镇体系具有群体性、关联性、层次性、开放性、动态性、整体性的特征,因此 B 选项符合题意。

30. C

【解析】 通过城市功能的置换和疏散,重新组织城市空间结构是最符合有机疏散理论的,C 选项符合题意。

31. C

【解析】 在 20 世纪上半叶,现代城市规划基本上是在建筑学的领域内得到发展的,甚至可以说,现代城市规划的发展是随着现代建筑运动而展开的。1933 年于希腊雅典召开了国际现代建筑会议第四次会议,此次会议以"功能城市"为主题对当时城市中出现的各种问题进行了探讨,会议结束时发表了用于指导城市规划工作的城市计划大纲《雅典宪章》。C 选项符合题意。

32. C

【解析】 《雅典宪章》的思想方法是基于物质空间决定论的基础之上的。这一思想在城市规划中的实质在于通过物质空间变量的控制,以形成良好的环境,而这样的环境能自动地解决城市中的社会、经济、政治问题,促进城市的发展和进步。这是《雅典宪章》所提出来的功能分区及其机械联系的思想基础,因此 C 选项符合题意。

33. A

【解析】 20 世纪 70 年代末期签署的《马丘比丘宪章》是对自 1933 年《雅典宪章》签署以来,四十多年的城市规划理论探索与实践的总结,它针对《雅典宪章》和当时城市发展的实际情况,提出了一系列具有指导意义的观点。因此,《马丘比丘宪章》是对《雅典宪章》的发展与完善,A 选项符合题意。

34. B

【解析】 控制性详细规划确定的各地块的主要用途、建筑密度、建筑高度、容积率、绿地率、基础设施和公共服务设施配套规定应当作为强制性内容,B选项符合题意。

35. D

【解析】 控制性详细规划成果应当包括规划文本、图件和附件。图件由图纸和图则两部分组成,规划说明、基础资料和研究报告收入附件。修建性详细规划成果应当包括规划说明书、图纸,修规层次没有文本,D选项符合题意。

36. B

【解析】 公共设施不一定集中成套配置,可根据具体情况按各自的特点布置,B选项符合题意。

37. A

【解析】 道路是形成城市的骨架,道路网形式一确定,城市的布局模式也就基本确定了。

38. A

【解析】 城市总体规划文本是对规划的各项目标和内容提出规定性要求的文件,采用条文形式。文本格式和文章应规范、准确、肯定,利于具体操作。在规划文本中应当明确表述规划的强制性内容。A选项符合题意。

39. B

【解析】 大城市铁路客运站的位置一般应选在城市中心区边缘,因此B选项符合题意。

40. B

【解析】 城市给水工程统一供给生活用水、生产用水、公共用水,所以B选项符合题意。

41. B

【解析】 排水系统一般常用截流布置、扇形布置、分区布置和分散布置的形式,B选项的环形布置形式符合题意。

42. C

【解析】 水作为载热体的优势在于热效率高,能量损失小,而不是容易调节,C选项符合题意。

43. A

【解析】 不包括农业用电。

44. D

【解析】 还须符合防灾的规定,D选项符合题意。

45. A

【解析】 管线综合是按管线的特性来分的,不包括给水管道这一项,A选项符合题意。

46. C

【解析】 在平整的平原地区编制竖向规划应着重处理地面排水问题。

47. A

【解析】 行洪区不属于城市防洪设施。

48. C

【解析】 一般认为干道的适当间距在 700～1100m,相当于干道网密度为 2.8～1.8km/km²,C 选项符合题意。

49. A

【解析】 根据《城市道路交通规划设计规范》(GB 50220—1995),城市道路用地面积应占城市建设用地面积的 8%～15%,对规划人口在 200 万以上的大城市,宜为 15%～20%,A 选项符合题意。

50. B

【解析】 两块板形式的道路横断面的交通组织考虑了:解决对向机动车流的相互干扰、有较高的景观和绿化要求、地形起伏变化较大的地段、机动车与非机动车分离等,B 选项符合题意。

51. A

【解析】 影响城乡规划实施最为直接的因素大致可以分为政府组织管理、城市发展状况、社会意愿与公众参与、法律保障、城乡规划的体制五个方面,因此 A 选项符合题意。

52. D

【解析】 长途汽车站按其性质可分为客运站、货运站、技术站和混合站。按车站所处的位置又可分为起/终点站、中间站和区段站。因此 D 选项符合题意。

53. B

【解析】 在道路平面交叉口和立体交叉口上设置的车站,换乘距离不宜大于 150m,并不得大于 200m,B 选项符合题意。

54. B

【解析】 根据《地面水环境质量标准》(GB 3838—1988),将水体划分为 5 类,Ⅴ类属农业用水区,一般景观要求水域,B 选项符合题意。

55. B

【解析】 在水资源日益紧缺的今天,我国西北干旱地区推广应用了多种雨水利用形式,但建大型水库和城市人工湖进行雨水收集利用,在蒸发量远大于降雨量的西北干旱区是不符合实际和生态的做法。显然 B 选项符合题意。

56. B

【解析】 近期建设规划对于确定近期建设用地范围和布局的内容包括:①制定城市近期建设用地总量,明确新增建设用地和利用存量土地的数量;②确定城市近期建设中用地空间分布,重点安排公益性用地(包括城市基础设施、公共服务设施用地,经济适用房、危旧房改造用地),并确定经营性房地产用地的区位和空间布局;③提出城市近期建设用地的实施时序,制定实施城市近期建设用地计划的相关政策。由以上分析可知,B 选项符合题意。

57. B

【解析】 城市近期建设规划的强制性内容包括:①确定城市近期建设重点和发展规模。②依据城市近期建设重点和发展规模,确定城市近期发展区域。对规划年限内的城市建设用地总量、空间分布和实施时序等进行具体安排,并制定控制和引导城市发展的规定。③根据城市近期建设重点,提出对历史文化名城、历史文化保护区、风景名胜区、生态环境保护区等相应的保护措施。B选项符合题意。

58. B

【解析】 《村庄整治技术导则》中提出,在村庄整治中,通过"一户一宅"的合理住房制度,改造"空心村"。

59. D

【解析】 《村镇规划编制办法》中规定,当镇区近期建设规划图不与建设规划图合并时,比例尺采用1∶200～1∶1000。

60. D

【解析】 居委会属于组团配套设施,派出所属于居住区配套设施,因此D项表述不正确。

61. A

【解析】 城镇体系规划步骤一般为:收集资料—城镇化水平预测—城镇布局—安排区域基础设施。城镇化和人口预测应该在城镇布局之前,因为需要知道人口规模和城镇化水平才能预测需要多少用地,才能对城镇进行布局,因此A项符合题意。

62. D

【解析】 这是城市轴线所具有的重要特性。

63. D

【解析】 城市用地布局的主要模式有:集中式、分散式、集中与分散相结合式,因此D选项符合题意。

64. D

【解析】 城市交通发展战略不影响城市道路系统规划,D选项符合题意。

65. A

【解析】 公共交通的站距应符合下表的规定。

公共交通方式	市区线/m	郊区线/m
公共汽车与电车	500～800	800～1000
公共汽车大站快车	1500～2000	1500～2500
中运量快速轨道交通	800～1200	1000～1500
大运量快速轨道交通	1000～2000	1500～2000

66. C

【解析】 对外客运交通不属于城市公共交通系统,因此C选项符合题意。

67. C

【解析】 《城市道路交通规划设计规范》中,中、小城市干道网密度的建议值是:2.5～4km/km²。

68. D

【解析】 城市中心地区机动车公共停车场可以按社会拥有客运车辆数的15%～

20％的指标规划,D选项符合题意。

69. C

【解析】 一般来说,战时留城市人口占城市总人口的30％～40％,按人均1～1.5m²的人防工程面积标准,则可推算出城市所需的人防工程面积,C选项符合题意。

70. C

【解析】 居住组团绿地的设置应满足有不少于1/3的绿地面积在标准的建筑日照阴影线范围之外的要求,所以C选项符合题意。

71. D

【解析】 城市出租汽车规划拥有量根据实际情况确定,大城市每千人不宜少于2辆,小城市每千人不宜少于0.5辆,中等城市可在其间取值。

72. C

【解析】 居住综合体能提供就业岗位,居住与就业相结合,能减轻城市交通压力,同时由于不同性质建筑的综合布置,使城市景观更加丰富。按今天的需求来看,减轻城市交通压力是其最突出的优点。因此C选项正确。

73. A

【解析】 生态保护区的划分与保护规定：①对风景区内有科学研究价值或其他保存价值的生物种群及其环境,应划出一定的范围与空间作为生态保护区；②在生态保护区内,可以配置必要的研究和安全防护性设施,应禁止游人进入,不得搞任何建筑设施,严禁机动交通及其设施进入。A选项符合题意。

74. D

【解析】 在我国城市规划体系中,城市设计依附于城市规划体制,主要是作为一种技术方法而存在,所以D选项符合题意。

75. A

【解析】 商业性开发是指以盈利为目的的开发建设活动,除了政府投资的公共设施开发之外的所有开发都可以称为商业性开发,A选项符合题意。

76. A

【解析】 基础设施建设的项目不是城市政府实施城市规划的控制和引导的对象,因此A选项符合题意。

77. D

【解析】 镇规划所划定的范围即为规划区,包括：镇域范围为镇人民政府行政的地域,镇区范围为镇人民政府驻地的建成区和规划建设发展区。D选项的镇域规划发展区显然是错误。

78. A

【解析】 所谓可识别性,就是容易让人寻找和判断,A选项符合这一含义。

79. B

【解析】 私人部门的开发行为是私人部门为实现自身利益而进行的,但只要遵守城市规划的有关规定,符合城市规划的要求,客观上来看就是实施了城市规划。

80. D

【解析】 在城市总体规划和近期建设规划中需要安排城市中低收入居民住房的建设,但不是各类城市规划都要对此进行安排,比如高档居住区的修建性详细规划就不需要对中低收入住房建设进行建设,因此 D 符合题意。

二、多项选择题(共 20 题,每题 1 分。每题的备选项中有 2~4 个符合题意。少选、错选都不得分)

81. BDE

【解析】 《商君书》是战国时期的一部记载我国城市规划理论的书籍,书中更多的是从城乡关系、区域经济和交通布局的角度,对城市的发展以及城市管理制度等问题进行了阐述,因此 B、D、E 选项符合题意。

82. ACDE

【解析】 在城市总体规划的编制中,对于涉及资源与环境保护、区域统筹与城乡统筹、城市发展目标与空间布局、城市历史文化遗产保护等重大专题的,应当在城市人民政府组织下,由相关领域的专家领衔进行研究。因此 A、C、D、E 选项符合题意。

83. ACE

【解析】 控制性详细规划中需要提出各地块的建筑体量、体型、色彩等城市设计指导原则,因此 A、C、E 选项符合题意。

84. ABCE

【解析】 住宅间距,应以满足日照要求为基础,综合考虑采光、通风、消防、防灾、管线埋设、视觉卫生等要求确定,因此 A、B、C、E 选项符合题意。

85. CDE

【解析】 C、D、E 等项只是工程措施,不属于交通政策的范畴。

86. ABD

【解析】 商业性开发是指以盈利为目的的开发建设活动,它是以私人利益为出发点的。除了政府投资的公共设施开发之外的所有开发都可以称为商业性开发。因此,所有的商业性开发的决策都是在对项目的经济效益和相关风险进行评估的基础上做出的。由以上分析可知,A、B、D 选项符合题意。

87. ABCE

【解析】 市域城镇空间组合的基本类型有:①均衡式:市域范围内的中心城镇与其他城镇均衡分布。②单中心集核式:中心城区集聚了市域范围内的大量资源,首位度高,其他城镇围绕中心城区分布,依赖其发展。③分片组团式:市域范围内受到地形、经济、社会、文化等因素的影响,形成若干分片布局的城镇聚集组团。④轴带式:市域城镇组合由于中心城区沿某种地理要素扩散,呈现"串珠"状发展形态。因此 A、B、C、E 选项符合题意。

88. BCD

【解析】 信息社会城市空间结构形态的演变发展趋势:①大分散小集中。信息化浪潮下的城市空间结构形态将从集聚走向分散,但分散之中又有集中,呈现大分散与小集中的局面。城市中心区和边缘区的聚集效应差别缩小,城乡界限变得模糊。城市的集中与分散都是相对的,但集中是一种趋势。②从圈层走向网络。选入工业化后期,城市土地的利用方式出现明显的分化,形成不同的功能,城市形态呈现圈层式自内向外扩展。③新型集聚体出现。城市的集聚与以往不同,会因为阶层、收入和文化的差异而形成不同的集聚。城市结构的网络化重构也将出现多功能的新社区。由以上分析可知,B、C、D选项符合题意。

89. AB

【解析】 控制性详细规划的基本特点:地域性、法制化管理。

90. CDE

【解析】 修建性详细规划具有以下特点:①以具体、详细的建设项目为对象,实时性较强;②通过形象的方式表达城市空间与环境;③多元化的编制主体。因此C、D、E选项符合题意

91. ABCD

【解析】 必须遵循的原则包括:①处理好近期建设与长远发展、经济发展与资源环境条件的关系,注重生态环境与历史文化遗产的保护,实施可持续发展战略;②与城市国民经济和社会发展规划相协调,符合资源、环境、财力的实际条件,并能适应市场经济发展的要求;③坚持为最广大人民群众服务,维护公共利益,完善城市综合服务功能,改善人居环境;④严格依据城市总体规划,不得违背总体规划的强制性内容。由以上分析可知,A、B、C、D选项符合题意。

92. ABC

【解析】 确定镇的性质的方法有定性分析和定量分析。定性分析通过分析镇在一定区域内政治、经济、文化、生活中的地位作用、发展优势、资源条件、经济基础、产业特征、区域经济联系和社会分工等,确定镇的主导产业和发展方向。定量分析在定性分析的基础上对城市的职能,特别是经济职能采用以数量表达的技术经济指标,来确定主导作用的生产部门;分析主要生产部门在其所在地区的地位和作用;分析主要生产部门在经济结构中的比重;分析主要生产部门在镇用地结构中的比重,以用地所占比重的大小来表示。由以上分析可知,A、B、C选项符合题意。

93. ACDE

【解析】 村庄分类的影响因素包括:风险性生态要素、资源性生态要素、村庄规模和管理体制、历史文化资源保护等,A、C、D、E选项符合题意。

94. ABC

【解析】 居住小区的特征为:①以城市道路或自然界限(如河流)划分,不为城市交通干路所穿越的完整地段;②小区内有一套完善的居民日常使用的配置设施,包括服务设施、绿地和道路等;③小区规模与配套设施相适应。由以上分析可知,A、B、C选项符合题意。

95. ABC

【解析】 目前常见的居住区规划空间结构的类型主要有内向型、开放型、自由型等。

A、B、C 选项符合题意。

96. AB

【解析】 周边式是住宅四面围合的布局形式,其特点是内部空间安静、领域感强,并且容易形成较好的街景,但也存在东西向住宅的日照条件不佳和局部的视线干扰等问题。点群式是低层独立式住宅或多层、高层塔式住宅成组成行的布局形式,日照通风条件好,对地形的适应性强,但也存在外墙多,不利于保温、视线干扰大的问题。因此 A、B 选项符合题意。

97. ABC

【解析】 其发展历程为①强调建筑与空间的视觉质量;②与人、空间和行为的社会特征密切相关;③创造场所。因此 ABC 选项符合题意

98. ACE

【解析】 公共设施开发的阶段有:①项目设想阶段;②可行性研究阶段;③项目决策阶段;④项目实施阶段;⑤项目投入使用阶段。A、C、E 选项符合题意。

99. ABCE

【解析】 城镇体系规划的特点:专业性、区域性、宏观性、前瞻性。A、B、C、E 选项符合题意。

100. BC

【解析】 胡锦涛总书记在主持学习时发表了讲话。他指出,城镇化是经济社会发展的必然趋势,也是工业化、现代化的重要标志。B、C 选项符合题意。

模 拟 题 三

一、单项选择题(共80题,每题1分。每题的备选项中,只有1个最符合题意)

1. 根据2014年国务院印发的《国务院关于调整城市规模划分标准的通知》(国发〔2014〕51号),以下选项错误的是(　　)。
   - A. 20万人口以下的城市为Ⅱ型小城市
   - B. 50万~100万人口的城市为中等城市
   - C. 300万~500万人口的城市为Ⅰ型大城市
   - D. 500万人口以上的城市为超大城市

2. 与城市形成无关的是(　　)。
   - A. 政治统治　　　　B. 军事战争　　　　C. 商品交易　　　　D. 民主文明

3. 下列关于城市化进程的表现特征的说法,哪项不准确?(　　)
   - A. 城市人口占总人口的比重逐渐上升
   - B. 产业结构逐步升级转换
   - C. 第一产业比重逐渐下降,第二、第三产业比重趋于上升
   - D. 农业现代化将延缓城市化的速度

4. 关于城市发展阶段的表述,下列哪项是不准确的?(　　)
   - A. 在农业社会中,城市的主要职能是政治、军事、宗教
   - B. 工业化导致了城市逐渐成为人类社会的主要空间形态与经济发展的载体
   - C. 在工业社会中,城市尚未出现城市问题
   - D. 在后工业社会,中心城市的服务功能将逐步得以强化

5. 影响城市空间环境演进的因素不包括(　　)。
   - A. 自然环境因素　　　　　　　　B. 社会文化因素
   - C. 经济与技术因素　　　　　　　D. 政治制度因素

6. 在城市用地发展方向上起到决定性作用的是(　　)。
   - A. 优势区位应优先开发
   - B. 沿交通轴线延伸发展
   - C. 中心城市的发展方向与区域内其他城镇的发展方向相呼应
   - D. 考虑城市有利的发展空间及影响城市发展方向的制约因素

7. 区域是城市发展的基础,下列受区域因素影响最大的是(　　)。
   - A. 城市性质与规模　　　　　　　B. 城市用地布局结构
   - C. 城市用地功能组织　　　　　　D. 城市人口的劳动构成

8. 城市的(　　)是其不断发展的根本动力,也是城市与乡村的一大本质区别
   - A. 资源的密集性　　　　　　　　B. 集聚效益

C. 工业化   D. 科学技术

9. 以下对城市所具有的基本特征的概括,表述不正确的是( )。

    A. 城市的发展动态是变化和多样的   B. 城市的概念是相对存在的

    C. 以要素聚集为基本特征   D. 不具有系统性

10. 下列对欧洲中世纪城市特点的说法,错误的是( )。

    A. 狭小、不规则的道路网结构   B. 公共广场占据了城市的中心位置

    C. 围绕公共广场组织各类城市设施   D. 教堂周边出现一定的市场

11. 下列不是田园城市内容的是( )。

    A. 每个田园城市的规模控制在 3.2 万人,超过此规模就需要建设另一个新的城市

    B. 每个田园城市的城区用地占总用地的六分之一

    C. 林荫大道两侧布置市政厅、音乐厅等公共建筑

    D. 田园城市城区的最外围设有工厂、仓库等用地

12. 下列对于城市规划早期思想的说法错误的是( )。

    A. 西谛的"调查—分析—规划"的规划过程公式,至今仍具有实用性

    B. "光辉城市"提出交通干道由三层组成的立体交通思想

    C. 玛塔的线形城市强调"城市的一切问题,均以交通问题为前提"

    D. 戈涅的工业城市提出的功能分区思想,直接孕育了《雅典宪章》所提出的功能分区

13. 下列理论不是对田园城市理论继续发展的是( )。

    A. 大都市带理论   B. 新城理论

    C. 有机疏散理论   D. 广亩城理论

14. 决定城市土地租金的要素不包括( )。

    A. 与中心区的距离   B. 交通可达性

    C. 相同产业带来的规模效应   D. 降低成本的外部效果

15. 下列关于城市布局理论的表述,不准确的是( )。

    A. 柯布西埃现代城市规划设想提出应结合高层建筑建立地下、地面和高架路三层交通网络

    B. 邻里单位理论提出居住邻里应以城市交通干路为边界

    C. "公交引导开发"(TOD)模式提出居住区的公共设施和公共活动中心应避开公共交通站点布局,以免相互干扰

    D. 级差地租理论认为,在完全竞争的市场经济中,城市土地必须按照最有利的用地进行分配

16. 城市规划的公众参与,是建立在( )基础之上的

    A. 联系性城市规划   B. 倡导性城市规划

    C. 综合规划方法论   D. 混合审视方法论

17. 下列关于《雅典宪章》和《马丘比丘宪章》的说法,错误的是( )。

    A. 《雅典宪章》被称为"现代城市规划的大纲"

B.《雅典宪章》是从城市整体分析入手,对城市活动进行分解,确定了功能分区的原则

C.《马丘比丘宪章》最突出的贡献就是认为城市是一个动态的过程

D.《马丘比丘宪章》承认且进一步推动了公众参与在城市规划中的作用

18. 第一次对区域城镇关系进行了论述的著作是(　　)。

A.《周礼考工记》　　B.《商君书》　　C.《墨子》　　D.《管子》

19. 下列不属于对可持续发展有利的选项是(　　)。

A. 首先使用衰败地区和闲置的土地

B. 在城市外围建设零售业

C. 减少农业用地转变为城市用地

D. 避免大规模的低密度居住区的做法

20. 关于精明增长,下列说法不正确的是(　　)。

A. 保持大量的开敞空间

B. 避免在外围新增长地区提供大量的低价房

C. 在城市的增长中限制进一步的向外扩张

D. 鼓励紧凑的、混合的用途开发

21. 下列工作中,难以体现城市规划政策性的是(　　)。

A. 确定相邻建筑的间距

B. 确定居住小区的空间形态

C. 确定居住区各楼公共服务设施的配置规模和标准

D. 确定地块开发的容积率和绿地率

22. 下列不属于城市规划保障社会公共利益的是(　　)。

A. 城市公园的建设　　　　　　B. 居住区日照要求

C. 历史文化的规划保留　　　　D. 保障性住房的规划建设

23. 下列关于城市规划师角色的表述,错误的是(　　)。

A. 政府部门的规划师担当行政管理、专业技术管理和仲裁三个基本职责

B. 规划编制部门的规划师主要角色是专业技术人员和专家

C. 研究与咨询机构的规划师可能成为某些社会利益的代言人

D. 私人部门的规划师是特定利益的代言人

24. 下列表述错误的是(　　)。

A. 主体功能区规划应以城市总体规划为指导

B. 城市总体规划应以城镇体系规划为指导

C. 区域国土规划应与城镇体系规划相衔接

D. 城市总体规划应与土地利用总体规划相衔接

25. 下列关于制定镇总体规划的表述,不准确的是(　　)。

A. 由镇人民政府组织编制,报上级人民政府审批

B. 由镇人民政府组织编制的,在报上一级人民政府审批前,应当先经镇人民代表大会审议

C. 规划报送审批前,组织编制机关应当依法将草案公告 30 日以上

D. 镇总体规划批准前,审批机关应当组织专家和有关部门进行审查

26. 下列关于城乡规划编制体系的表述,正确的是( )。

A. 城镇体系规划包括全国、省域和市域三个层次

B. 国务院负责审批的总体规划包括直辖市和省会城市、自治区首府城市三种类型

C. 村庄规划由村委会组织编制,报乡政府审批

D. 城市、镇修建性详细规划可以结合建设项目由建设单位组织编制

27. 下列哪项表述反映了城镇体系最本质的特征?( )

A. 由一定区域内的城镇群体组成

B. 中心城市是城镇体系的核心

C. 城镇体系由一定数量的城镇组成

D. 城镇之间存在密切的社会经济联系

28. 下列不属于省域城镇体系规划内容的是( )。

A. 城镇空间布局   B. 重大基础设施布局

C. 城镇规模控制   D. 公共服务设施布局

29. 根据《城市规划编制办法》,不属于城市总体规划纲要编制内容的是( )。

A. 提出市域空间管制原则

B. 确定市域各城镇建设标准

C. 安排建设用地、农业用地、生态用地和其他用地

D. 提出建立综合防灾体系的原则和建设方针

30. 下列不是市域城镇体系规划内容的是( )。

A. 提出市域城乡统筹的发展战略

B. 预测市域城镇化发展水平

C. 划定规划区的范围

D. 划定禁建区、限建区、适建区的范围

31. 下列不属于空间模型分析方法的是( )。

A. 规划沙盘   B. 线性规划模型

C. 透视图   D. 平立剖面图

32. 下列对于中国古代城市规划思想的说法,错误的是( )。

A. 秦代神秘主义的封建色彩对中国古代城市规划具有深远影响,复道和甬道交通系统具有开创性意义

B. 战国时期,受周代礼制影响,各国的国都均采用对称布局

C. 邺城的规划中采用的功能分区的思想,继承了战国时期以宫城为中心的规划思想

D. 金陵是周礼制城市规划思想与自然理念思想结合的典范

33. 下列表述中,不准确的是( )。

    A. 城市的特色与风貌主要体现在社会环境和物质环境两方面

    B. 城市历史文化环境的调查包括对城市形成和发展过程的调查

    C. 城市经济、社会和政治状况的发展演变是城市发展重要的决定因素

    D. 城市历史文化环境中有形物质形态的调查主要针对文物保护单位进行

34. 经济环境的调查不包括( )。

    A. 城市经济总量及增资变化　　　　B. 城市各产业部门的状况

    C. 城市家庭人均收入　　　　　　　D. 土地价格和供应

35. 关于现状调查的方法,下列说法错误的是( )。

    A. 现场踏勘是最基本的手段,也是规划人员建立对有关城市感性认识的过程

    B. 访谈和座谈是掌握一定范围内大众意愿时最常见的调查形式

    C. 抽样调查可以通过电话、电子邮件等形式进行

    D. 文献资料搜集对时间跨度大的信息收集有巨大优势

36. 关于矿产资源对城市的影响,下列说法不准确的是( )。

    A. 矿产资源可以促进城市的产生

    B. 矿产资源可以决定城市的性质和发展方向

    C. 矿产资源决定城市用地布局

    D. 矿业城市必须制定可持续发展战略

37. 下列关于城市职能和城市性质的表述,错误的是( )。

    A. 城市职能可以分为基本职能和非基本职能

    B. 城市基本职能是城市发展的主导促进因素

    C. 城市非基本职能是指市为城市以外地区服务的职能

    D. 城市性质关注的是城市最主要的职能,是对主要职能的高度概括

38. 下列关于城市规划区的表述,不准确的是( )。

    A. 城市规划区应根据经济社会发展水平确定

    B. 划定规划区时应考虑统筹城乡发展的需要

    C. 划定规划区时应考虑机场的影响

    D. 某城市的水源地必须划入该城市的规划区

39. 适用于影响因素的个数及作用大小较为确定的城市的方法是( )。

    A. 综合平衡法　　　B. 时间序列法　　　C. 相关分析法　　　D. 比例分配法

40. 下列说法错误的是( )。

    A. 人均公共管理与公共服务设施面积不应小于 $5.5m^2$

    B. 人均道路与交通设施用地面积不应小于 $12.0m^2$

    C. 人均公园绿地面积不应小于 $8.0m^2$

    D. 人均居住面积 $28\sim38m^2$

41. 依据《城市用地分类与规划建设用地标准》(GB 50137—2011),下列说法正确的是( )。

    A. 园林生产绿地属于防护绿地

B. 建设用地以外高速公路两侧的绿地属于防护绿地

C. 中小学、幼儿园属于教育科研用地

D. 城市建设用地分为 8 大类、35 中类、42 小类

42. 下列关于城市形态的表述,正确的是( )。

　　A. 集中型城市形态是多中心城市　　　B. 带型城市形态是多中心城市

　　C. 组团型城市形态是多中心城市　　　D. 散点型城市形态是多中心城市

43. 绿化覆盖率属于城市用地经济型评价派生因素层的( )。

　　A. 环境质量　　　　　　　　　　　B. 自然条件

　　C. 城市规划　　　　　　　　　　　D. 社会服务设施

44. 在城市用地工程适宜性评定中,下列用地不属于二类用地的是( )。

　　A. 地形坡度 15%

　　B. 地下水位低于建筑物的基础埋藏深度

　　C. 淹没水深不超过 1.5m,属于轻度淹没区

　　D. 地表有较严重的积水现象

45. 下列关于城市布局的表述,错误的是( )。

　　A. 在静风频率高的地区不宜布置排放有害废气的工业

　　B. 铁路编组站应安排在城市郊区,并避免被大型货场、工厂区包围

　　C. 有害气体的工业宜集中布置,方便统一进行环保处理和防护

　　D. 河流平直段最适宜建设内河港口

46. 关于仓库的布局,下列说法正确的是( )。

　　A. 小城市宜集中布置在城市的中心区边缘

　　B. 蔬菜、水果仓库用地距离居住区应保持 30m

　　C. 易燃仓库距离居住街坊最少 100m

　　D. 石油仓库应布置于靠近交通枢纽,以方便运输

47. 下列关于城市道路网络规划的表述,错误的是( )。

　　A. 方格网式道路系统适用于平坦的城市,不利于对角线方向的交通,非直线系数较小

　　B. 环形放射式道路系统有利于市中心与外围城市或郊区的联系,但容易把外围的交通迅速引入市中心

　　C. 自由式道路系统通常是道路结合自然地形不规则状布置而形成的,没有一定的格式,非直线系数较大

　　D. 混合式道路系统一般由同一个城市同时存在的不同类型的道路网组合而成

48. 下列关于大城市用地布局与城市道路网功能关系的表述,错误的是( )。

　　A. 快速路网主要为城市组团间的中、长距离交通服务,宜布置在城市组团间

　　B. 城市交通性主干网是全市性路网,为城市组团间和组团内的中长距离疏通性交通服务

　　C. 城市次干路网是城市组团间的路网,为城市组团内和组团间的中、长距离交通服务,是疏通城市及与快速路相连接的主要通道

D. 城市支路是城市地段内根据用地细部安排产生的交通需求而划定的道路,在城市组团内可能局部成网

49. 下列关于城市综合交通调查的表述,错误的是( )。

    A. 交通出行 OD 调查可以得到现状城市交通的流动特性

    B. 居民出行调查可以得到居民出行生成与土地使用特征之间的关系

    C. 城市道路交通调查包括对机动车、非机动车、行人的流量、流向的调查

    D. 查核线的选取应避开对交通起障碍作用的天然地形和人工障碍

50. 下列关于城市道路横断面选择与组合的表述,不准确的是( )。

    A. 交通性主干路宜采用机动车快车道与机、非混行的慢车道组合

    B. 机、非分行的三块板横断面常用于生活性主干路

    C. 有较高的景观、绿化要求的生活性道路不宜采用二块板

    D. 支路宜布置为一块板横断面

51. 当配水系统中需设置加压泵站时,其位置宜靠近( )。

    A. 地势较低处   B. 用水集中地区

    C. 净水厂   D. 水源地

52. 下列关于交通枢纽在城市中的布局原则的表述,错误的是( )。

    A. 对外交通枢纽的布置主要取决于城市对外交通设施在城市的布局

    B. 城市公共交通换乘枢纽一般应结合大型人流集散点布置

    C. 客运交通枢纽不能过多地冲击和影响城市交通性主干路的通畅

    D. 货运交通枢纽应结合城市公共交通换乘枢纽布置

53. 判断公共交通运营好坏最主要的标志是( )。

    A. 迅速   B. 方便   C. 准点   D. 舒适

54. 中小城市公共交通的乘客平均换乘系数不应大于( )。

    A. 1.0   B. 1.1   C. 1.2   D. 1.3

55. 下列关于城市公共交通规划的表述,不正确的是( )。

    A. 城市公共交通系统模式要与城市用地布局模式相匹配,适应并能促进城市和用地布局的发展

    B. 城市公交普通线路应与城市用地密切联系,应布置在城市服务性道路上

    C. 城市快速公交线应尽可能与城市用地分离,与城市交通枢纽形成"藤与瓜"的关系

    D. 城市公共交通系统的形式可根据不同的城市规模、布局和居民出行特征确定

56. 下列不属于申报历史文化名城必要条件的是( )。

    A. 历史上曾经作为政治、经济、文化、交通中心或军事要地

    B. 保留着传统格局和历史风貌

    C. 历史建筑集中成片

    D. 在申报的历史文化名城范围内有两个以上的历史文化街区

57. 控制性详细规划中,无须确定各地块的( )。

    A. 适建的建筑类型   B. 停车泊位

C. 建筑高度   D. 公共设施配套要求

58. 历史文化名城保护规划应建立( )。

    A. 历史文化名城、历史文化街区与文物保护单位三个层次的保护体系

    B. 历史文化名城、风景名胜区、历史文化街区与文物保护单位四个层次的保护
       体系

    C. 历史文化街区、文物保护单位、历史建筑三个层次的保护体系

    D. 历史文化名城、历史文化街区、文物保护单位、历史建筑四个层次的保护体系

59. 在风景名胜区规划中,不属于游人容量统计常用口径的是( )。

    A. 一次性游人容量   B. 日游人容量

    C. 月游人容量   D. 年游人容量

60. 根据《城市水系规划规范》(GB 50513—2009)关于水域控制线划定的相关规定,
下列表述中错误的是( )。

    A. 有堤防的水体,宜以堤顶不临水一侧边线为基准划定

    B. 无堤防的水体,宜按防洪、排涝设计标准所对应的洪(高)水位划定

    C. 对水位变化较大而形成较宽涨落带的水体,可按多年平均洪(高)水位划定

    D. 规划的新建水体,其水域控制线应按规划的水域范围线划定

61. 城市总体规划水资源规划的主要内容不包括( )。

    A. 合理预测城乡生产、生活需水量   B. 分析城市水资源承载能力

    C. 制定雨水和再生水利用目标   D. 布置输配水干管

62. 城市能源规划的内容不包括( )。

    A. 预测城市能源需求

    B. 提出节能技术措施

    C. 平衡能源供需,并进一步优化能源结构

    D. 确定能源规划目标

63. 关于城市竖向规划的表述,不准确的是( )。

    A. 竖向规划的重点是进行地形改造和土地平整

    B. 铁路和城市干路交叉点的控制标高应在总体规划阶段确定

    C. 详细规划阶段可采用高程箭头法、纵横断面法或设计等高线法

    D. 大型集会广场应有平缓的坡度

64. 下列关于城市地下空间规划的说法错误的是( )。

    A. 下沉式广场、地下商业服务设施的公共部分均属于地下空间

    B. 地下工程建设具有不可逆和难以更改的特点

    C. 应当坚持政府组织、专家领衔、部门合作、公众参与、科学决策的原则

    D. 城市地下空间建设规划由城乡规划主管部门批准

65. 下面关于近期建设规划的说法不正确的是( )。

    A. 近期建设规划需要依据国民经济和社会发展规划进行编制

    B. 近期建设规划与国民经济与社会发展规划侧重点不一样,前者侧重时间安
       排,后者侧重空间安排

C. 近期建设规划应当根据年度计划编制

D. 近期建设规划是落实城市总体规划的重要步骤

66. 下列不属于近期建设规划内容的是（   ）。

A. 确定近期建设用地的规模

B. 确定近期居住用地的安排和布局

C. 确定历史文化名城、历史文化街区的保护范围和措施

D. 确定控制和引导城市近期发展的原则和措施

67. 下列对于控制性详细规划的说法错误的是（   ）。

A. 控制性详细规划是法定规划

B. 控制性详细规划是城乡规划主管部门做出建设项目规划许可的依据

C. 控制性详细规划是规划与管理的结合

D. 控制性详细规划以数据控制和文本控制为手段

68. 下列不属于控制性详细规划指标确定方法的是（   ）。

A. 测算法　　　　　B. 标准法　　　　　C. 分配法　　　　　D. 反算法

69. （   ）是控制地块建设容量与环境质量的重要指标。

A. 容积率　　　　　B. 建筑密度　　　　　C. 人口密度　　　　　D. 绿地率

70. 对修建性详细规划的特点,下列说法正确的是（   ）。

A. 以具体、详细的建设项目为对象,实施性较强

B. 通过形象的方式表达城市空间与环境

C. 通过指标数据落实规划意图

D. 多元化的编制主体

71. 下列关于村庄规划的表述,哪项是错误的？（   ）

A. 应以行政村为单位

B. 应向村民公示

C. 方案由县级城乡规划行政主管部门组织专家和相关部门进行技术审查

D. 成果由村委会报县级人民政府审批

72. 下列说法错误的是（   ）。

A. 乡村是指城镇以外的其他区域

B. 乡政府驻地一定是乡域内的中心村

C. 村庄规划分为乡域规划和乡驻地规划

D. 乡与镇的典型区别是乡的设置是针对其农村地域属性

73. 在实际的城市建设中,不可能出现的情况是（   ）。

A. 建筑密度＋绿地率＝1　　　　　B. 建筑密度＋绿地率＜1

C. 建筑密度×平均层数＝1　　　　　D. 建筑密度×平均层数＜1

74. 下列关于居住区规划的表述,错误的是（   ）。

A. 公共绿地至少有一个边与相应级别的道路相邻

B. 公共绿地中,绿化面积(含水面)不宜小于70%

C. 宽度小于8m、面积小于400m² 的绿地不计入公共绿地

D. 居住区公共绿地总指标：组团不少于 $1.0\text{m}^2/$ 人，小区不少于 $1.5\text{m}^2/$ 人

75. 下列哪项表述是正确的？（   ）

A. 居住区规划用地范围是指居住区用地红线范围

B. 居住区容积率是指居住区建筑面积毛密度

C. 住宅用地是指住宅建筑垂直投影面积

D. 地面停车率是地面停车位数与总停车位数量的比值

76. 下列关于邻里单位理论的表述，错误的是（   ）。

A. 邻里单位的规模要满足一所小学的服务人口规模

B. 邻里单位的道路设计应避免外部汽车的穿越

C. 为邻里单位内居民服务的商业设施应布置在邻里的中心

D. 邻里单位中应有满足居民使用需要的小型公园等开放空间

77. 下列关于城市设计的表述，错误的是（   ）。

A. 工业革命以前，城市设计基本上依附于城市规划

B. 城市设计正在逐渐形成独立的研究领域

C. 只在修建性详细规划阶段才运用城市设计的手法

D. 我国的规划体系中，城市设计主要作为一种技术方法存在

78. 关于城市规划实施的表述，不准确的是（   ）。

A. 城市发展和建设中的所有建设行为都应该成为城市规划实施的行为

B. 政府通过控制性详细规划来引导城市的建设活动，从而保证总体规划的实施

C. 近期建设规划是城市总体规划的组成部分，属于城市规划实施的手段

D. 私人部门的建设活动是出于自身利益而进行的，其行为不是城市规划实施行为

79. 下列对城市规划实施的说法，错误的是（   ）。

A. 现行城市规划实施管理手段有建设用地管理、建设工程管理和建设项目实施的监督检查

B. 城乡规划组织实施，不包括制定相应的规划实施的政策

C. 城乡规划实施的监督检查包括行政监督检查、立法机构的监督检查和社会监督检查

D. 城乡规划的实施的手段，是通过各类规划编制要求推进城市规划的实施

80. 下列关于公共性设施的表述，错误的是（   ）。

A. 公共性设施是指社会公众所共享的设施

B. 公共性设施都是由政府机关进行开发的

C. 公共性设施的开发可引导和带动商业性的开发

D. 公共性设施项目未经规划主管部门核实是否符合规划条件，不得组织竣工验收

二、多项选择题（共20题，每题1分。每题的备选项中有2～4个符合题意。少选、错选都不得分）

81. "精明增长"的基本原则包括（　　）。

　　A. 保持大量开放空间和保护环境质量

　　B. 内城中心的再开发和城市内零星空地的开发

　　C. 加快开发项目申请的审批过程

　　D. 完善城市内的基础设施和减少对私人小汽车的依赖

　　E. 城市外围建设高价房，限制城市的发展

82. 城市可持续发展战略的实施措施有（　　）。

　　A. 在城市发展中，坚决限制城市用地的进一步扩展

　　B. 保护城市的文脉和自然生态环境

　　C. 优先使用城市中的弃置地

　　D. 鼓励建设低密度的住宅区

　　E. 提高公众参与程度

83. 下列属于可持续发展的规划原则内容的是（　　）。

　　A. 缩短通勤和日常生活出行的距离，提高公交的出行比重

　　B. 鼓励城市分散发展

　　C. 提高生物多样化的程度，城市采取紧凑发展模式

　　D. 建筑物的形式和布局应有助于提高效能，改进材料的绝缘性能

　　E. 采用"闭合循环"的生产过程，提高废弃物的利用率

84. 下列规划类型中，属于法律规定的有（　　）。

　　A. 省域城镇体系规划　　　　　　　　B. 乡域村庄体系规划

　　C. 镇修建性详细规划　　　　　　　　D. 村庄规划

　　E. 村庄修建性详细规划

85. 根据《历史文化名城保护规划规范》，历史文化名城保护规划必须遵循的原则包括（　　）。

　　A. 保护历史真实载体　　　　　　　　B. 提高土地利用率

　　C. 合理利用、永续利用　　　　　　　D. 保护历史环境

　　E. 谁投资谁受益

86. 下列项目中，不得在风景名胜区内建设的有（　　）。

　　A. 公路　　　　　B. 陵墓　　　　　C. 缆车　　　　　D. 宾馆

　　E. 煤矿

87. 下列表述中，正确的是（　　）。

　　A. 乡与镇一般为同级行政单位

　　B. 集镇是乡的经济、文化和生活服务中心

　　C. 集镇一般是乡人民政府所在地

D. 集镇通常是一种城镇型聚落

E. 乡是集镇的行政管辖区

88. 下列属于村庄规划的内容的是（　　　）。

A. 人口规模预测　　　　　　　　B. 村域范围内用地规划

C. "三通一平"市政规划　　　　　D. 农村住宅单体

E. 村内道路规划

89. 控制性详细规划的控制体系包括（　　　）。

A. 土地使用控制　　　　　　　　B. 建筑建造控制

C. 市政设施配套　　　　　　　　D. 交通活动控制

E. 开发成本控制

90. 城市规划的作用有（　　　）。

A. 宏观经济条件调控的手段　　　B. 保障社会公共利益

C. 协调社会利益,维护公平　　　　D. 保障公共安全和公共利益

E. 带动地区经济的发展

91. 城镇体系作为一个系统,具有的基本特性是（　　　）。

A. 群体性与整体性　　　　　　　B. 关联性

C. 等级层次性　　　　　　　　　D. 开放性

E. 稳定性

92. 下列哪些城市总体规划内容应与区域规划相互协调衔接?（　　　）

A. 城市的性质与规模　　　　　　B. 城市空间发展方向

C. 城市用地功能组织　　　　　　D. 城市综合交通系统

E. 城市社会经济发展目标

93. 下列哪些项不属于城市水资源规划的内容?（　　　）

A. 合理预测城乡生产、生活需水量　　B. 划分河道流域范围

C. 分析城市水资源承载能力　　　D. 制定雨水及再生水利用目标

E. 布置配水干管

94. 下列关于控制性详细规划的表述,正确的是（　　　）。

A. 通过数据控制落实规划意图　　B. 具有多元化的编制主体

C. 横向综合性的规划控制汇总　　D. 刚性与弹性相结合的控制方式

E. 通过形象的方式表达空间与环境

95. 在历史文化名镇保护范围内,经批准允许的活动有（　　　）。

A. 修建储存腐蚀性物品的仓库

B. 改变园林绿地、河湖水系等自然状态

C. 在核心保护区范围内进行影视摄制

D. 对历史建筑进行外部修缮装饰

E. 在历史建筑上刻划、涂污

96. 根据《城市绿地分类标准》(CJJ/T 85—2002),城市绿地系统规划的主要绿地控制指标有（　　　）。

A. 人均公园绿地面积（m²/人）   B. 人均生产绿地面积（m²/人）

C. 城市绿地率（%）   D. 城市公共绿地比例（%）

E. 城市绿化覆盖率（%）

97. 下列关于城市燃气管网布置原则的说法,正确的有(   )。

A. 燃气管不能在地下穿过房间

B. 燃气管应尽可能形成环状管网

C. 燃气管不得布置在道路两侧

D. 燃气管和自来水管不得放在同一地沟内

E. 燃气管穿过河流时不得穿越河底埋设

98. 下列关于用地归属的表述,符合《城市用地分类与规划建设用地标准》(GB 50137—2011)的是(   )。

A. 货运公司车队的站场属于物流仓储用地

B. 电动汽车充电站属于商业服务设施用地

C. 公路收费站属于道路与交通设施用地

D. 外国驻华领事馆属于特殊用地

E. 业余体校属于公共管理与公共服务设施用地

99. 下列关于城市工程管线综合规划的表述,错误的有(   )。

A. 城市总体规划阶段管线综合规划应确定各种工程管线的干管走向

B. 城市详细规划阶段管线综合规划应确定规划范围内道路横断面下的管线排列位置

C. 热力管不应与电力和通信电缆、煤气管共沟布置

D. 当给水管与雨水管相矛盾时,雨水管应该避让给水管

E. 在管线共沟敷设时,排水管应始终布置在底部

100. 下列关于城市与区域的相互关系的表述,不准确的是(   )。

A. 区域原有的物质基础条件以及制度、体制等社会与文化因素影响区域内城市的形态与结构

B. 区域自然条件的优劣决定了城市发展的质量与规模

C. 区域外部发展条件的改善有助于城市的快速发展

D. 区域人口密度决定了城市的规模和数量

E. 区域发展水平的高低与城市的发展没有因果关系

模拟题三解析

一、单项选择题(共80题,每题1分。每题的备选项中,只有1个最符合题意)

1. D

【解析】 将城市划分为五类七挡。城区常住人口 50 万以下的城市为小城市,其中 20 万以上 50 万以下的城市为 I 型小城市,20 万以下的城市为 II 型小城市;城区常住人口 50 万以上 100 万以下的城市为中等城市;城区常住人口 100 万以上 500 万以下的城市为大城市,其中 300 万以上 500 万以下的城市为 I 型大城市,100 万以上 300 万以下的城市为 II 型大城市;城区常住人口 500 万以上 1000 万以下的城市为特大城市;城区常住人口 1000 万以上的城市为超大城市。(以上包括本数,以下不包括本数)因此 D 选项符合题意。

2. D

【解析】 城市最早是政治统治、军事防御和商品交换的产物,"城"是由军事防御产生的,"市"是由商品交换(市场)产生的。城市归根结底是由社会剩余物资的交换和争夺而产生的,也是社会分工和产业分工的产物。因此,军事防御、产业分工、商品买卖均与城市形成有关。由以上分析可知,D 选项符合题意。

3. D

【解析】 农业现代化将释放更多的农村劳动力,促进大量的劳动力进城,有助于城市化的发展,因此 D 选项符合题意。

4. C

【解析】 城市问题是自城市形成就具有的,无论城市处于哪个阶段,城市问题会一直存在,所以 C 选项符合题意。

5. D

【解析】 影响城市空间环境演进的主要因素为:自然环境因素、社会文化因素、经济与技术因素、政策制度因素,D 选项符合题意。

6. D

【解析】 城市有利发展空间及影响城市发展方向的制约因素在城市发展方向上起到了决定性作用,D 选项正确。

7. A

【解析】 城市性质的确定,可从两个方面去认识。一是从城市在国民经济中所承担的职能方面去认识,就是指一个城市在国家或地区的经济、政治、社会、文化生活中的地位和作用。城镇体系规划规定区域内城镇的合理分布、城镇的职能分工和相应的规模,因此,城镇体系规划是确定城市性质的主要依据。二是从城市形成与发展的基本因素中,去研究认识城市形成与发展的主导因素。

8. B

【解析】 城市的集聚效益是其不断发展的根本动力,也是城市与乡村的一大本质区别,B选项符合题意。

9. D

【解析】 城市的基本特征包括:①城市的概念是相对存在的;②城市以要素集聚为基本特征;③城市的发展是动态变化和多样的;④城市具有系统性,D选项符合题意。

10. B

【解析】 中世纪的欧洲,教堂占据了城市的中心位置,因此B选项符合题意。

11. C

【解析】 田园城市中林荫大道两侧布置的为居住用地,C选项符合题意。

12. B

【解析】 "明天城市"提出了交通干道由三层组成的立体交通系统。B选项说的是"光辉城市",因此错误。

13. A

【解析】 城市的分散发展理论实际上是霍华德田园城市理论的不断深化和运用,即通过建立小城市来分散向大城市的集中,其中主要的理论包括卫星城理论、新城理论、有机疏散理论和广亩城理论等,A选项符合题意。

14. C

【解析】 伊萨德认为决定城市土地租金的要素主要有:①与中央商务区(CBD)的距离;②顾客到该址的可达性;③竞争者的数目和他们的位置;④降低其他成本的外部效果,因此C选项符合题意。

15. C

【解析】 新都市主义提出应当对城市空间组织的原则进行调整,强调要减少机动车的使用量,鼓励使用公共交通,居住区的公共设施和公共活动中心等围绕着公共交通的站点进行布局,以使交通设施和公共设施能够相互促进、相辅相成,并据此提出了"公交引导开发的TOD模式",C选项符合题意。

16. B

【解析】 从20世纪60年代开始普遍开展的城市规划中的公众参与,建立在倡导性规划的理论基础之上。

17. C

【解析】 《马丘比丘宪章》首先强调了人与人之间的相互关系对于城市和城市规划的重要性,并将理解和贯彻这一关系视为城市规划的基本任务。C选项说城市是一个动态的过程是其突出的贡献是错误的。《马丘比丘宪章》最突出的贡献是强调人与人之间的互动关系。

18. B

【解析】 《商君书》第一次论述了都邑道路、农田分配及山陵丘谷之间比例的合理分配问题,分析了粮食供给、人口增长与城市发展规模之间的关系,从城乡关系、区域经济和交通布局的角度,对城市的发展以及城市管理制度等问题进行论述,B选项符合题意。

19. B

【解析】 城市外围建设零售业不属于可持续利用政策,反而会增加进城购物的消耗,B选项符合题意。

20. B

【解析】 "精明增长"理论提出,在外围新增长地区提供更多的低价房,B选项显然是错误的。

21. B

【解析】 城市规划中的任何内容,无论是确定城市发展战略、城市发展规模,还是确定规划建设用地,确定各类设施的配置规模和标准,或者城市用地的调整容积率的确定或建筑物的布置等都会关系到城市经济的发展水平和发展效率、居民生活质量和水平、社会利益的调配、城市的可持续发展等,都是国家方针政策和社会利益的全面体现。小区的空间形态主要由地形地貌来确定。由以上分析可知,B选项符合题意。

22. B

【解析】 居住小区日照标准需要经城乡规划主管部门审核,体现了协调社会利益,维护公平的城市规划作用,B选项符合题意。

23. A

【解析】 政府部门中的城市规划师担当着两方面的职责,一方面是作为政府公务员所担当的行政管理职责,是国家和政府的法律法规和方针政策的执行者;另一方面担当了城市规划领域的专业技术管理职责,是城市规划领域中运用城市规划对各类建设行为进行管理的管理者。由以上分析可知,A选项符合题意。

24. A

【解析】 主体功能区是国家层面对全国土地的功能划分,属于城市总体规划的上位规划,因此,城市总体规划应当以主体功能区规划为指导,A选项符合题意。

25. A

【解析】 《城乡规划法》第十五条规定,县人民政府组织编制县人民政府所在地镇的总体规划,报上一级人民政府审批。其他镇的总体规划由镇人民政府组织编制,报上一级人民政府审批。因此A选项符合题意。

26. D

【解析】 依据《城乡规划法》,城镇体系规划分为全国城镇体系规划和省域城镇体系规划;直辖市的城市总体规划由直辖市人民政府报国务院审批。省、自治区人民政府所在地的城市以及国务院确定的城市的总体规划,由省、自治区人民政府审查同意后,报国务院审批。全国城镇体系规划和省域城镇体系规划报国务院审批。《城乡规划法》第二十二条规定,乡、镇人民政府组织编制乡规划、村庄规划,报上一级人民政府审批。村庄规划在报送审批前,应当经村民会议或者村民代表会议讨论同意。D选项符合题意。

27. D

【解析】 城镇体系规划最本质的特点是有机联系。

28. D

【解析】 《城乡规划法》第十三条规定,省、自治区人民政府组织编制省域城镇体系规划,报国务院审批。省域城镇体系规划的内容应当包括:城镇空间布局和规模控制,重大基础设施的布局,为保护生态环境、资源等需要严格控制的区域。D选项符合题意。

29. C

【解析】 由《城市规划编制办法》第二十九条可知,安排建设用地、农业用地、生态用地和其他用地属于中心城区规划的内容。

30. D

【解析】 由《城市规划编制办法》第三十条可知,划定禁建区、限建区、适建区的范围属于中心城区规划的内容。

31. B

【解析】 空间模型分析方法包括:①实体模型(比如:透视图、规划沙盘、平立剖面图);②概念模型的图纸表达(比如:等值线法、几何图形法、方格网法、图表法)。线性规划模型属于定量分析法。因此B选项符合题意。

32. B

【解析】 战国时期,一般都城受《周礼·考工记》思想影响采用对称布局,与此同时,列国也按照自身的基础和取向,在城市规划建设上进行了各种探索,如济南城打破了严格的对称格局,与水体和谐布局,城门的分布也不对称,因此B选项符合题意。

33. D

【解析】 历史文化环境的调查首先要通过对城市形成和发展过程的调查,把握城市发展动力以及城市形态的演变原因。城市的经济、社会和政治状况的发展演变是城市发展最重要的决定因素。城市的特色与风貌体现在两个方面:一是社会环境方面,是城市中的社会生活和精神生活的结晶,体现了当地经济发展水平和当地居民的习俗、文化素养、社会道德和生活情趣等;二是物质方面,表现在历史文化遗产、建筑形式与组合、建筑群体布局、城市轮廓线、城市设施、绿化景观以及市场、商品、艺术和土特产等方面,所以D选项说主要针对文物保护单位不准确。

34. C

【解析】 城市经济环境的调查针对的是整个城市的经济情况,不涉及也没必要对城市家庭人均收入进行调查,C选项符合题意。

35. B

【解析】 城市规划现状调查的方法有:现场踏勘、抽样或问卷调查、访谈和座谈会调查、文献资料的搜集。而抽样或问卷调查是掌握一定范围内大众意愿时最常见的调查形式,所以B选项符合题意。

36. C

【解析】 矿产资源能对城市产生以下影响:矿产资源的开采和加工可促成新城市的产生;矿产资源决定城市的性质和发展方向;矿产资源的开采决定城市的地域结构和空间形态;矿业城市必须制定可持续的发展战略。C选项的矿产资源决定城市用地布局不准确。

37. C

【解析】 城市的基本职能是城市为城市以外地区服务的职能,因此C选项符合题意。

38. D

【解析】 有些城市的水源地并不在本行政区,所以也就无法划入,但是划定规划区范围时,应充分考虑对水源地保护区的划入,D选项符合题意。

39. C

【解析】 适用于影响因素的个数及作用大小较为确定的城市的方法是相关分析法。

40. D

【解析】 人均居住用地面积按气候区划分为两种,Ⅰ、Ⅱ、Ⅵ、Ⅶ气候区为 28~38m²,Ⅲ、Ⅳ、Ⅴ气候区为 23~36m²。

41. D

【解析】《城市用地分类与规划建设用地标准》(GB 50137—2011)规定,园林生产绿地以及城市建设用地范围外基础设施两侧的防护绿地,按照实际使用用途纳入城乡建设用地分类"农林用地"(E2),A、B 选项错误;幼儿园属于居住用地,C 选项错误。

42. C

【解析】 组团型城市形态是多中心城市,C 选项正确。

43. B

【解析】 绿化覆盖率属于城市经济型评价派生因素层的自然条件层,B 选项符合题意。

44. B

【解析】 地下水位低于建筑物的基础埋藏深度属于一类用地,因此 B 选项符合题意。

45. C

【解析】 在静风频率高的地区,空气流通不良会使污染物无法扩散而加重污染,不宜布置排放有害废气的工业;铁路编组站要避免与城市的相互干扰,同时考虑职工的生活,宜布置在城市郊区,并避免被大型货场、工厂区包围;有害废气工业不宜集中布置,以免有害气体之间再次发生反应,形成更难处理的二次污染。河流的平直河段最适宜建设内河港口。水位深、岸滩稳定、泥沙淤积量小、有山体屏障的海湾是海港的最佳位置。由以上分析可知,C 选项符合题意。

46. C

【解析】 小城市的仓库宜集中布置在城市的边缘;蔬菜、水果仓库用地距离居住区应保持 50m 以上;易燃仓库距离居住区街坊最少 100m;石油仓库应布置在独立地段,远离交通枢纽,C 选项符合题意。

47. A

【解析】 方格网式道路系统适用于平坦的城市,不利于对角线方向的交通,非直线系数较大。

48. C

【解析】 城市次干路网是城市组团内的路网,为城市组团内中、短距离交通服务,C 选项符合题意。

49．D

【解析】 查核线的选取原则：①尽可能利用天然或人工屏障，如铁路线、河流等；分割区域和城市土地利用布局有一定的协调性。②具备基本观测条件，便于观测人员采集数据。因此 D 选项错误。

50．C

【解析】 有较高的景观、绿化要求的生活性道路，可以用较宽的绿化分隔带形成景观绿化环境，也可以作为对向机动车的中央分隔带，形成景观优美的二块板道路。C 选项符合题意。

51．B

【解析】 根据《城市给水工程规划规范》，当配水系统中需设置加压泵站时，其位置宜靠近用水集中地区，因此 B 选项符合题意。

52．D

【解析】 客运交通枢纽应结合城市公共交通换乘枢纽布置，而货运交通枢纽应该尽量远离市区，D 选项符合题意。

53．C

【解析】 准点是判断公共交通运营好坏最主要的标志。

54．D

【解析】 大城市公共交通乘客平均换乘系数不应大于 1.5，中、小城市不应大于1.3。

55．C

【解析】 公交普通线路与城市服务性道路的布置思路和方式相同。公交普通线路要体现为乘客服务的方便性，同服务性道路一样要与城市用地密切联系，应布置在城市服务性道路上。城市快速道路与快速公共交通布置的思路和方式不同。城市快速道路为了保证其快速、畅通的功能要求，应该尽可能与城市用地分离，与城市组团布局形成"藤与瓜"的关系；而快速公交线路则要与客流集中的用地或节点衔接，以满足客流的需要。所以，快速公交线路应尽可能将各城市中心和对外客运枢纽串接起来，与城市组团布局形成"串糖葫芦"。

由以上分析可知，C 选项符合题意。

56．A

【解析】《历史文化名城名镇名村保护规划条例》第七条规定，具备下列条件的城市、镇、村庄，可以申报历史文化名城、名镇、名村：

（1）保存文物特别丰富；

（2）历史建筑集中成片；

（3）保留着传统格局和历史风貌；

（4）历史上曾经作为政治、经济、文化、交通中心或者军事要地，或者发生过重要历史事件，或者其传统产业、历史上建设的重大工程对本地区的发展产生过重要影响，或者能够集中反映本地区建筑的文化特色、民族特色。

申报历史文化名城的，在所申报的历史文化名城保护范围内还应当有 2 个以上的历史文化街区。

本题目问的是必要条件,显然,A 选项符合题意。

57. A

【解析】 在控制性详细规划中,应该确定各地块建筑高度、建筑密度、容积率、绿地率等控制指标,确定公共设施配套要求、交通出入口方位、停车泊位、建筑后退红线距离等要求,A 选项符合题意。

58. A

【解析】 历史文化名城保护规划应建立历史文化名城、历史文化街区与文物保护单位三个层次的保护体系,A 选项符合题意。

59. C

【解析】 《风景名胜区规划规范》第 3.5.1.2 条:风景名胜区的游客容量一般由一次性游客容量、日游客容量、年游客容量三个层次表示,具体测算方法可采用线路法、卡口法、面积法、综合平衡法等。C 选项符合题意。

60. A

【解析】 《城市水系规划规范》第 4.2.2 条对于水域控制线的规定如下:

(1) 有堤防的水体,宜以堤顶临水一侧边线为基准划定;

(2) 无堤防的水体,宜按防洪、排涝设计标准对应的洪(高)水位划定;

(3) 对水位涨落较大而形成的涨落带的水体,可按多年平均洪(高)水位划定;

(4) 规划的新建水体,其规划控制线应按规划水域边界线划定。

由以上规范规定可知,A 选项符合题意。

61. D

【解析】 布置配水干管是详细规划的内容。

62. B

【解析】 提出节能技术措施是专门的节能部门和技术部门的责任,城市规划无法提出,只能在城市规划和提出相关指标的时候落实节能技术措施,因此 B 选项符合题意。

63. A

【解析】 城市总体规划阶段竖向规划的内容及标注的内容:①城市用地组成及城市干路网;②城市干路交叉点的控制标高,干路的控制纵坡度;③城市其他一些主要控制点的控制标高,包括铁路与城市干路的交叉点、防洪堤、桥梁等标高;④分析地面坡向、分水岭、汇水沟、地面排水走向。竖向规划首先要配合利用地形,而不应把改造地形、土地平整看作是主要方式。因此 A 选项符合题意。

64. D

【解析】 地下空间建设规划由城乡规划主管部门组织编制,报市人民政府批准。

65. B

【解析】 近期建设规划与国民经济与社会发展规划侧重点不一样,前者侧重空间安排,后者侧重时间安排,B 选项符合题意。

66. C

【解析】 确定历史文化名城、历史文化街区的保护范围和措施属于城市总体规划阶段的内容,所以 C 选项符合题意。

67. D

【解析】 控制性详细规划是以总体规划(或分区规划)为依据,以规划的综合性研究为基础,以数据控制和图纸控制为手段,以规划设计与管理相结合的法规为形式,对城市用地建设和设施建设实施控制性的管理,把规划研究、规划设计与规划管理结合在一起的规划方法,D 选项符合题意。

68. C

【解析】 控制性详细规划指标确定的方法:测算法、标准法、类比法、反算法,C 选项符合题意。

69. B

【解析】 建筑密度是控制地块建设容量与环境质量的重要指标。

70. C

【解析】 修建性详细规划具有以下特点:①以具体、详细的建设项目为对象,实施性较强;②通过形象的方式表达城市空间与环境;③多元化的编制主体。通过指标数据落实规划意图是控制性详细规划的特点。

71. D

【解析】《城乡规划法》第二十二条规定,乡、镇人民政府组织编制乡规划、村庄规划,报上一级人民政府审批。村庄规划在报送审批前,应当经村民会议或者村民代表会议讨论同意,D 选项符合题意。

72. B

【解析】 乡村是指城镇以外的其他区域,乡的设置是针对其农村地区的属性,这是乡与镇的典型区别,乡政府驻地一般是乡域内的中心村或集镇,通常情况没有城镇型聚落。由以上分析可知,B 选项符合题意。

73. A

【解析】 建筑密度+绿地率<1,因为还有道路、广场等。建筑密度×平均层数实际为容积率,而容积率可以小于、等于或大于1。

74. D

【解析】《城市居住区规划设计规范》第 7.0.5 条规定,居住区内公共绿地指标:组团不少于 0.5m²/人,小区不少于 1m²/人,居住区不少于 1.5m²/人,因此 D 选项符合题意。

75. B

【解析】 根据《城市居住区规划设计规范》第 2.0.29 条可知,建筑面积毛密度也称为容积率,B 选项符合题意。

76. C

【解析】 邻里单位由六个原则组成。①规模。一个居住单位的开发应当提供满足一所小学的服务人口所需要的住房,它的实际面积则由它的人口密度所决定。②边界。邻里单位应当以城市的主要交通干道为边界,这些道路应当足够宽,以满足交通通行的需要,避免汽车从居住单位内穿越。③开放空间。应当提供小公园和娱乐空间的系统,它们被计划用来满足特定邻里的需要。④机构用地。学校和其他机构的服务范围应当对应于邻里单位的界限,它们应该适当地围绕着某个中心进行成组布置。⑤地方商业。与服务人口相适应的一个或多个商业区应当布置在邻里单位的周边,最好是处于道路的交叉处或与相邻邻里的商业设施共同组成商业区。⑥内部道路系统。邻里单位应当提供特别的街道系统,每一条道路都要与它可能承载的交通量相适应,整个街道网要设计得便于单位内的运行,同时又能阻止过境交通的使用。C 选项的内容与第 5 点矛盾,因此错误。

77. A

【解析】 工业革命以前,城市规划和城市设计基本上是一回事,并附属于建筑学,但之后城乡规划逐渐独立出来。从法律意义上来说,城市设计只具有建议性和指导性作用,法律并未赋予城市设计任何法律效力。城市设计方法一直作为技术手段运用于城市规划。在编制城市规划的各个阶段,都应运用城市设计的手法。因此 A 选项符合题意。

78. D

【解析】 城乡规划的实施组织是政府的基本职责。但城乡规划的实施并不是完全由政府及其部门承担,相当数量的建设是由私人部门以及社会各个方面进行的。D 选项符合题意。

79. B

【解析】 城乡规划组织实施,包括制定相应的规划实施的政策,显然 B 选项符合题意。

80. B

【解析】 公共性设施是指社会公众所共享的设施,主要包括公共绿地、公立的学校、医院等,也包括城市道路和各项市政基础设施。这些设施的开发建设通常是由政府或公共投资进行的。一般来说,公共性设施主要是由政府公共部门进行开发的,也可由国企和事业单位进行,如水厂、污水厂等,因此 B 选项错误。

二、多项选择题(共 20 题,每题 1 分。每题的备选项中有 2~4 个符合题意。少选、错选都不得分)

81. ABCD

【解析】 依据“精明增长”的十三条原则可知 A、B、C、D 选项正确,E 选项应该为低房价。

82. BCE

【解析】 根据《21 世纪可持续发展规划对策》可知,B、C、E 三项正确,A 项中不是坚决限制,而是尽量减少城市的扩张。可持续发展应不提倡建设低密度的住宅区。

83. ACDE

【解析】 可持续发展的规划原则有:①土地使用和交通:缩短通勤和日常生活的出行距离,提高公共交通在出行方式中的比重,提高日常生活用品和服务的地方自给程度,采取以公共交通为主导的紧凑发展形态。②自然资源:提高生物多样化程度,显著增加城乡地区的生物量,维护地表水的存量和地表土的品质,更多使用和生产再生的材料。③能源:显著减少化石燃料的消耗,更多地采用可再生的能源,改进材料的绝缘性能,建筑物的形式和布局应有助于提高能效。④污染和废弃物:减少污染排放,采取综合措施改善空气、水体和土壤的品质,减少废弃物的总量,更多采用"闭合循环"的生产过程,提高废弃物的再生与利用程度。从以上分析可知道,A、C、D、E 选项符合题意。

84. ACD

【解析】 《城乡规划法》第二条规定,制定和实施城乡规划,在规划区内进行建设活动,必须遵守本法。本法所称城乡规划,包括城镇体系规划、城市规划、镇规划、乡规划和村庄规划。城市规划、镇规划分为总体规划和详细规划。详细规划分为控制性详细规划和修建性详细规划。因此 A、C、D 选项符合题意。

85. ACD

【解析】 《历史文化名城保护规划规范》第 1.0.3 条规定,历史文化名城保护规划必须遵循的原则为:①保护历史真实载体;②保护历史环境;③合理利用、永续利用。

86. BDE

【解析】 《风景名胜区管理条例》第二十六规定,禁止进行下列活动:

(1) 开山、采石、开矿、开荒、修坟立碑等破坏景观、植被和地形地貌的活动;

(2) 修建储存爆炸性、易燃性、放射性、毒害性、腐蚀性物品的设施;

(3) 在景物或者设施上刻划、涂污;

(4) 乱扔垃圾。

第二十七条规定,禁止违反风景名胜区规划,在风景名胜区内设立各类开发区和在核心景区内建设宾馆、招待所、培训中心、疗养院以及与风景名胜资源保护无关的其他建筑物;已经建设的,应当按照风景名胜区规划,逐步迁出。

由以上分析可知,B、D、E 选项符合题意。题目中的风景名胜区包括核心景区。

87. ABC

【解析】 乡与镇一般为同级行政单位。在我国,除了建制市以外的城市聚落都称为镇。其中具有一定人口规模、人口和劳动力结构、产业结构达到一定要求,基础设施达到一定水平,并被省、自治区、直辖市人民政府批准设置的镇为建制镇,其余为集镇。县城关镇是县人民政府所在地的镇,其他镇是县级建制以下的一级行政单元,而集镇不是一级行政单元。县城关镇具有城市属性,而乡镇政府驻地一般是乡域内的中心村或集镇,通常情况下没有城镇型聚落。

《村庄和集镇规划建设管理条例》规定:本条例所称集镇,是指乡、民族乡人民政府所在地和经县级人民政府确认由集市发展而成的作为农村一定区域经济、文化和生活服务中心的非建制镇。由以上分析可知,A、B、C 选项符合题意。

88. ABCE

【解析】 人口规模预测、村域范围内用地规划、"三通一平"市政规划、住宅规划、村内道路规划均属于村庄规划的内容。住宅单体设计属于建筑单体方案设计,不是村庄规划的内容,因此 A、B、C、E 选项符合题意。

89. ABCD

【解析】 控制性详细规划的控制体系包括：土地使用控制、使用强度控制、建筑建造控制、城市设计引导、市政设施配套、公共设施配套、交通活动控制，A、B、C、D 选项符合题意。

90. ABC

【解析】 城市总体规划的作用：宏观经济条件调控的手段；保障社会公共利益；协调社会利益，维护公平；改善人居环境。A、B、C 选项符合题意。

91. ABC

【解析】 城镇体系的特性包括：整体性、等级性、层次性、动态性、关联性。

92. ABDE

【解析】 已给各选项中只有城市用地功能组织不受到区域规划的影响。

93. BE

【解析】 城市水资源规划的主要内容：①水资源开发与利用现状分析：区域、城市的多年平均降水量、年均降水总量，地表水资源量、地下水资源量和水资源总量。②供用水现状分析：从地表水、地下水、外调水量、再生水等几方面分析供水现状及趋势，从生活用水、工业用水、农业用水及生态环境用水等几方面分析用水现状及趋势，分析城市用水效率水平及发展趋势。③供需水量预测及平衡分析：预测规划期内可供水资源，提出水资源承载能力；预测城市需水量，进行水资源供需平衡分析。④水资源保障战略：提出城市水资源规划目标，制定水资源保护、节约用水、雨洪及再生水利用、开辟新水源、水资源合理配置及水资源应急管理等战略保障措施。因此 B、E 选项符合题意。

94. ACD

【解析】 控制性详细规划的基本特征：①通过数据控制落实规划意图；②具有法律效应和立法空间；③横向综合性的规划控制汇总；④刚性弹性相结合的控制方式。A、C、D 选项符合题意。

95. BCD

【解析】《历史文化名城名镇名村保护条例》第二十五条规定，在历史文化名城、名镇、名村保护范围内进行下列活动，应当保护其传统格局、历史风貌和历史建筑；制订保护方案，经城市、县人民政府城乡规划主管部门会同同级文物主管部门批准，并依照有关法律、法规的规定办理相关手续：

(1) 改变园林绿地、河湖水系等自然状态的活动；

(2) 在核心保护范围内进行影视摄制、举办大型群众性活动；

(3) 其他影响传统格局、历史风貌或者历史建筑的活动。

由以上分析可知，B、C、D 选项符合题意。

96. ACE

【解析】 城市绿地系统规划的主要绿地控制指标有：人均公园绿地面积、城市绿地率、绿化覆盖率。

97. AB

【解析】 为了保证安全，燃气管不能在地下穿过房间，燃气管应尽可能形成环状管网以免出现泄漏的时候全面积停止供气。A、B 选项正确。

98．ABE

【解析】 物流仓储用地需配置物资储备、中转、配送等功能,包括附属道路、停车场、一级货运公司车队的站场等用地,A 选项正确。加油加气站用地,指零售加油、加气、充电站等用地,涉及经营项目,属于商业服务设施用地,B 选项正确。公路收费站属于公路的附属设施,应归纳为城乡用地中的公路用地,不属于城市用地中的道路与交通设施用地,C 选项错误。外事用地应纳入公共管理和公共服务用地(比如外国驻华使馆、领馆),D 选项错误。业余体校属于体育场馆用地,而体育场馆用地属于公共管理与公共服务用地,E 选项正确。

99．DE

【解析】 城市总体规划要合理布置各种工程干管的走向,详细规划要确定道路横断面的管线排列位置,方便指导道路设计。A、B 选项正确。

城市工程管线共沟敷设原则:(1)热力管不应与电力、通信电缆和压力管道共沟;(2)排水管道应布置在沟底,当沟内有腐蚀性介质管道时,排水管道应位于其上面;(3)腐蚀性介质管道的标高应低于沟内其他管线;(4)火灾危险性属于甲、乙、丙类的液体,液化石油气、可燃气体、毒性气体和液体以及腐蚀性介质管道,不应共沟敷设,并严禁与消防水管共沟敷设;(5)凡有可能产生互相影响的管线,不应共沟敷设。由城市工程管线共沟敷设原则第(1)、(3)可知,C 选项正确、E 选项错误。

在城市工程管线避让中,压力管避让自流管,因此 D 选项错误。

100．DE

【解析】 区域城市的规模和数量与经济、社会的发展水平有关,城市的发展受到区域发展水平的影响。D、E 选项符合题意。